U0198110

南海珠江口盆地海上砂岩油田高速开采实践与认识

罗东红　闫正和　梁　卫　刘伟新　顾克金　著

石油工业出版社

内容提要

本书是南海珠江口盆地海上砂岩油田二十年开发实践的经验总结。全书从油田地质特征、开发方案编制、油田开发创新、先进技术的应用，以及动态特征分析等方面，系统介绍了海上砂岩油田高速高效开发的成功经验和做法，涉及油田开发管理、油藏工程、钻采工程和海洋工程等方面内容。

本书可供油田开发相关专业技术人员参考，也可作为大专院校相关专业师生的参考书。

图书在版编目（CIP）数据

南海珠江口盆地海上砂岩油田高速开采实践与认识/罗东红等著.
北京：石油工业出版社，2013.11
ISBN 978-7-5021-9682-0

Ⅰ.南…
Ⅱ.罗…
Ⅲ.南海-砂岩油气田-油田开发-研究
Ⅳ.TE343

中国版本图书馆 CIP 数据核字（2013）第 161454 号

出版发行：石油工业出版社
（北京安定门外安华里 2 区 1 号　100011）
网　址：www. petropub. com. cn
发行部：（010）64523620
经　销：全国新华书店
印　刷：保定彩虹印刷有限公司

2013 年 11 月第 1 版　2013 年 11 月第 1 次印刷
787×1092 毫米　开本：1/16　印张：10. 25
字数：258 千字

定价：58. 00 元
（如发现印装质量问题，我社发行部负责调换）

序

南海海域是中国海洋石油总公司国内近海原油生产的主要基地之一。自20世纪90年代开始，南海东部珠江口盆地海上砂岩油田的高速开发使国内近海原油产量迅速增长，开始了中国海洋石油第一个迅速发展的阶段。1996年，南海东部海域原油年产量突破千万立方米，至2010年已连续保持了15年，创造了我国海上油田开发史上高速高效、高产稳产的奇迹。

海上石油开采是一个“高风险”、“高技术”、“高投入”的产业。南海东部海上砂岩油田开发之初，面对技术上和经济上的重重挑战，油气田开发工作者艰苦探索、勇于实践、敢于突破，根据海相砂岩油田的地质特征、油藏特征和生产条件，通过实践—认识—再实践—再认识，摸索出了一套适合我国海相砂岩油田高速高效开发的技术和方法，并在油田开发实践中不断提高和完善，为海相砂岩油田经济有效开发提供了理论基础，开创了我国海相砂岩油田高速高效开发的先河。

该书是对南海东部海上砂岩油田二十年开采理论与实践的再认识和再提高。书中以南海东部珠江口盆地海相砂岩油田地质特征分析为基础，从油田开发方案编制、油田开发模式创新、先进技术的应用，以及油藏动态特征分析等方面，全面系统地总结了南海东部海相砂岩油田高速高效开发的成功经验和做法。该书的出版将更加丰富和发展我国油田开发理论，成为我国油田开发理论的一个重要的组成部分。

书中突出了南海东部珠江口盆地海上砂岩油田开发的五大特色：

第一，高速开采。高速开采是海上油田开发观念和传统开发观念最大的不同点，是开发理念的创新，为海上油田经济有效地开发奠定了坚实的基础。

传统的开发理念认为，油田开发高峰期采油速度一般为1.5%～2.0%。按照这种理念，许多海上砂岩油田将因经济效益差而无法动用。南海东部油田的开发突破了这一传统开发观念，实行高速开发，大部分砂岩油田高峰采油速度为5%～8%（最高达12.20%）。在不到六年的时间里建成了年产千万立方米的产能，高峰年产油量达$1511\times10^4m^3$，成为当时中国第四大产油区。通过在资源利用和投资回报两者之间寻找平衡点，达到了高采收率和高经济效益的统一。

第二，油田群联合开发。由于海上油田开发经济门槛较高，因此，如何提高油田经济效益，尤其是成功动用边际油田，一直是海上油田开发面临的巨大挑战。二十年的开发实践已形成了南海东部珠江口盆地多种油田开发新模式，包括大中型油田独立开发模式、油田群联合开发模式、小型油田依托开发模式。特别是采用联合开发模式和依托开发模式后，经济有效地开发了10多个边际油田，实现了惠州油田群、西江油田群、番禺油田群和陆丰油田群等的联合开发。

第三，大规模应用水平井。南海东部海域油田能够实现高速开发并保持高产稳产，水平井钻完井技术的应用功不可没。自1996年，水平井在南海东部油田开发中得到了大规模的应用，一方面用于新油田的整体开发，另一方面作为调整井用于老油田的中后期挖潜。截至2010年底，油区在生产的20个砂岩油田中，90%的生产井为水平井。有3个油田整体采用水平井开发。水平井的大规模应用，为本油区实现高速开采和连续15年年产超千万立方米提供了技术保障，同时使珠江口盆地的油田开发达到了较高水平。

第四，少井高产。在综合考虑了海上油田开发的经济性、平台空间限制和良好地质条件的基础上，制定了少井高产的开发策略。在这一开发策略的指导下，南海东部珠江口盆地仅用220口生产井，开发了20个海相砂岩油田，动用石油地质储量$4.82\times10^8m^3$，建成了年产千万立方米的产能规模，达到了在较稀井网条件下能较好地控制地下石油储量、获得较高采油速度的目的。

第五，“三大开发评价”决策管理程序。针对海上油田开发高风险、高投入的特点，在引进、吸收国际先进决策管理程序的基础上，对珠江口盆地的油田建立了地质油藏评价、开发工程评价和经济评价有特色的“三大评价”决策管理程序，为制定正确的开发策略、避免油田开发的盲目投资、确保海上油田成功开发起到了保驾护航的作用。

有海上砂岩油田高速高效开发理论的指导，有不断创新的油田开发技术的支撑，南海东部海域在不久的将来将取得更加辉煌的成就，迎来更大的发展。目前，南海东部海域的勘探和开发工作者们正满怀信心，迈着矫健的步伐，发扬“铁人精神”，从浅水步入深水，从浅层转战到深层，从单一的原油生产到油气并举，为建成“南海大庆”正努力拼搏。

书中通过介绍南海东部砂岩油田的开发特点、高速开采的实践与创新、油田动态特征及开发效果，剖析油田的开发技术经验，展示了南海东部海上砂岩油田开发的技术水平。相信该书的出版，对类似油田的开发评价、开发方案编制及生产实践无疑具有较高的指导意义。

2013年7月15日

前　　言

南海珠江口盆地（东部）（简称“南海东部”）是中国海洋石油对外合作勘探开发的主要海域之一。自1990年9月第一个油田投入开发至2010年底，已投产22个油气田，累计采出油当量超过$2.1\times10^8m^3$。1996年，油区年产油当量首次突破$1000\times10^4m^3$后，至2010年已连续15年保持年产千万立方米油当量以上。在20多年的开发实践过程中，我们对于海上油田开发的认识有了提高。特别是对海相砂岩油田，突破了传统的开发理念，形成了自己独特的海上油田高速高效开发新理论，走出了一条理论创新与实践工作相结合的新路子。

回顾20多年的开发历程，有必要对油田开发实践中积累的经验进行认真思考和总结。为此，我们以油田高速开采的开发实践为基础，采用数据统计法、纵横向对比法、典型实例剖析法等，编写了《南海珠江口盆地海上砂岩油田高速开采实践与认识》一书。力求全面、系统地总结出南海东部海上砂岩油田高速开采的做法，以及油田开发生产的基本规律，为国内外类似油田的开发提供参考。

全书共分六章。第一章介绍了海上砂岩油田的地质条件、流体性质、油井产能、储量丰度和地层能量；第二章阐述了开发方案的编制原则和高速开采开发方案编制的典型案例；第三章介绍和归纳了高速开采所采用的关键配套设施和三种主要工程模式；第四章总结了方案实施与开发调整、先进技术的应用和创新，以及开发模式和管理模式的创新；第五章分析了油田各开发阶段的生产特点、油井和油藏动态特征，以及主要开发指标的变化规律；第六章总结了海上油田高速高效开发的经验与认识。

在本书编写过程中，得到了顾振宇、曹琴同志的帮助和指导，在此表示诚挚的感谢！

由于编者水平有限，资料取舍和综合、观点阐述都难以恰如其分，不妥之处在所难免，望读者批评指正。

目　　录

第1章　高速开采物质基础

南海东部的海相砂岩油田主要分布在珠江口盆地东部珠一坳陷中的惠州凹陷、西江凹陷、陆丰凹陷和恩平凹陷，并组成了惠州油田群、西江油田群、陆丰油田群及番禺油田群（图1-1）。油田开发共动用探明石油地质储量约$4.82\times10^8m^3$（20个油田）。主要含油层系为新近系珠江组和古近系珠海组。深入的地质和油藏综合研究表明，海相砂岩油田具有高速开采的先天的地质和油藏条件。

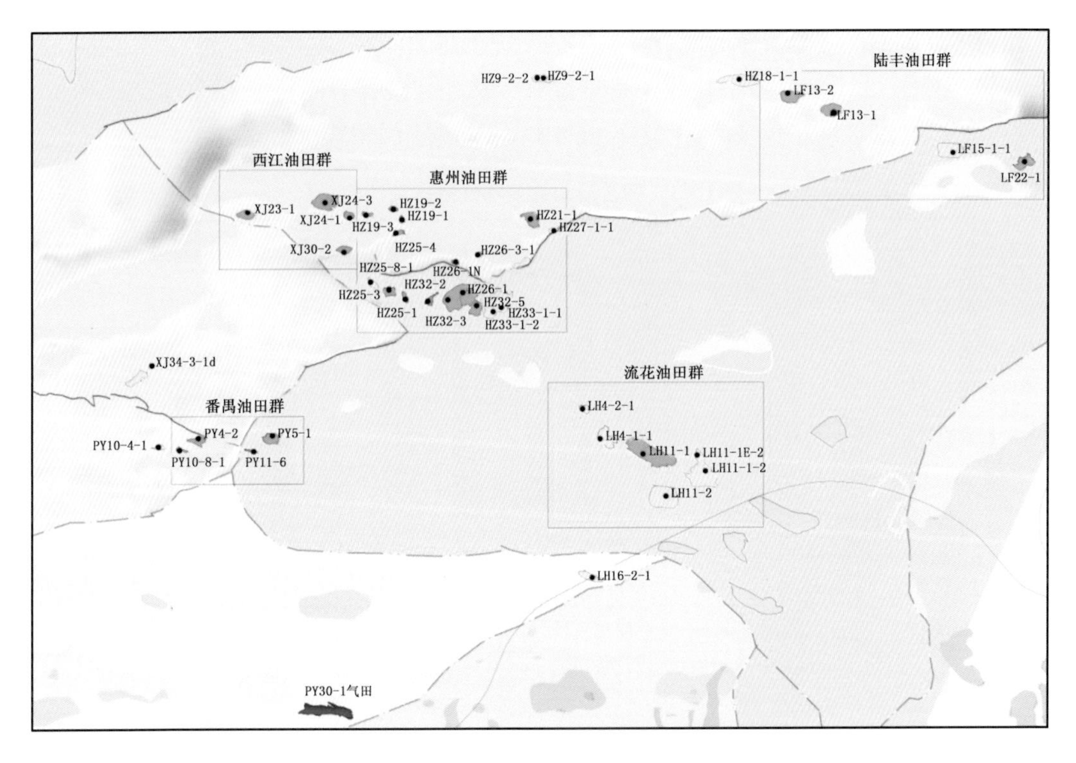

图1-1　南海东部海域油田位置图

1.1　地质条件好

1.1.1　构造特征

1.1.1.1　类型单一，构造完整

多数油田构造以在基底隆起上继承性发育的低幅度披覆背斜构造为主，还有逆牵引背斜、简单断鼻背斜。这三种构造分别占统计总构造数的70.6%、17.6%和11.8%。

据20个砂岩油田构造资料统计，除西江24-3、陆丰13-2和陆丰22-1油田内部有小断层分布外，其余油田构造内部无断层切割，油层分布未受到破坏，有利于井网部署。

1.1.1.2 幅度低

据20个砂岩油田构造资料统计，构造闭合幅度较低(12~57m)；圈闭面积较大(15.7~30km²)；构造平缓，倾角小（0.5°~3.5°），具有典型低幅度构造特征。

1.1.2 储层特征

油田储层属于辫状河三角洲平原—三角洲前缘相沉积，储层岩性以岩屑长石石英砂岩和石英砂岩为主。岩石颗粒以细到中、粗粒为主，局部含砾；磨圆度为次棱到次圆，分选大多中到好。因而储层具有良好的物性特征。

1.1.2.1 孔隙度好

孔隙度反映储层储集流体的能力。储层的孔隙度越大，能容纳流体的数量就越多，储层性能就越好。据13个砂岩油田孔隙度资料统计（表1-1），岩心分析孔隙度9%~33.7%（平均孔隙度21.7%），测井解释孔隙度14.5%~33.0%（平均孔隙度21.2%）。

表1-1 砂岩油田储层物性数据统计表

油田	孔隙度（%）		渗透率（mD）		
	测井	岩心	测井	岩心	有效
惠州21-1	15~16.5	15.2~17.7	192~317	170~682	127~572
惠州26-1	15.7~21.9	17.8~26.5	235~1323	139~2750	1575~5087
惠州32-2	19.2~21.4	19.9~21.6	340~677	504~934	1838~2421
惠州32-3	16.6~22.8	14.4~21.9	370~1498	602~2032	805~5461
惠州32-5	15.2~26.4	19.0~33.3	736~1233	355~6210	895~1370
西江23-1	22.5~33.0	25.1~30.9	460~3167	380~9400	5520~6080
西江24-3	22.6~23.6	22.9~24.3	770~1918	798~2252	3055~15388
西江30-2	19.2~25.7	19.3~28.1	648~1378	1070~3464	4304~9911
陆丰13-1	15.3~23.4	10.7~25.8	118~3650	1290~2294	2174-5307
陆丰13-2	17.2~22.1	13.0~22.8	215~1227	47~2860	3508~4234
陆丰22-1	20.3~24.5	21.5~26.1	1273~33806	1333~4586	2424~5760
番禺4-2	14.5~31.2	11.5~31.4	163~20869	0.5~20459	4900~21851
番禺5-1	15.9~30.4	9~33.7	117~15931	3~16008	2274~2290

1.1.2.2 渗透率高

油层渗透率是代表流体通过岩石能力的大小。渗透率大，流体通过的能力就强，而流体渗流的阻力就小，否则反之。表1-1表明，除惠州21-1油田有效渗透率稍低外，一般都在1000mD以上，西江24-3油田和番禺4-2油田有效渗透率超过15000mD。

1.1.2.3　孔隙结构较均匀

薄片和扫描电镜资料表明，储层孔隙发育，孔隙类型简单，以原生粒间孔为主，还有溶孔、晶间孔等。储层喉道半径多大于10～15μm，最大的大于20.9μm。

1.1.3　油层特征

1.1.3.1　平面分布稳定，连通性好

大多数油田的主力油层可在区域内追踪对比，在油田范围内油层钻遇率为80%～100%，未发现油层开“天窗”现象。例如，惠州油田群的L30层、L60层和M10层等主力油层，在惠州油田群内各油田均有稳定发育，M10层甚至西至西江油田，向东至陆丰油田都可以连续追踪对比（图1－2）。

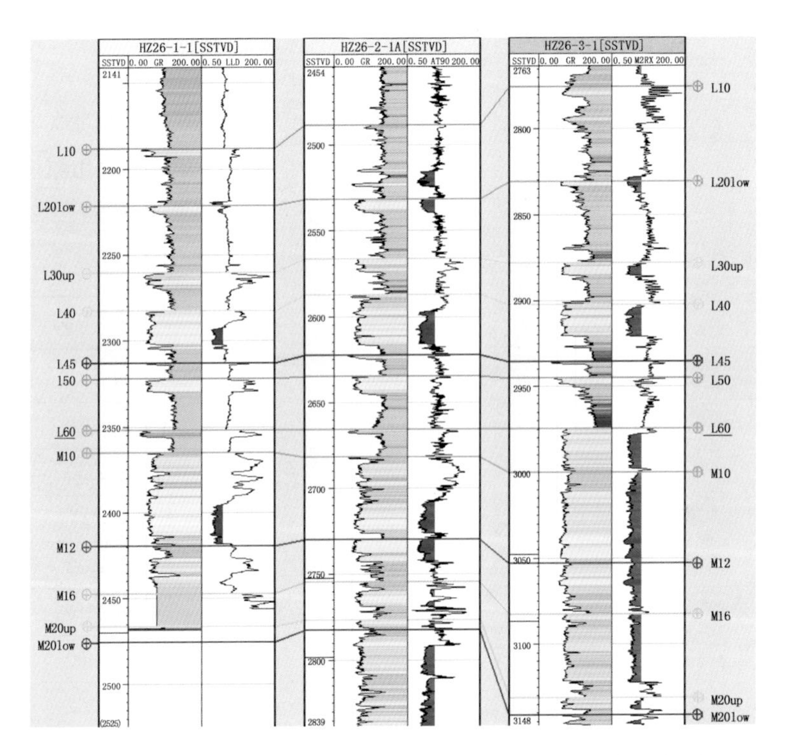

图1－2　惠州26－1—惠州26－1N—惠州26－3区域地层油层对比

1.1.3.2　润湿性以中性偏亲水为主

据惠州21－1油田、惠州26－1油田、惠州32－5油田和西江24－3油田的30块样品试验润湿性分析表明，其中83%的样品以中性偏弱亲水为主。

1.2　流体性质优

在水驱油开发过程中，流体性质的好坏，直接影响到油田开发效果。它不仅影响到水驱油效率，而且还影响到波及体积。

1.2.1 原油性质

1.2.1.1 原油具有低密度、低黏度、高含蜡量和高凝固点的特点

分析化验表明，多数油田的原油属于低密度、低黏度、低含硫的石蜡基原油。地面原油密度 0.801 ~ 0.896g/cm³（除番禺 4 - 2 油田外），一般在 0.830 ~ 0.870g/cm³；原油黏度 2.24 ~ 90.00mPa·s，一般在 5 ~ 18mPa·s；含硫量 0.03% ~ 0.31%，含蜡量 8.10% ~ 27.93%，沥青质胶质含量 0.39% ~ 11.20%；凝固点 23 ~ 44℃（表 1 - 2）。

表 1 - 2　砂岩油田地面原油性质数据表

油田	地面原油密度（g/cm³）	地面原油黏度（mPa·s）	含蜡量（%）	含硫量（%）	沥青质胶质含量（%）	凝固点（℃）
惠州 19 - 3	0.835	5.43	27.93	—	1.10	34
惠州 21 - 1	0.801	2.24	15.50	0.17	1.32	27
惠州 26 - 1	0.840	8.42	20.48	0.10	4.74	35
惠州 32 - 2	0.859	9.34	21.92	0.09	7.07	38
惠州 32 - 3	0.831	4.84	17.35	0.03	5.51	35
惠州 32 - 5	0.822	5.43	—	0.10	2.70	30
西江 23 - 1	0.896	38.5	—	0.17	—	26
西江 24 - 3	0.855	16.10	21.50	0.05	11.20	34
西江 30 - 2	0.894	90.00	—	—	—	39
陆丰 13 - 1	0.873	16.87	26.61	0.31	1.31	40
陆丰 13 - 2	0.829	5.40	8.10	0.14	0.39	34
陆丰 22 - 1	0.865	17.28	25.46	0.08	5.00	44
番禺 4 - 2	0.910	—	17.10	0.17	4.10	23
番禺 5 - 1	0.891	—	15.70	0.16	6.10	36

1.2.1.2 原油具有低气油比，低饱和压力的特点

据 PVT 分析，原始气油比 0.62 ~ 94.20m³/m³，一般在 2 ~ 5m³/m³；饱和压力为 0.5 ~ 11.4MPa（表 1 - 3）。

表 1 - 3　砂岩油田原油高压物性数据表

油田	地层压力（MPa）	油层温度（℃）	饱和压力（MPa）	地层原油黏度（mPa·s）	地层原油密度（g/cm³）	原始气油比（m³/m³）	体积系数	原油压缩系数（10^{-4}/MPa）
惠州 19 - 1	34.51	125.4	1.10	0.73	0.727	3.56	1.097	13.40
惠州 19 - 2	35.51	129.0	0.83	0.90	0.753	1.26	1.067	12.00
惠州 19 - 3	28.25	100.8	0.60	2.81	0.792	1.88	1.057	9.60
惠州 21 - 1	28.93	129.9	11.40	0.43	0.671	94.20	1.231	24.90
惠州 26 - 1	22.06	105.5	2.38	2.19	0.784	3.60	1.071	12.77
惠州 32 - 2	24.28	107.9	0.78	3.85	0.815	1.50	1.058	11.57

续表

油田	地层压力（MPa）	油层温度（℃）	饱和压力（MPa）	地层原油黏度（mPa·s）	地层原油密度（g/cm^3）	原始气油比（m^3/m^3）	体积系数	原油压缩系数（10^{-4}/MPa）
惠州32－3	21.79	104.4	0.95	1.05	0.766	11.30	1.102	11.51
惠州32－5	19.33	92.6	3.80	1.40	0.745	41.00	1.147	11.88
西江23－1	17.72	81.5	0.57	9.80	0.853	0.87	1.051	19.95
西江24－3	21.43	87.7	0.88	6.10	0.828	1.30	1.041	12.95
西江30－2	22.90	96.6	0.84	8.98	0.846	2.80	1.056	8.12
陆丰13－1	24.52	115.9	0.84	3.77	0.820	1.55	1.063	10.21
陆丰13－2	24.66	115.4	1.25	1.47	0.767	8.91	1.085	12.44
陆丰22－1	15.69	91.6	0.55	4.97	0.817	1.01	1.066	11.48
番禺4－2	19.17	91.5	0.50	51.80	0.873	0.66	1.046	7.58
番禺5－1	19.80	88.4	0.51	10.23	0.851	0.62	1.041	7.48

除惠州21－1油田的原油含气量多外，其余各油田的含气量少，因而油田的饱和压力低（0.5～3.8MPa），有利于油井用大压差生产。

1.2.1.3　油水黏度比低，有利于提高水驱油效率

据珠江口盆地内15个砂岩油田资料统计，油水黏度比小于10的有8个油田，介于10～20之间的有5个油田，大于50的有2个油田（番禺4－2油田和番禺5－1油田）。有13个油田（占总数的86.7%）属于油水黏度比较低的油田。

据珠江口盆地砂岩油田水驱油实验数据（表1－4），以渗透率相近油田作比较，海相砂岩油田的水驱油效率，要比国内陆上砂岩油田高约10%～20%。例如，惠州26－1油田与辽河曙光油田、胜利广利油田的渗透率都为800mD左右，而惠州26－1油田的驱油效率高出15%。陆丰22－1油田与胜利埕东油田的渗透率都高达5500mD以上，但后者的均质性不如前者（微观物质系数 α 仅为0.6，前者 α 为0.92），因此陆丰22－1油田比埕东油田驱油效率高20%。

表1－4　珠江口盆地砂岩油田与国内陆上砂岩油田孔隙结构、驱油效率对比数据表

油田	层位	平均渗透率	平均孔隙度	微观物质系数 α		几何形状系数 C		水驱10倍孔隙体积时驱油效率 η（%）
		K（mD）	ϕ（%）	$K>1000$ mD	$K=100\sim1000$mD	$K>1000$ mD	$K=100\sim1000$mD	
惠州21－1	（平均）	186	16.6	0.75	0.58	0.10	0.22	78.0
惠州26－1	（平均）	802	21.8	0.79	0.66	0.10	0.15	80.0
陆丰13－1	（平均）	1541	20.3	0.90	0.60	0.10	0.23	84.0
陆丰22－1	（平均）	5588	21.6	0.92	0.81	0.13	0.50	86.0
西江24－3	（平均）	3391	27.0	0.63	0.51	0.23	0.23	67.5
文留	沙三段	160	26.2	0.70	0.56	0.10	0.12	65.0
萨尔图	葡Ⅰ	1200	31.4	0.62	0.50	0.10	0.38	67.0

续表

油田	层位	平均渗透率 K（mD）	平均孔隙度 ϕ（%）	微观物质系数 α $K>1000$mD	微观物质系数 α $K=100\sim1000$mD	几何形状系数 C $K>1000$mD	几何形状系数 C $K=100\sim1000$mD	水驱10倍孔隙体积时驱油效率 η（%）
埕东	馆上段	5900	40.0	0.60		0.10		66.0
曙光	沙三下亚段	880	—	0.61	0.44	0.15	0.40	65.0
广利	沙四段	800	26.2	0.45	0.45	0.26	0.26	62.0
扶余	扶余	180	—	—	0.42	—	0.42	62.0
玉门	M层	52	16.4	—	0.43	—	0.46	61.5
欢喜岭	沙三下亚段	170	25.0	0.36	0.36	0.51	0.53	58.5
克拉玛依	克一百组	100	24.8	0.42	0.34	—	0.90	57.5

1.2.2 地层水性质

9个油田17个地层水样品分析结果表明，地层水相对密度1.021～1.055g/cm^3，总矿化度28524～47236mg/L。除陆丰13－2油田pH值低外，其他油田pH值7.18～8.12，平均值7.48（表1－5）。原油与地层水长期共存，它们之间界面张力减小至最低值或没有，在水驱油的过程中，近似活塞式推进，有利于采收率的提高。如前苏联阿塞拜疆居罗夫达克油田碱水驱工业试验结果表明：油层注碱溶液段塞比注普通水增加驱油效率10%～12%。又如罗马尼亚巴可依油田1979年连续注入16个月碱水，增产原油11.4%。南海东部海域多数油田地层水属于碱性，有利于提高水驱油效率。

表1－5　砂岩油田地层水数据表

油田	水型	pH值	地层水分析 阳离子（mg/L）			地层水分析 阴离子（mg/L）			总矿化度（mg/L）	20℃地层水密度（g/cm^3）
			$K^+ + Na^+$	Mg^{2+}	Ca^{2+}	Cl^-	SO_4^{2-}	HCO_3^-		
惠州19－1	$CaCl_2$	8.12	—	—	—	—	—	—	47236	1.045
惠州19－3	—	7.18	—	—	—	25130	—	—	41400	1.032
惠州21－1	$CaCl_2$	7.31	13503	85	662	21819	699	18	36768	1.024
惠州26－1	$MgCl_2$	7.57	14012	458	813	21600	1447	—	37276	1.024
陆丰13－1	$CaCl_2$	7.45	11900	353	1109	20975	893	290	35619	1.026
陆丰13－2	$CaCl_2$	6.08	6419	57	664	20567	300	479	34083	1.026
西江24－1	$CaCl_2$	7.22	10143	207	643	17400	92	5	28524	1.021
西江24－3	$CaCl_2$	7.51	11305	191	768	19311	73	8	31680	1.055

1.3　油井产能高

1.3.1　油井产能高

经探井（包括评价井）试油证实，南海东部海域海相砂岩油田油井产能是高的。据20个砂岩油田28口井试油资料统计，除个别井产能为300～500m³/d外，大多数油井产能在1000m³/d以上（有些高达4000～5000m³/d），占总井数的64%；产能为500～1000m³/d的井占总井数的32%；单井产能大于500m³/d的占总井数的96%。在油田投产时，平均单井产油量为400～500m³/d，大多数井产量为700～1100m³/d，个别井达2000m³/d以上。由此可见，海相砂岩油田的油井产能是高的，进一步证实油田具有高速开采的能力。

1.3.2　比采油指数高

南海东部海相砂岩油田油井的采油指数、每米采油指数、采油强度和生产能力等产能指标远高于我国陆上砂岩油田。将珠江口盆地（东部）18个砂岩油田每米采油指数与我国陆上砂岩油田对比（表1－6）可知：惠州21－1油田的比采油指数是萨尔图油田葡Ⅰ油层的8倍，是胜坨油田沙2油层的10倍，是兴隆台油田沙一段的14倍；西江24－3油田的比采油指数是萨尔图油田葡Ⅰ油层的60倍，是双河油田第2组的103倍。

表1－6　珠江口盆地油田与我国陆上主要砂岩油田产能对比表

油田	惠州19－1	惠州19－2	惠州19－3	惠州21－1	惠州26－1	惠州32－2	惠州32－3	惠州32－5	惠州25－4	惠州25－3	陆丰13－1	陆丰13－2	陆丰22－1	番禺4－2	番禺5－1	西江23－1	西江24－3	西江30－2
层位	Ⅲ31	Ⅲ26	一口井4个层	四口井7个层	一口井6个层	一口井4个层	一口井4个层	一口井3个层	一口井1个层	一口井3个层	一口井6个层	2370	珠江组	二口井11个层	二口井4个层	一口井2个层	三口井6个层	一口井5个层
平均每米采油指数[m³/(d·atm·m)]	0.42	1.13	4.26	1.4	5.82	2.98	3.38	3.12	5.32	11.33	4.38	7.91	4.41	9.5	2.22	16.62	10.29	8.49
油田	萨尔图	胜坨	曙光	濮阳	喇嘛甸	埕东	杏树岗	真武	双河	港中	广利	临盘	扶余	玉门	羊二庄	兴隆台	克拉玛依	
层位	葡Ⅰ	沙二段	沙三下亚段	沙二上亚段	萨Ⅱ葡Ⅰ	馆上段	葡Ⅰ	垛一段	第2组	沙一段	沙四段	东营组	扶余	Ⅲ层	明化镇组	沙一段	克一百组	
平均每米采油指数[m³/(d·atm·m)]	0.17	0.14	0.12	0.09	0.1	0.18	0.16	0.13	0.1	0.08	0.09	0.14	0.06	0.04	0.13	0.1	0.03	

注：现珠江口盆地（东部）18个油田中每个油田的每米采油指数为该油田测试油层平均值，而我国陆上油田的每米采油指数均为该层实际值。

1.4 储量丰度高

据20个海上砂岩油田资料统计表明，珠江口盆地海相砂岩油田具有储量丰度高、主力油层储量相对集中的特点，储量分布特征有利于少井高产。

1.4.1 储量丰度高

按照国家储量分类标准，对20个海相砂岩油田技术可采储量丰度进行统计（表1－7），除惠州25－1油田外，其余有13个油田属于高储量丰度，6个油田属于中储量丰度，分别占总油田数的65%和30%。技术可采储量丰度最高的为西江30－2油田（$618.5\times10^4m^3/km^2$），最低的为惠州25－1油田（$15.1\times10^4m^3/km^2$）。

表1－7 珠江口盆地20个海相砂岩油田技术可采储量丰度统计表

油田	含油面积（km^2）	技术可采储量（10^4m^3）	储量丰度（$10^4m^3/km^2$）	分类级别
惠州21－1	10.5	938.33	89.4	高
惠州26－1	15.9	2593.94	163.1	高
惠州32－2	4.5	568.7	126.4	高
惠州32－3	23.6	2249.12	95.3	高
惠州32－5	9.6	606.7	63.2	中
惠州19－3	2.5	212.57	85.0	高
惠州19－2	2.27	107.58	47.4	中
惠州19－1	2.0	71.4	35.7	中
惠州25－1	1.25	18.85	15.1	低
惠州25－3	6.23	167.08	26.8	中
惠州25－4	2.99	323.7	108.3	高
西江23－1	7.2	752.63	104.5	高
西江24－3	14.5	3414.71	201.4	高
西江30－2	5.21	3222.61	618.5	高
陆丰13－1	14.4	1229.19	85.4	高
陆丰22－1	11.5	742.35	64.5	中
陆丰13－2	12.81	945.94	73.8	中
番禺4－2	6.71	2098.67	312.8	高
番禺5－1	9.4	2212.87	233.9	高
番禺11－6	1.46	130.62	89.5	高

1.4.2 主力油层储量相对集中

南海东部海相砂岩油田以多油层（油藏）油田为主，有15个油田油层（油藏）数在5

个以上（番禺4－2油田油层最多，为46个）。虽然多数油田含油井段长，但储量分布相对集中。例如，惠州32－3油田的K22一个油层占全油田储量的81.2%，又如陆丰13－1油田的2500层占全油田储量的82.5%。

据20个砂岩油田资料统计结果（表1－8），总计290个油层，探明石油地质储量48156.57×10^4m^3。其中，主力油层71个（仅占总层数的24.5%），探明石油地质储量为33574.35×10^4m^3，占总储量的69.7%。

表1－8　砂岩油田主力油层所占比例数据表

油田	油田		主力层		主力层储量	
	地质储量（10^4m^3）	层数（个）	层数（个）	占百分比（%）	探明储量（10^4m^3）	占百分比（%）
惠州19－1	232.00	5	1	20.0	117.20	50.5
惠州19－2	321.30	19	4	21.0	165.37	51.4
惠州19－3	593.84	26	6	23.1	341.17	57.5
惠州21－1	1965.00	8	3	37.5	1392.00	70.8
惠州26－1	5337.42	15	5	33.3	3622.76	67.9
惠州32－2	1267.00	6	2	33.3	735.00	58.0
惠州32－3	3574.00	8	1	12.5	2902.00	81.2
惠州32－5	1189.00	4	1	25.0	792.00	66.6
西江24－3	5519.49	35	8	25.0	2142.00	60.7
西江30－2	6308.47	45	5	11.1	3321.50	52.7
陆丰13－1	2028.00	2	1	50.0	1674.00	82.5
陆丰13－2	1730.53	1	1	100.0	1730.53	100.0
陆丰22－1	1963.00	1	1	100.0	1963.00	100.0
番禺4－2	6112.32	46	11	23.9	4414.88	72.2
番禺5－1	6047.47	31	8	25.8	4306.61	71.2
惠州25－4	721.23	6	2	33.3	567.6	78.7
惠州25－3	689.54	12	4	25.0	394.6	57.2
惠州25－1	120.64	11	3	27.3	72.32	60.0
番禺11－6	247.27	1	1	100.0	247.27	100.0
西江23－1	2189	8	3	37.5	1589	72.6
总计	48156.57	290	71	24.5	33574.35	69.7

1.5　地层能量足

珠江口盆地砂岩油田大多数含油面积约为10km^2，甚至更小，但储层分布广泛而稳定。生产实践证实，油藏与广阔水体相连，有活跃而充足的水体能量补给，在经过4～7年开采后地层压降仅为0.015～0.315MPa，地层压力基本不变，足以支持油田的高速开采。

在油田数值模拟研究中，主力油层赋予的水体倍数通常为100～300倍，甚至更大（视为无限大水体），才能够拟合油田的生产动态，这从另一个侧面验证了油藏能量是充足的。

综上所述，构造相对小且简单、储层分布稳定且连通性好、储层物性和原油性质较好，边底水天然能量充足，是上述海相砂岩油田的共同特征。这些特征为海相砂岩油田的高速开采提供了可能性。但这些油田中多数油田属于层状油藏，且层多、含油井段长、层间差异大，单层厚度小，底水油藏储量为60%左右。如西江30－2油田共发现油层45层，含油井段1265m，且边底水油藏交互存在（图1－3）。这样的海相砂岩油田能否高速开发？高速开发会不会带来破坏性开采、降低油田采收率？如何实现高速开发？这些问题需要在油田开发研究和实践中不断认识与解决。

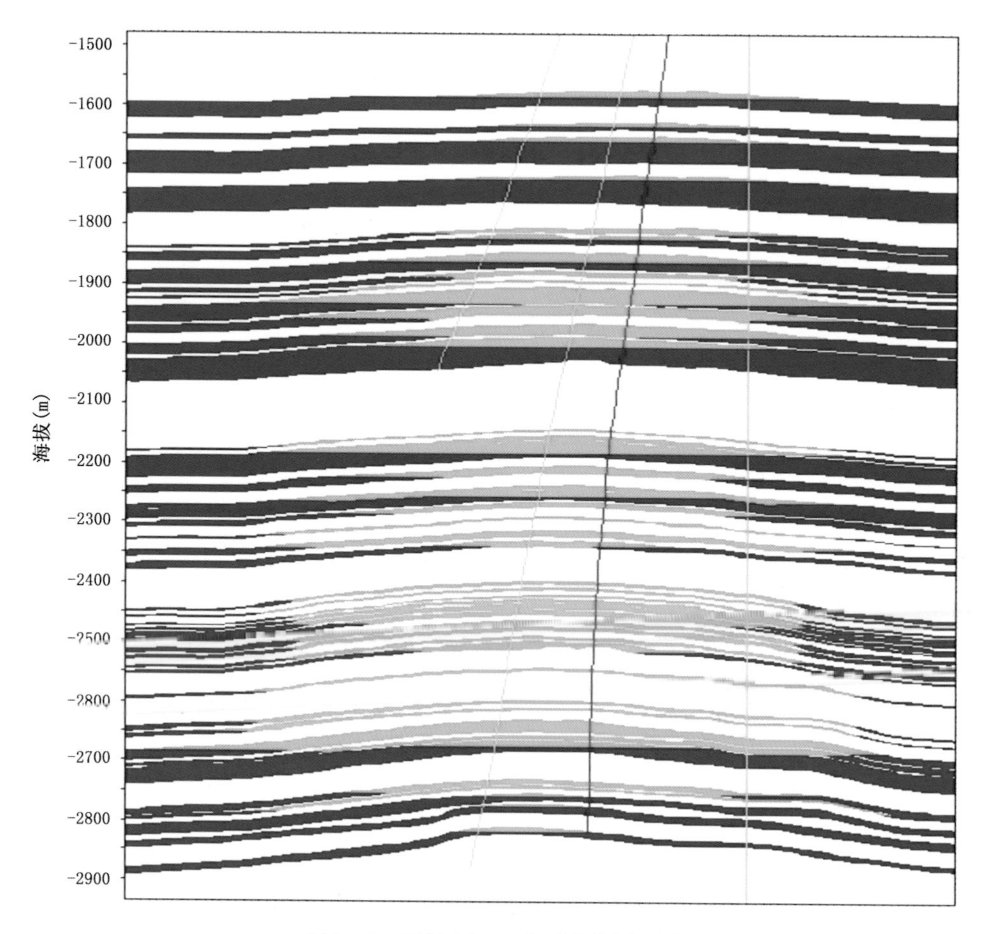

图1－3　西江30－2油田油藏剖面图

第2章　高速开采开发方案设计

油田开发设计的基本任务是确定开发程序、井网部署、采油速度、开发方式、采油工艺、完井方式、投产方式、海洋石油工程和预测开发指标等。开发方案直接影响油田投入开发的高峰采油速度、高峰期的长短、经济采收率的高低，以及后期调整工作量的大小和经济效益的好坏，因而做好油田开发设计是十分重要的。

2.1　开发方案编制原则和评价程序

2.1.1　编制原则

由于南海东部海域自然环境因素的制约，因而油田开发投资大，年操作费高。为了实现高速开采情况下的少井高产，经过二十年的开发实践，摸索出的海相砂岩油田开发方案的编制原则如下：

（1）充分利用天然能量开采。海相砂岩油田通常砂体分布连片，边底水油藏天然能量充足，因此方案编制中应充分利用天然能量，不考虑注水，节约工程投资。

（2）少井高产，高速开采，这是海上油田开发特点所决定的。因为海上油田开发要求技术复杂、投资大、成本高，这就决定了海上油田开发必须少井高产，高速开采，以加快资金的回收速度。在考虑经济效益和地质条件的基础上，井数要少，同时开发中采用大液量开采策略。

（3）先“肥”后“瘦”。对于油田储量大，油层层数多，含油井段长的油田，优先开发油品性质较好，产量较高，储量相对集中的油层；在开发中后期通过钻调整井适时动用物性相对较差、储量相对较小的薄油层和差油层，从而实现产量的接替和高产稳产的目的。

（4）资源与效益相结合。在珠江口盆地油田开发方案设计中，作为国家石油公司，既要充分考虑项目的经济性，同时也要追求采收率的最大化。

（5）长期与短期相结合。应用先进的开发技术，在项目设计中工程设施适当留有余地，既没有大幅提高油田开发初期的投资，又为油田中后期调整及设施周边新发现的油田能够联合开发创造条件。

2.1.2　评价程序

南海东部珠江口盆地早期发现的九个油田在当时低油价情况下都属于边际油田，存在油田开发的经济风险，决策稍有不慎就有可能造成严重的经济损失。在引进、吸收国际先进决策管理程序的基础上，南海东部珠江口盆地建立了有特色的“三大评价（即地质油藏评价、开发工程评价和经济评价）决策管理程序”，用于每个潜在商业发现油田的评价。从第一口探井发现油气层，到完成油田总体开发方案报告的编写，并得到国家主管部门的批准。这种评价要反复进行，并根据不同阶段、不同的资料基础不断更新评价结果。

2.1.2.1 地质油藏评价

2.1.2.1.1 油藏描述

海上油田评价初期不可能钻很多井，在决定投入资金开发一个油田时，由于受到资料的限制，建立的油藏地质模式不太完善。而油田开发与生产必须建立在正确的油藏地质模式基础上，才能算准地质储量。因此，为了保证油田经济效益，必须做好油藏描述工作，它是算准地质储量的关键。

油藏描述就是充分利用现代技术对油藏各种特性进行三维空间定量描述和预测的一项综合性技术。通过对油田进行详细的油藏描述，一是建立起一个正确反映地下情况的油藏地质模式，算准储量；二是在这个基础上进行油藏数值模拟，对各项参数进行敏感性分析，计算各种方案的开发指标并进行分析对比，预测可采储量和生产前景，选择最佳开发方案。在上述油藏评价的基础上进行工程评价和经济评价，完成油田总体开发方案（简称“ODP”）评价工作。

2.1.2.1.2 滚动评价

海上油田开发工程投资巨大，因此，为慎重起见，在评价阶段一个油田每增加一项重要资料就要滚动评价一次。如新的评价井、新的地震资料等，都有可能使勘探和开发人员对油田的认识发生改变。由图2－1可以看出，惠州21－1油田在两年的时间里，就进行了多轮评价，包括三口评价井的钻探、两次油藏模拟和八次专家会议；由图2－2可以看出，西江24－3油田在一年多的时间里就进行了三轮评价，包括两次数模、六次专家会议。由此可见，一个油田的三大评价不是一次完成的，而是随着资料的增加、认识的加深，进行滚动式评价的。这套做法严格遵守科学程序，克服主观随意性，避免“长官”意志的产生。

另外，根据不同油田的实际情况和影响油田开发的关键因素，大胆设想，小心求证，才能有效地降低边际油田开发的经济风险。例如，深水陆丰22－1油田（油田所在海域水深达330m），开发投资巨大、开发生产设施工程技术要求高、地质储量较大但油藏地质条件复杂、开发后生产操作费高，中外双方通过钻初探井和评价井，并进行延长测试，取得大量第一手生产动态数据，证明了该油田具有高产能力。随后，在构造范围内做了75km^2的三维地震，以便进一步落实油田构造的全貌和断层分布状况等问题。中外双方在取得资料的基础上先后进行了三轮油藏评价工作，大大加深了对陆丰22－1油田油藏动态的认识，最终使该油田得以开发。

2.1.2.2 开发工程评价

开发工程评价是在地质油藏评价提供储层物性、流体性质、地层能量和预测历年生产指标等方面资料的基础上进行的。随着油藏工程评价的深入，油田资料更加丰富，对油田的认识更接近实际，这为开发工程评价提供了可靠的依据。作业者进行开发工程评价，包括对钻井方式、平台类型、生产设施和设备、油轮大小、单点系泊、浮式生产储油装置、海底管线，以及每年操作费等方面进行筛选，提出合理的开发工程方案供经济评价使用。

2.1.2.3 经济评价

经济评价是在地质油藏评价和开发工程评价的基础上进行的，它是决定一个油田能否投入开发的重要环节。对于自营油气田，按照国家计委和建设部发布的《建设项目经济评价

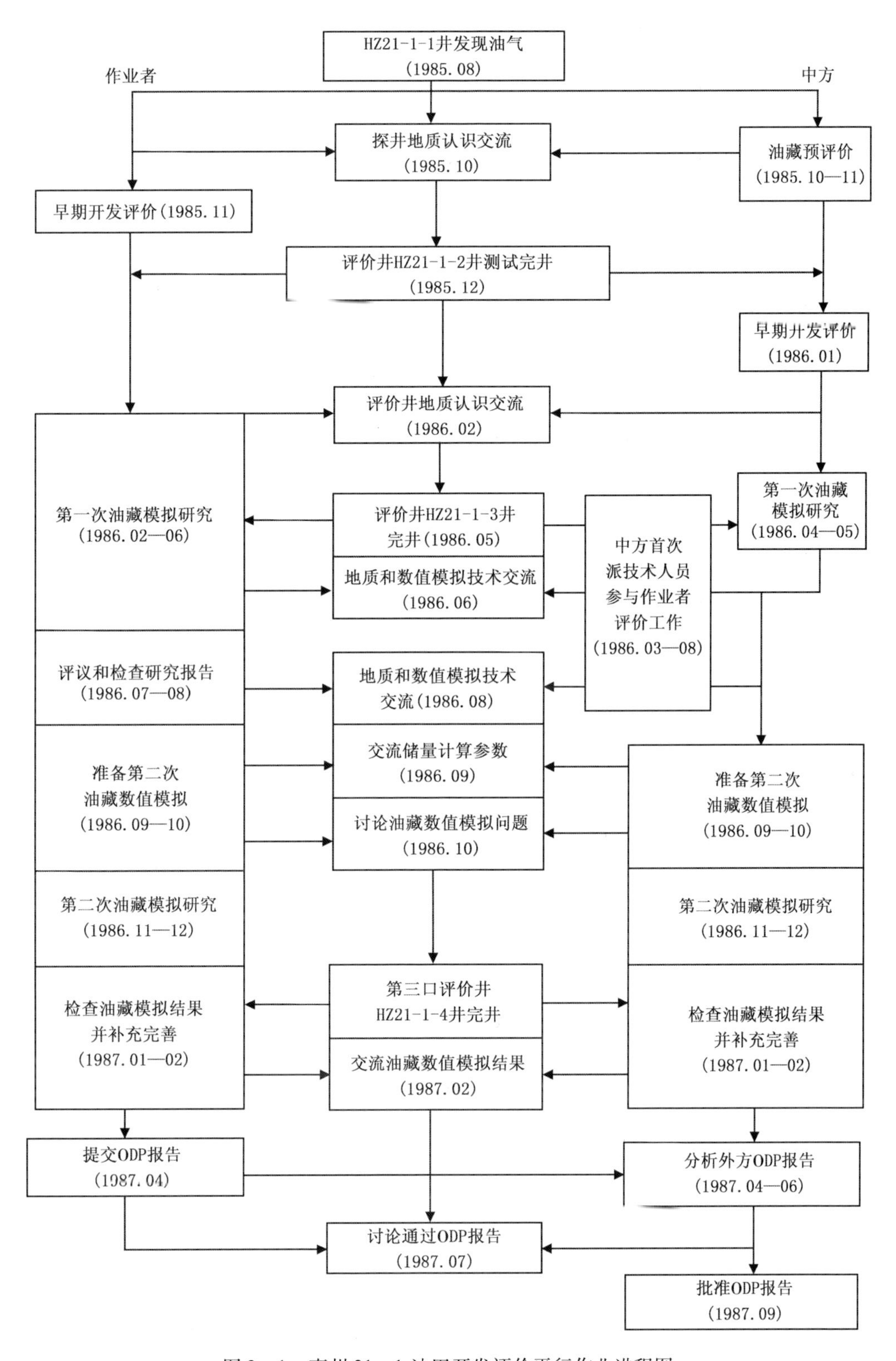

图2-1 惠州21-1油田开发评价平行作业进程图

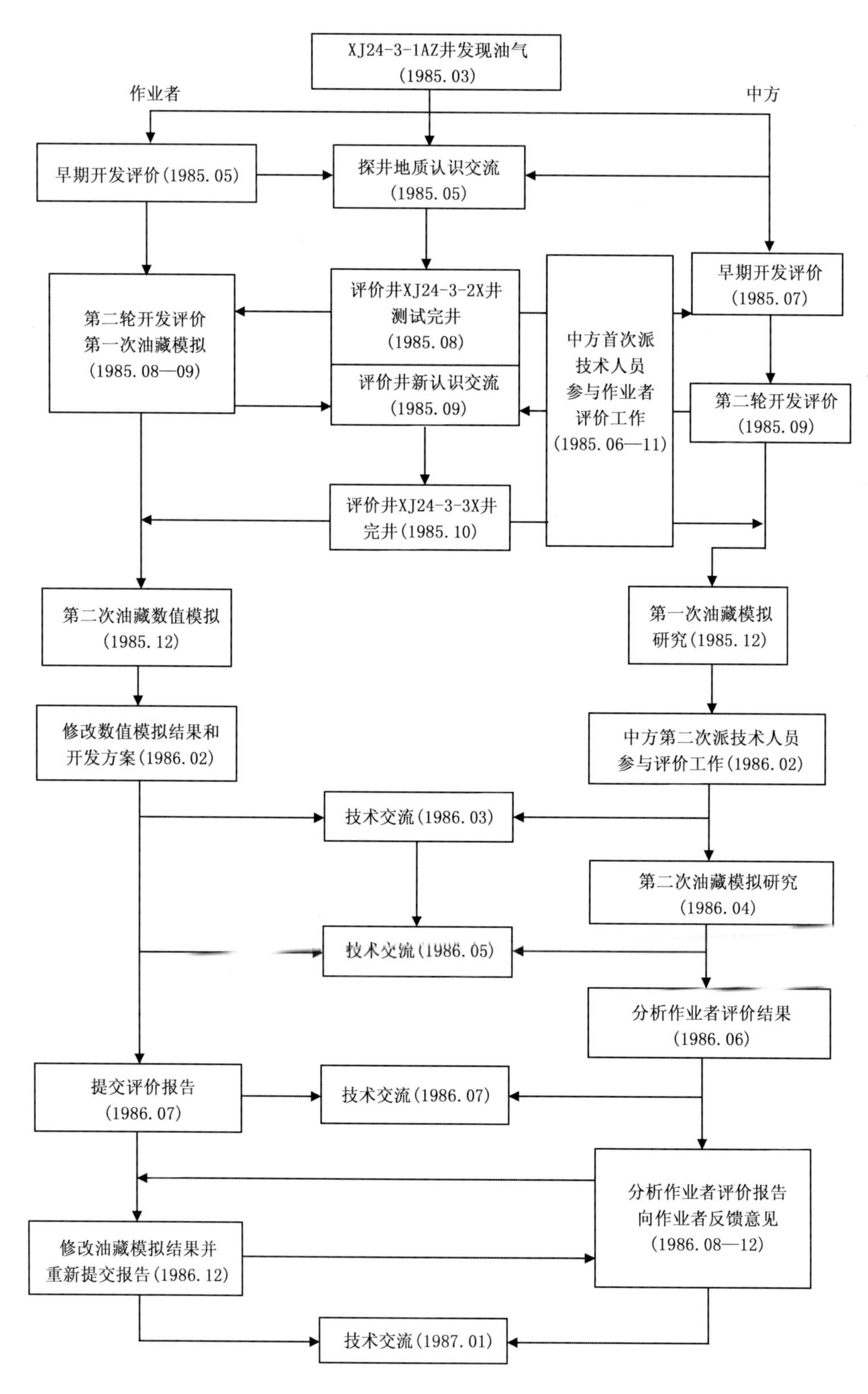

图2－2　西江24－3油田开发评价平行作业进程图

方法与参数》的有关规定，以及中国海洋石油总公司自营油气田评价方法的规定，采用动态和静态相结合的方法进行经济评价。对于合作油气田，经济评价采用动态评价方法，经济模式必须与签订的合同一致。经济评价的内容主要包括油气田逐年产量、油气田逐年开发投资、逐年操作费用、评价参数、经济分析、敏感性分析、风险分析和结论。

由此可见，要对一个油田进行经济评价，一是要通过地质油藏评价提供经济可采储量，二是要由开发工程估算投资费用，三是要确定经济评价参数，在此基础上才能进行经济分析和不确定性分析，最终得出结论。

2.2　高速开采开发方案编制典型案例

方案编制采用滚动开发评价方式进行。油田一旦发现后，利用探井、评价井进行油藏早期评价，其主要目的是落实油藏地质储量和可采储量，建立完善的三维地质模型，并通过开发可行性研究优化油田开发各项参数和指标，最终确定油田整体开发方案。本节根据油田地质特征，以典型油田为例分别介绍了多油层大油田开发、深水复杂边际油田独立开发和小油田依托开发的高速开采开发方案的编制。

2.2.1　多油层大油田开发案例

2.2.1.1　油田概况

西江30-2构造为长期继承性发育的低幅度披覆背斜构造，轴向呈东西向，构造完整、简单，在圈闭范围内未发现断层，有利于油田整体开发。构造平缓，构造倾角小于5°，圈闭幅度15.5~57.6m，圈闭面积4.1~5.8km^2。

该油田储层为海陆过渡相的辫状河三角洲—滨岸沉积，平面上分布稳定，连通性好。岩性为细—粗粒富含石英砂岩，分选差—中等。砂体疏松，储层物性好，属中高渗透性储层。测井解释油层平均孔隙度19.2%~25.7%，油层平均空气渗透率1070~3464mD，有效渗透率1746~18539mD。

据两口探井资料统计，含油井段长1236m（深度1607~2843m），在纵向上共钻遇26个油层，其中底水油藏14个、边水油藏12个。

主要油层分布稳定。各层系主要油层钻遇率高达91.7%~100%，连通性好，油层在平面上连片分布。砂层在横向上与西江24-3油田可进行连续追踪对比，说明油水之间连通性好。

层系之间均有较好的泥岩隔层，其泥岩隔层厚44.5~93.5m。

根据取心观察、测井解释、试油和RFT测试分析结果表明，边底水油藏交互存在，由此形成多套油水系统，使油水关系变得复杂（图1-3）。

该油田原油具有高凝固点、低气油比、低饱和压力的特点（表1-2、表1-3）。

该油田26个油藏用容积法计算的石油地质储量为$4466\times10^4m^3$，储量丰度为$893.2\times10^4m^3/km^2$。

2.2.1.2　方案编制

由于该油田油层层数多，含油井段长，有多套油水关系系统，并且油层岩心疏松，给油田开发带来一定的难度。因此，在开发方案编制中，针对上述油藏地质特点，首先要做好开发层系的划分；其次，采取先“肥”后“瘦”的开发策略，优先开发油品性质较好、产量较高、储量相对集中的油层。

2.2.1.2.1　层系划分

海上油田开发层系划分是为了减少层间矛盾，最大限度动用海上石油资源，简化或减少工艺措施，降低原油成本。划分开发层系是以油层物性和原油性质相近、开采井段和层数不宜过长和过多、层系间具有良好的隔层、各层系具有一定的产能和石油地质储量为原则。

西江30－2油田是一个层状油藏和底水油藏交互存在的多油层油田。根据资料的整理，将油田划分为4套开发层系（表2－1），4套油层组内用于油藏数值模拟研究的油层数分别为3层、2层、7层和3层，储量分别为$1873\times10^4m^3$、$474\times10^4m^3$、$850\times10^4m^3$和$843\times10^4m^3$。合计15个油层地质储量为$4040\times10^4m^3$。

表2－1　西江30－2油田分层数据统计表

油层组	原油性质				油层数	储量（10^4m^3）	试油产量（m^3/d）	隔层厚度（m）
	地面相对密度（g/cm^3）	地层原油黏度（mPa·s）	饱和压力（MPa）	原始气油比（m^3/m^3）				
Ⅰ	0.8956	11.32	0.75	2.67	10	2206	536.9	87.5～93.5
Ⅱ	0.8927	8.36	0.77	—	8	474	—	
Ⅲ	0.8816	5.61	0.74	2.84	9	891	439.6～719.6	58.5～62.0
Ⅳ	0.8762	4.74	0.92	3.2	3	871	371.4	81.0～91.5

注：第Ⅴ套油层组储量（$24\times10^4m^3$）未计算在内。

2.2.1.2.2　井网部署

井网部署直接影响油田开发效果，合理的井网部署应充分适应油层参数和形态的分布特征，力争以比较少的井数控制较多的储量。

根据两口探井的钻探资料研究看出：第一，油田砂岩分布比较稳定，但油层厚度明显受构造控制，顶部油层厚度大，边部油层变薄；第二，每套开发层系内的含油面积不大，最大的分别为$4.9km^2$、$3.0km^2$、$4.5km^2$和$4.3km^2$。为了保证油井高产，钻遇更多的油层，增加单井控制储量，减少低效井，应将生产井一次性按不规则三角井网布井布置在油田构造的顶部，其生产井之间的井距为300～420m。这样可以在最少的修井作业情况下获得最大的产油量，还可避免射开靠近油水界面的高产水油层，以免油井过早水淹。生产井与注水井的距离超过1000m。

因平台限制，在平台中间钻一口垂直井，其余钻常规定向井。所有的定向井将钻成“S”型，所有的生产井钻至目的层下100m。

设计开发井22口，其中采油井16口，注水井6口（图2－3）。分4套层系开采：第一套层系（H1）采HB、HC、H1油层，布5口采油井。第二套层系（H2）采H3、H3A、H3B油层，布3口采油井。第三套层系（H3）采H4B—H6A油层，布3口采油井。第四套层系（H4）采H10B、H10C、H13油层，布5口采油井。

2.2.1.2.3　开发方案

（1）油井生产能力。

一个海上油田能否投入商业性开发，取决于对地质、工程和经济等多种因素的综合评价。但在开发方案设计中，确定合理的油田或油井生产能力，是在开发方案中最敏感的

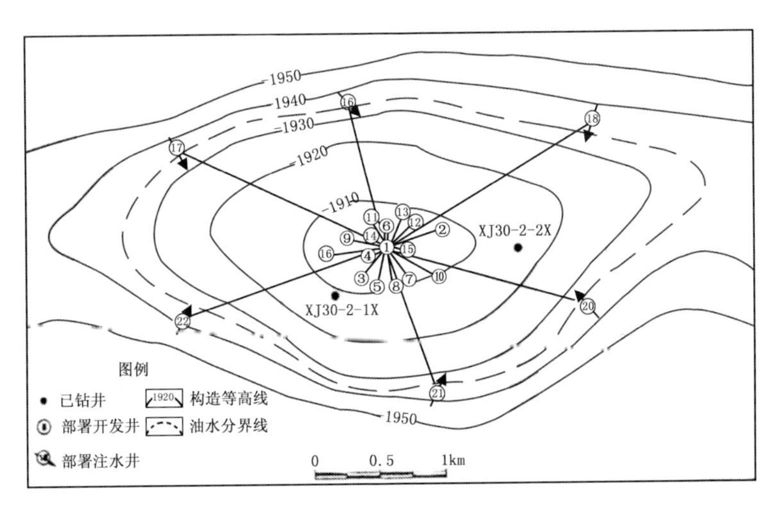

图2-3 西江30-2油田开发方案井位部署图

因素。

西江30-2油田含油面积小、油层多、储量大，油井生产能力很高。对XJ30-2-2X井4个层段进行DST测试，取得了较全的资料，为确定油井合理的生产能力提供依据。

单位厚度采油指数是指每米油层厚度的生产能力。由表2-2可以看出，各层系生产压差为0.36~2.98MPa，每米采油指数很高，为10.74~193.86m^3/（d·MPa·m）。

表2-2 XJ30-2-2X井试油成果表

DST	层系	油层	厚度（m）	产油量（m^3/d）	渗透率（mD）	采油指数［m^3/(d·MPa)］	每米采油指数［m^3/(d·MPa·m)］	生产压差（MPa）
1	Ⅳ	H10B	11.6	371.4	1746	124.6	10.74	2.98
2A	Ⅲ	H4D3/H4D4	7.5	439.6	3136	180.4	24.02	2.44
3	Ⅲ	H4B	2.9	719.6	18539	562.2	193.86	1.28
4	Ⅰ	HB	14.9	536.9	14556	1491.4	100.09	0.36

据油藏数值模拟研究，由于油藏岩石疏松，又可能见水早，设计的生产井采用砾石充填方式完井，表皮系数为10。油井采用电潜泵生产，并通过限定最小井底压力来控制产量。所有井的最小井底压力为2.07MPa。油井限定最大产量，第一套、第二套、第三套、第四套的油井产量分别为1431m^3/d、636m^3/d、1352m^3/d和1193m^3/d。

（2）油田高峰采油速度。

西江30-2油田的探井和评价井钻完后，取得大量第一手资料，运用BETA型全隐式三维三相模拟软件建立三维油藏模型。在模型中采用非均质网格，即在油藏中部使用较小网格，在油水界面之外使用较大网格，纵向上使用15个油层划分成26个模拟小层。最终根据工程评价和经济评价确定油田生产的经济下限为：油田经济极限产量为636m^3/d，单井废弃含水率为95%，生产时率为80%。由此得出高峰年产油量为188.3×10^4m^3，高峰采油速度为4.7%（用模拟储量计算）。

对该油田进行九种（相对渗透率、产量、时率、含水极限、垂直渗透率、不注水开发、钻井安排、上返调整、水体大小）不同情况下的敏感性分析。得出的高峰采油速度分别为7.38%、3.1%、4.9%、4.7%、4.5%、4.7%、5.0%、4.7%和4.4%。从这些数据来看，接近和达到基础方案高峰采油速度的有7个，占总数的78%。其中第一方案相对渗透率敏感性分析结果好于基础方案。由于采用相对渗透率曲线过于乐观，油藏的非均质性受油藏描述和数学处理能力的实际限制，未能在模型中全面准确地反映出来。因此，比基础方案多采出$350\times10^4m^3$。对于第二个产量敏感性分析，基础方案中各井产量限定的最高产量为636～1431m^3/d，而敏感性分析方案中各井只采用基础方案产量的50%。计算结果显示，采油速度低，最终采收率减小，14年间少采油$286\times10^4m^3$。

由上述数据对比表明，基础方案的高峰采油速度是可行的。

（3）单层采收率。

根据西江30－2油田数值模拟研究表明，按单层采收率分3级（小于20%、20%～30%、31%～41%）统计结果分别6个、5个和4个，HC和H4B单层采收率最高，分别为40.3%和40%（表2－3），全油田采收率为25.8%。

表2－3　西江30－2油田单层采收率统计表

层号	HB	HC	H1	H3、H3A	H3B	H4B	H4D	H4D1
采收率（%）	22.7	40.3	25.1	2.8	9.8	40	29.3	12.5
层号	H4D2	H4D3	H4D4	H6A	H10B	H10C	H13	
采收率（%）	26.3	19.1	34.1	10.7	33.0	19.4	21.4	

（4）驱动方式及开采方式。

由于无法确定水体大小，在模型中假设为局限水体，水油体积比为16:1。采用边缘注水，注水井为合注。注水与否和注水时机根据投产后两年油田生产动态实际确定。生产井用电潜泵采油。

（5）采油工艺。

综合考虑西江30－2油田油层疏松、储层物性好、在生产过程中容易出砂、原始气油比低等原因，该油田采用砾石充填先期防砂和生产井用电潜泵采油以达到最佳的开发效果。

（6）开发指标。

油田指标为高峰年产油量$188.3\times10^4m^3$、高峰采油速度4.7%、累计产油量$1030.9\times10^4m^3$、综合含水92.9%、经济采收率25.5%、生产年限14.5年（计算指标的地质储量为$4040\times10^4m^3$）（表2－4）。

表2－4　西江30－2油田生产预测

年	年产油量（10^4m^3）	年产水量（10^4m^3）	年注水量（10^4m^3）	含水率（%）
1	102.3	43.1	0.0	29.6
2	188.3	248.8	0.0	56.9
3	149.7	354.7	292.7	70.3
4	109.7	401.3	487.4	78.5
5	82.5	406.2	487.4	83.1

续表

年	年产油量（10^4m^3）	年产水量（10^4m^3）	年注水量（10^4m^3）	含水率（%）
6	67	407.6	487.4	85.9
7	57.2	404.0	487.4	87.6
8	50.6	391.3	487.4	88.6
9	44.5	387.3	487.4	89.7
10	39.6	392.1	487.4	90.8
11	36.1	395.6	487.4	91.4
12	31.6	351.0	487.4	91.7
13	30.4	364.1	487.4	92.3
14	29	337.9	487.4	92.1
15	12.5	162.7	248.1	92.9
累计	1030.9	5047.6	5902.7	

注：到2009年日产油636m^3止。

开发方案实践结果表明，高峰年产油量为381×10^4m^3，高峰采油速度为8.5%（ODP储量），截至2010年底累计产油量3236×10^4m^3（为ODP的3.1倍），采出程度达51.3%。

总之，多油层储量大的油田在开发方案设计时要确定好合理的开发层系和主力开发油藏，然后再针对主力油藏确定好合理采油速度和相关生产指标，力求采收率和经济效益最大化。如果条件允许，设计开发方案时，平台上要留有备用井槽，为中、后期动用剩余储量提供方便。

2.2.2　深水复杂边际油田独立开发案例

2.2.2.1　油田概况

陆丰22-1油田是一个三面被断层包围，内部又被若干条小断层复杂化的砂岩底水油藏（图2-4）。在含油井段内，发育了两个平面分布不稳定、厚度一般小于3m的泥质夹层。储层物性较好，孔隙度20.3%～24.5%，空气渗透率为1333～4586mD，有效渗透率为2424～5760mD。

该油田原油属低硫石蜡基原油，具有三低两高的特点（饱和压力为0.52～0.59MPa，含硫量为0.08%，溶解气油比为0.55～0.96m^3/m^3；凝固点为43～46℃，析蜡点为62.71℃）。油田水为封闭性的$CaCl_2$型。矿化度为32000～35000mg/L。

经三轮评价，按储量申报，陆丰22-1油田分三个地区计算储量，其中两个地区（Ⅰ区、Ⅱ区）之和的基本探明储量为2224×10^4m^3，控制储量为552×10^4m^3。随后，根据三维地震解释的结果，应用数值模拟法计算的石油地质储量为1908×10^4m^3。

由于油田所在海域水深达330m，储量规模为2000×10^4m^3的海上油田仍然属于边际油田。

2.2.2.2　方案编制

海上边际油田的开发在方案编制过程中会遇到诸多的问题，因而必须采取相应的对策。为此，开展了多轮早期评价工作。

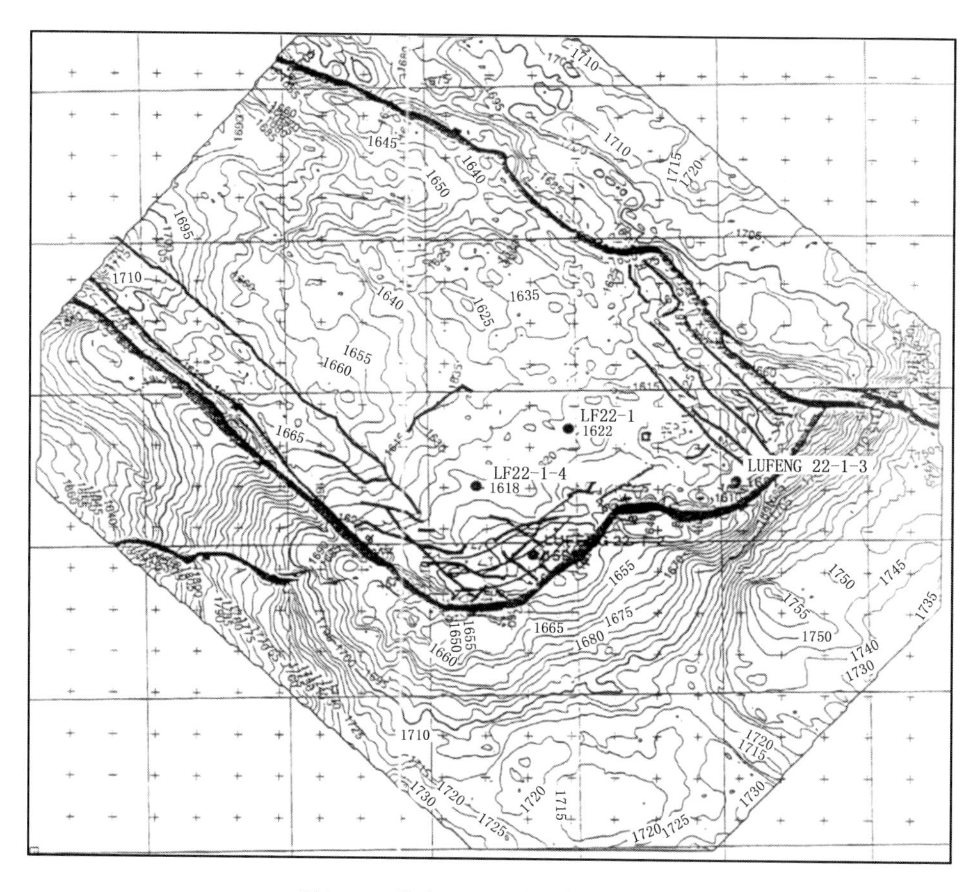

图 2－4　陆丰 22－1 油田断层分布图

该油田评价阶段共钻了两口探井和两口评价井。第 1 口初探井（LF22－1－1 井）钻探结果不理想（测井解释油层厚度 1m，差油层 1.2m，油水同层 3.9m）。随后又在构造的西高点上钻第 2 口初探井，测井解释油层厚度 42.2m，并进行钻杆测试、延长钻杆测试和早期试生产，射孔厚度 22.1m，生产压差 1.06～2.19MPa，钻杆测试产油 $968m^3/d$。延长钻杆测试平均产油量 $1685m^3/d$，累计产油量 $2.02\times10^4m^3$，未见水，采油指数 $817.9m^3/(d\cdot MPa)$。早期试生产平均产油量 $2706m^3/d$，累计产油量 $21.1\times10^4m^3$，累计产水量 $3.04\times10^4m^3$，生产 30 天后见水，含水上升缓慢，最终含水 33%。

钻了两口评价井并取得了更多的静态资料，其中在东高点评价井（LF22－1－3 井）上进行了 47 天的早期试生产，射开厚度 10.5m，累计产油量 $1.42\times10^4m^3$，累计产水量 $1.23\times10^4m^3$，平均产油量为 $733m^3/d$，生产压差约为 6.73MPa，开井累计生产 36 小时后含水较快上升至 14%，并不断上升，到测试结束时含水达 67%。

通过上述测试得出四点认识：一是油井产能高，但东、西两地区产能差异大；二是地层底水能量充足，可维持油井高产；三是受油层内低渗透夹层分布不稳定和断层的影响，3 号井含水上升过快；四是探明了东、西地区油层性质及分布情况，同时揭示了油井生产动态特征，以指导该油田的开发部署和工程和经济评价，降低开发风险。

油田早期评价所获得的认识为整体开发方案编制打下了坚实基础。

2.2.2.2.1　开发方式

该油田所处海域水深330m，海况条件相当恶劣。油田海区有一种内波流，是其他油田所处海域没有的，它与风浪无关，是由水体内温差引起的水下水体集团式运动。其特点是流速大，上下两层呈相反方向运动，对海上设施具有较强的破坏力。因此，在油田工程和经济评价中必须考虑该问题。

由于海域有内波流，使本就昂贵的固定平台、单点、生产处理储油浮式装置等常规开发设施的开发费用更高，作业的风险也更大。针对上述情况，采取相应的对策：一是利用单体船来代替常规平台等设施；二是采用水下井口模式生产。

为了降低工程造价，利用一条没有作业条件（不带钻机、修井机），只能用做储油、处理和外输中转的单体船，来代替常规的平台、单点系泊和浮式储油处理外输装置这三大件开发工程装置。同时，一些设施的购买和租赁，也使开发费用大幅度下降。

该油田的海洋工程系统由浮式生产储卸装置（FPSO）、单点系泊系统、水下井口及立管等几大部分组成。其特点是设施简单、移动快速灵活、可重复使用。当遇到强台风或海况恶劣时，FPSO设施可立即解脱开出危险区，生产人员随船撤离；当危险解除时，FPSO快速恢复生产。

2.2.2.2.2　井型和井网

根据南海流花11－1油田礁灰岩块状底水油藏用直井、大角度斜井和水平井进行早期试生产测试的结果表明：水平井水驱控制储量为直井的7.4倍，日产量为直井的3～4倍，含水上升速度却比直井慢很多（约为直井的1/7）。水平井的钻井费用仅为直井的1.9倍。由此可见，水平井开发块状底水油藏的效果明显比直井好。这一先例也给陆丰22－1油田的开发提供了借鉴。

鉴于油田开发经济效益边际，经井型和井数敏感性研究最终确定：该油田采用5口水平井开发代替数量成倍的常规定向井，即可较好地控制含油较高的范围。其中3口布在主体西南高部位，即8井（L1）、7井（L3）和6井（L7），水平段长分别为1543m、1673m和1744m，呈平行东断层走向和该高点轴向。另外2口分别控制东北高点和中部区域，即9井（L5）和5井（L9），水平段长分别为719m和821m。设计水平井段总长由6500m增加到6679m（5井534m、6井2060m、7井1738m、8井1492m、9井855m），巨大的控制范围和较长的水平井段，保证了少井高产的实现（图2－5）。

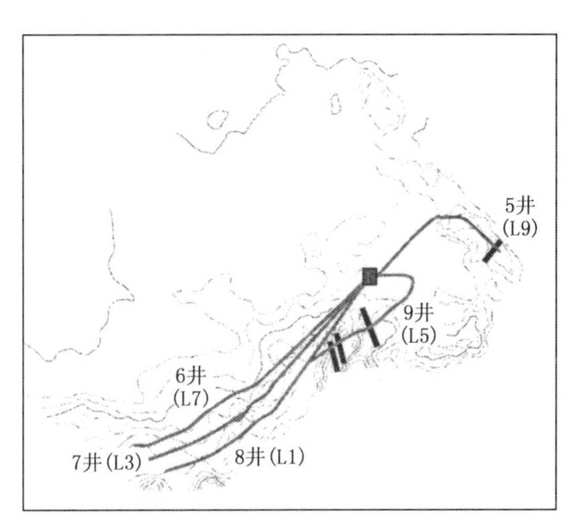

图2－5　陆丰22－1油田设计开发井位图

2.2.2.2.3　采油工艺

深水采油作业困难，工程研究人员对气举、水力射流、电潜泵、水力驱动增压泵和电驱动增压泵分析对比，认为气举和射流泵方案投资费用高，而且要求增加设施的处理量，同时还要增加立管数量。井下电潜泵方案作业费用高，要一艘钻井船才能把该泵回收检修，因

FPSO 上不能进行这样的作业。采用泥线增压泵，可降低采油设备费用。井内除下 7in 筛管外没有其他装置设备，只在水下井口处，每口井都安装一台海底增压泵，单井排量约为 $4000m^3/d$，以将流体助喷通过 330m 水深的柔性立管连接到单体船。

2.2.2.2.4 开发指标

ODP 设计开发指标：

（1）单井最大产油量为 $2384.8m^3/d$，产液量为 $3974.7m^3/d$；

（2）油田设备处理的平均产油量为 $6359.5m^3/d$（最大产油量为 $7472.4m^3/d$），最大产液量为 $19873.5m^3/d$；

（3）油田高峰年产油量为 $181.0\times10^4m^3$，高峰采油速度为 9.47%；

（4）可采储量为 $477.0\times10^4m^3$，采收率为 25%。

该油田经过 3 轮油藏评价，经历 3 个作业者的合作，取得如下共识：

（1）复杂油田首先要做三维地震或在二维地震资料的基础上再做三维地震，目的是要搞清构造的变化，断层的发育，储层、油层在平面上和纵向上的分布等。

（2）钻一定数量的评价井取得必要的资料。

（3）在探井或评价井上进行延长生产测试，取得油井产能、水体能量、夹层分布情况等资料。

（4）采用先进的采油工艺技术和单体船等，降低开发投资。

为了降低开发费用，规避投资风险，从常规的平台采油技术发展到深水采油技术。陆丰 22－1 油田采用的深水关键技术有：折叠式钻井底盘和永久导向底盘，海底生产管线垂直重力接头，人工举升泥线增压泵，水下设备控制系统。

总之，对复杂油田高速开采的方案编制采用多轮开发评价，直到油田有经济价值才能开发。

油田实际累计生产年限为 12 年，高峰采油速度为 10.1%，累计产油量为 $673\times10^4m^3$，经济采收率为 34.3%，比设计的经济采收率高 9.3%，开发效果很好。

2.2.3 小油田依托开发案例

2.2.3.1 油田概况

惠州 32－5 构造是发育在基底隆起上的新近系低幅度披覆背斜。构造平缓完整，在油田范围内未受断层切割，构造倾角为 0.3°～1.8°。该油田储层砂岩属辫状河三角洲前缘河口坝—远沙坝沉积，储层岩性以中细粒岩屑长石砂岩、长石砂岩为主。油层平均孔隙度为 15.2%～26.4%，空气渗透率为 355～6210mD，有效渗透率为 895～1370mD，为高孔隙度、中高渗透率储层。惠州 32－5 油田原油具有低密度、低黏度、低含硫、高凝固点的特点。原油流动性好。地面原油密度 $0.822g/cm^3$，含硫量 0.1%，凝固点 30℃，地层原油黏度 1.4mPa·s，原始气油比 $41.0m^3/m^3$。油水关系相对简单，有 4 个油层（J22、J50、K08 和 L60 层）。

2.2.3.2 方案编制

小油田开发方案的编制原则：一是油田储量规模小，不具备独立商业开采的价值，要借助于周边油田的生产设施；二是优先动用主力油层，兼顾次要油层；三是通过采用先进的开发技术降低开发投资。

2.2.3.2.1　开发方式

惠州32－5油田储量规模小，按照该油田储量计算的结果是，油田叠合含油面积8.2km^2，探明石油地质储量997×10^4m^3，其中K08为主力油藏，石油地质储量581×10^4m^3，占总储量的58.3%，而非主力层J22、J50和L60所占储量分别为10.6%、6.0%和25.1%。

根据南海东部海域开发的资料来看，要具备一定的独立开采价值，油田石油地质储量须在2000×10^4m^3以上，并充分利用天然能量，采取少井高速开采的策略。由于惠州32－5油田储量规模小，可采储量少，不具备单独商业开采的价值。因此，开发该油田必须借助周边油田的海洋石油工程设施，减少生产设备，节约开发投资，才能有效动用海上边际油田的石油资源。

惠州32－5油田具有加入联合开发的有利条件：一是该油田与惠州26－1油田相邻，两油田相距约3.5km。二是惠州26－1平台可提供压缩气源作为油井气举使用的气源。采用水下井口开发惠州32－5油田，水下油井在几年内不能有故障。而电潜泵生产系统特别需要大量的配套服务，几年内还得经常整体换泵，采用电潜泵作为该油田的开发方式不可取。同时，邻近的惠州26－1平台能够提供有效的气源。因此，基于可靠的作业和有效的气源这两个理由，气举就成为节约成本和提高效率的最佳选择。三是有惠州21－1、惠州26－1、惠州32－2和惠州32－3四个油田联合开发的海上共用生产设施。四是借鉴流花11－1油田用水平井开发取得良好效果的经验。五是国际上有先进水下完井技术可以采用。

为了加快小油田石油资源的动用，基于上述有利条件，按照“少井高产，高速开采”的原则，依托老油田共用生产设施，采用水下完井技术回接到惠州26－1平台。每口井都有独立的生产导向基座、采油树和生产管线，惠州26－1平台上的压缩气通过一根4in管线和分配盘为各口井提供气举气，采油树的控制由平台上的控制系统通过控制管线遥控。

2.2.3.2.2　井型和井网

应用油藏数值模拟技术对惠州32－5油田进行敏感性分析。采用一口直井合采J22和K08层、一口水平井单采K08层与采用一口直井采J22层、两口直井采K08层，这两个方案得出的可采储量分别为247.7×10^4m^3和204.2×10^4m^3，比全部用水平井开发（采用一口水平井采J22层、两口水平井采K08层）得出的技术可采储量（273.6×10^4m^3）少。可见水平井的开发效果比直井好。

惠州32－5油田采用3口水平井，一套层系，依靠天然水驱能量进行高速开采（图2－6）。油井气举生产，K08层防砂完井。油田高峰年产油量为111.1×10^4m^3，高峰采油速度为13.97%，开采年限4年，累计产油量为256.6×10^4m^3，经济采收率为25.7%。

该油田实际开发效果是：高峰年产油量为135.64×10^4m^3，累计产油量553×10^4m^3（2010年底），为原方案的2.2倍，开发年限由4年（ODP）增加到12年，采出程度达46.5%。

总之，小油田的开发评价简单，应尽快把储量动用起来，接替油田群的产量，降低开发投资，提高经济效益。

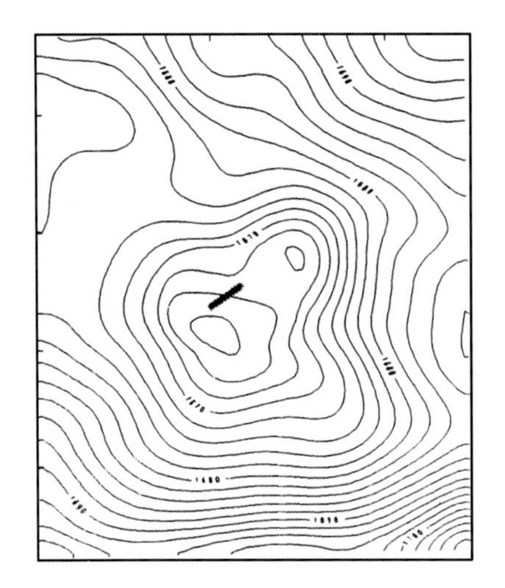

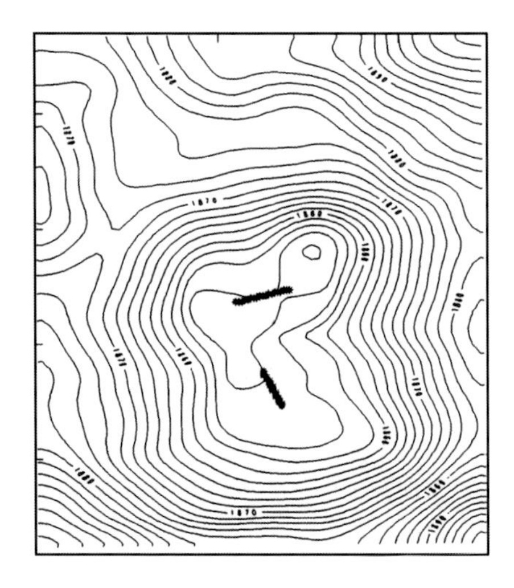

图 2-6　惠州 32-5 油田开发设计水平井井位图

第 3 章　高速开采配套设施和工程模式

海上油田开发离不开必要的的海洋石油工程设施，特别是海上大、中型油气田（群）的开发，通常需要装备配套的海洋石油工程设施，如生产平台、海管和油轮等。配套的海洋石油工程设施集采油设备、生产和处理设备、储油设备、生活设施甚至钻井修井设备于一体，其投资高（通常情况下约占开发投资的 60% ~70%），直接影响一个油田的开发方式和投资决策，制约着油田的开发效益及经济寿命。因此，选择与油田条件（如地质条件、生产规模、地理位置和海洋环境等）相适应的、与钻采工艺相配套的、并能满足海洋石油快速回收投资要求的海洋石油工程设施及其组合对油田的开发效果和经济效益影响重大。

二十年来，通过不断调查研究和探索实践，南海东部油区按照高速开采、快速回收投资的开发策略，在南海东部珠江口盆地油气田开发中，采用了与各油田自然条件相适应的多种海洋工程设施及组合，创造了多种形式的开发工程模式，为油区高速开发和产量接替、边际油气田的开发动用做出了重大贡献。

3.1　高速开采配套设施

南海东部珠江口盆地目前已开发的油田所在海域水深为 90 ~ 330m，自然环境和气候条件恶劣。海上油田开发的配套工程设施不但受到水深和距海岸远近条件的影响，而且还严重受到海况、气象条件（如台风和海浪等）的限制。

南海东部海域每年 6—10 月份为热带风暴和台风活动期。在台风活动中伴随有狂风、暴雨、巨浪和风暴潮。每年约有 10—20 个台风活动，一般直接影响作业区和油田生产作业的台风有 6—10 个。在东经 113°以东的海区曾出现台风中心最大风速 75m/s 的强台风。

除台风外，深水的海流（特别是内波流）、每年 11 月至来年 3 月的季风也给海上施工和生产带来不利影响，因此，海上各种作业（钻完井、工程施工、生产作业等）必须选择好的“气候窗”进行施工，各种生产设施、工程施工装备必须能适应恶劣的南海海洋环境条件。

目前，该海域发现的油田都远离陆、岛，且大都属于中小型油田，因此，油田开发采用了全海式的工程方案。根据油藏条件和水深等条件的不同，南海东部油区主要使用的海洋石油工程配套设施包括：固定式生产设施、浮式生产系统和水下生产系统等。

3.1.1　固定式生产设施

固定式生产设施是用桩基、座底式基础或其他方法固定在海底，其结构形式多种多样。其中，桩基式钢质固定平台是目前海上油气田生产应用最普遍的一种结构形式。固定式生产设施按其用途可分为井口平台、生产处理平台、储油平台、生活动力平台及综合平台。

目前，在南海东部珠江口盆地已开发的20个砂岩油田中，共建有综合平台5座，半综合平台3座，钻井井口平台3座和井口平台2座，水下井口1座，水下井口采油树4座(表3－1)。

表3－1　珠江口盆地南海东部砂岩油田开发海洋工程一览表

油田		水深(m)	平台			系泊	油轮	
			类型	数量	结构质量(t)	类型	类型	吨位($\times10^4$t)
惠州油田群	惠州21－1	115	井口	1	12600	BTM可解脱	南海发现号FPSO	25
	惠州26－1	116	半综合	1	21000			
	惠州32－2	108	半综合	1	11000			
	惠州32－3	107	半综合	1	11000			
	惠州19－2	102	综合	1	—			
	惠州19－3	98.6	钻井井口	1	—			
	惠州32－5	113	3个独立水下井口采油树					
	惠州26－1N	116	1个独立水下井口采油树					
陆丰油田群	陆丰13－1	146	综合	1	33298	BTM可解脱	南海盛开号FSOU	15
	陆丰13－2	132	井口	1	—			
西江油田群	西江24－3	96	综合	1	21745	BTM可解脱	南海开拓号FPSO	15
	西江30－2	100	综合	1	21745			
	西江23－1	90	综合	1	12470	内转塔永久系泊	海洋石油115号FPSO	10
番禺油田群	番禺4－2	97	钻井井口	1	3280(导管架)	STP永久系泊	海洋石油111号FPSO	15
	番禺5－1	110	钻井井口	1				
陆丰22－1		330	水下井口			STP可解脱	睦宁号FPSO	10

3.1.1.1　综合平台

综合平台集钻井设备、井口装置、生产处理及生活设施于一体，通常包括导管架及桩、平台甲板、生产设施、钻机、天然气压缩系统、消防系统、公用设施及生活模块。其中，平台甲板有主甲板、下甲板和下下甲板。主甲板有钻机、生活模块等设备；下甲板上设有采油树、生产管汇、油气分离器、计量分离器、天然气处理/压缩设备、脱水系统、注水系统、海水处理系统、管输泵、应急发电设备、化学药剂注入系统等；下下甲板主要用于供应船的停靠，负责物资、淡水供应以及雨水和污水的排放。其顶层为直升飞机停机坪。

综合平台上油井采出的油气水混合液，经过多级处理成合格的原油后，通过海底管线输送到油轮上进行储存和销售。

例如，陆丰13－1油田的综合平台（图3－1）包括：（1）导管架。陆丰13－1油田的导管架由购进“Julius”平台改装而成，导管架为双斜式8腿常规导管架，由16根外径为72in的裙桩固定在海底。总长380ft，桩的质量为5628t。顶部面积200ft×100ft，底部面积240ft×300ft。(2) 甲板，平台上部结构有上层甲板、主甲板、中层甲板、下层甲板，它们均为156ft×200ft，还有底层甲板100ft×200ft、甲板总质量13120t。平台的各种设备分别安

图3-1 陆丰13-1油田综合平台

装在井口模块、生产工艺模块、公用设施模块、动力模块、发电机模块，以及生活模块上。平台上的主要设施有：钻井/修井机及相关设备、生产分离器、测试分离器、水力漩流器、换热器等工艺生产设备、发电、配电设备、各种泵、空气压缩机系统、放空系统、计量系统、消防、安全救生系统、通讯系统，以及各种生活设施。（3）生产平台的处理系统，平台上生产井采出的油气水混合液经过分离器、电脱水器和水力旋流器分离出油、气和水。陆丰13-1油田的原油中气体含量少，分离出的气体通过燃烧臂放空。产出的水经过分离器、电脱水、水力旋流器等多次分离，达到排放标准后，排入大海。

3.1.1.2 半综合平台

半综合平台上包括成套的钻井设备和必要的原油处理设备（如一级脱水设备等）。该类平台一般只对原油进行初步处理，原油的最终处理需在浮式生产储油轮上进行。

在油田群联合开发中，后期开发投产的中、小规模油气田可有效利用已开发油田的现存设施（主要是生产储油轮系统），只需建造半综合平台，节约了开发投资。

例如，在联合开发的惠州油田群中，后期投产开发的惠州26-1油田、惠州32-2油田及惠州32-3油田等的生产平台就属半综合平台。其中，以惠州26-1油田半综合平台（钻井井口/生产平台，图3-2）为例，其设施包括：（1）双斜式8腿钢架，该导管架顶部43.1m×15.8m，底部71.3m×44.1m，质量8473t；主桩8根72in，外径钢桩，质量3431t；裙桩12根，外径72in钢桩，质量2600t。导管架安放在钻井时预置的海底底盘之上。（2）甲板，分为主甲板、下甲板和下下甲板，安装有钻井/修井设施、生产设施和生活设施。主甲板面积为62.4m×27.3m，高出海平面28.2m，上有钻机及钻井相关设施组成的橇块、50人生活模块、火炬臂及起重机等；下甲板面积为56m×32.7m，高出海平面20.6m，其上布置有采油树、生产管汇、油水分离器、计量分离器、天然气压缩机、脱水处理、产出水处理设备等；下下甲板面积为42.4m×15.2m，高出海平面17.9m，主要用于供应船的停靠，负责物资、淡水供应，以及雨水和污水的排放。

图3－2　惠州26－1油田半综合平台

3.1.1.3　钻井井口平台

钻井井口平台同时具有钻完井和采油两大功能。平台上一般井数较多，并配有整套常驻钻完井设备，以及采油树、管汇等少量必要的辅助生产设备。在该类平台上可以钻开发井，同时对油井产出的液体进行初级处理（脱气和加热），由外输泵通过海底管线输至FPSO油轮上进行二级处理，处理合格后，将原油存于油舱内，等待穿梭油轮外输。

番禺油田群海洋工程设计建造参照了老油田群的经验，采用了钻井井口平台，在满足钻完井和采油两大需求的同时，加快了油田开发进程，降低了油田开发投资。

例如，番禺4－2油田钻井井口平台为一座8腿带自持式钻机的有人驻守井口平台。平台包括：（1）导管架。平台的导管架采用八腿的常规结构，不采用主桩，采用12根直径84in的裙桩，4根主腿各布置了3根裙桩。该油田的井口平台有20个井槽，截至2005年12月底已有16口生产井，导管架有20根隔水套管，可容纳20根直径24in的井口导管。导管架质量约7545t（图3－4）。（2）甲板。甲板分为主甲板、中层甲板、下层甲板、下下层甲板和底层板。主甲板有6000m钻机、模块，以及95人带直升机坪及加油设施的生活模块；中层甲板主要有生产换热器、工艺罐、发电及配电装置等；下层甲板包括井口管线、生产/测试管汇、增压泵、外输泵共用系统、工作室和实验室等；下下层甲板主要是闭排系统；底层甲板包括开排系统，以及海水、消防水提升泵沉箱等。

3.1.1.4　井口平台

井口平台是进行简单油气采集的平台，平台上除采油树、管汇外仅布置少量必要的辅助

图3－3　番禺4－2油田钻井井口平台

图3－4　陆丰13－2油田井口平台

生产设备，它是油田群联合开发中小型油气田所主要采用的工程设施之一。井口平台上井数较少，在平台预制的同时，用半潜式钻井平台通过底盘提前预钻井，然后在平台安装后由修井机回接井口并完井，从而大大加快项目进度。

以陆丰 13－2 油田为例，该油田的石油地质储量规模较小，为了充分利用资源，尽快收回投资，减少油田的工程投资和操作费用，提高油田的开发经济效益，必须加快项目进度，尽量简化平台工艺流程和设备。因此，依托陆丰 13－1 油田的工程设施，采用井口平台进行开发。

该井口平台（图 3－3）包括：（1）导管架。为四腿八桩的钢架。（2）甲板。由主甲板、下甲板和底甲板组成。主甲板有仅满足回接、完井和检泵要求的修井机及其配套的循环系统及旋转系统，另有吊机和生活模块及救生设施，还有直升机停机坪；下甲板有 3 个井口采油装置、生产测试管汇，多相流量计、清管球发射器等及其他配套设施；底甲板上有消防泵、开式和闭式排放泵等。

3.1.2 浮式生产系统

浮式生产系统分为以油轮为主体的浮式生产系统、以半潜式钻井船为主体的浮式生产系统、以自升式钻井船为主体的浮式生产系统和以张力腿为主体的浮式生产系统。典型的浮式生产系统是指利用改装（或专建的）半潜式钻井平台、张力腿平台、自升式平台或油轮放置采油设备、生产和处理设备，以及储油设施的生产系统。

在本海域主要采用了以油轮为主体的浮式生产系统，分为浮式生产储油装置（FPSO）和浮式储油装置（FSOU）两种。

FPSO（Floating Production，Storage and Offloading）是把生产分离设备、注水（气）设备、公用设备和生活设施安装在一艘具有储油和卸油功能的油轮上（图 3－5）。油气通过海

图 3－5　惠州油田群 FPSO

底管线输到单点后，经单点上的油气通道通过软管输到油轮（FPSO）上，FPSO上的油气处理设施将油、气、水进行分离处理。分离出来的合格原油储存在FPSO上的油舱内，计量后用穿梭油轮运走。浮式生产储油轮FPSO除有综合平台上的生产设备外，还有单点系泊系统（SPM）、尾部输油系统、压舱泵及卸油泵、溢油回收防污染设备。

FSOU（Floating Storage and Offloading Unit）也是具有储油和卸油功能的油轮，但无生产分离器和公用设备，通过海底管线汇集来的合格原油直接储存到FSOU的油舱中（图3－6）。由于没有生产设备，旧油轮稍加改装后就可以成为FSOU。相对于FPSO来说，FSOU建造工期短。

浮式生产系统最大的特点是可以实现油田的全海式开发。由于可重复使用，因此被广泛用于早期生产、延长测试和边际油田的开发。目前，随着科技的发展，许多大型油田也都采用浮式生产系统。

图3－6　陆丰13－1油田FSOU

3.1.3　水下生产系统

由于在深水油田采用固定平台造价高昂且缺乏灵活性，随着海洋石油工业技术的发展，以及人们对降低成本的不断追求，海洋石油技术从海面发展到水下，并从单井水下采油树发展到多井水下采油树，直至最近全部油气集输系统都放到水下开采。

典型的水下生产系统由水下设备和水面控制设施组成。水下设备包括水下采油树、水下管汇中心（UMC）。水下管汇中心是水下生产系统的一种主要设备，其功能与一座固定平台相似。水上控制系统放置在水面生产系统上，对水下设备进行控制和维修作业。

在南海东部海域，通过运用先进的水下海洋石油技术，解决了不少油田开发实践中遇到的各种难题。以陆丰22－1油田为例，该油田所处海域海况恶劣，地质条件复杂，开发难度大，开发效益边际。但是，通过采用先进的水下生产系统开发油田，不仅克服了各项困难，还降低了开发投资，盘活了地下资源。

陆丰 22－1 油田的水下生产系统是将采油树放到海床上，水下采油树采出的井液通过海底泥线增压泵输到水下管汇，水下管汇完成对各井井液的计量（无法单井计量，只能靠关井推算）、汇集、增压后通过输油立管输送到浮式生产系统上进行处理和储运。水下控制系统通过水下管汇中心对水下井口进行控制、关断、注水、注气、注化学药剂，以及维护作业（图 3－7）。

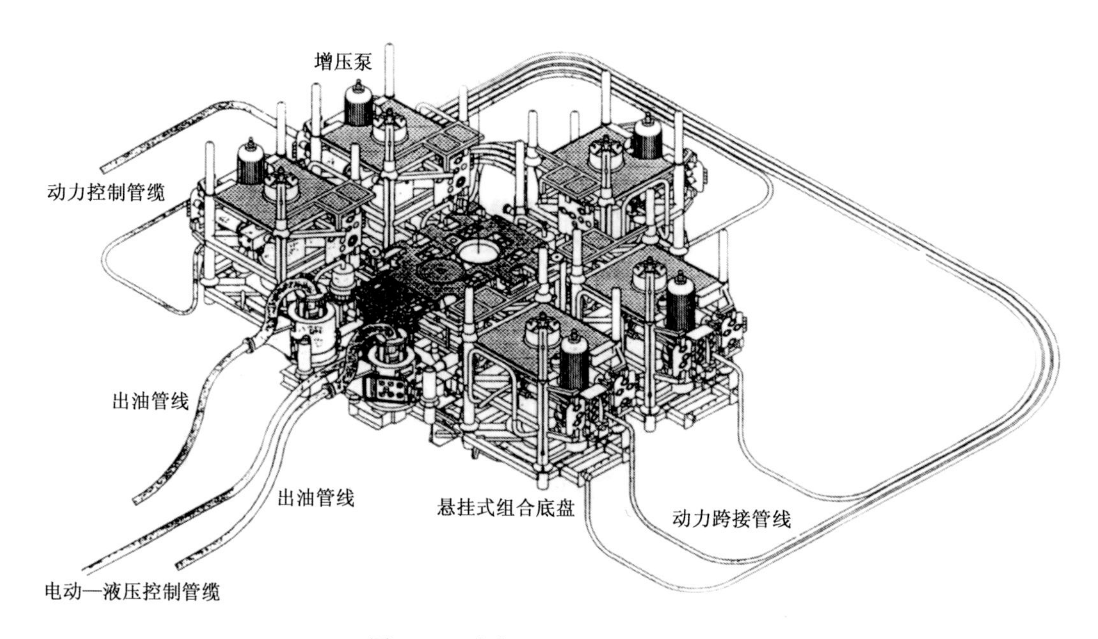

图 3－7 陆丰 22－1 水下生产系统

3.1.4 单点系泊

南海东部海域是台风多发区，单点系泊装置具有使浮式储油装置的朝向顺应风向变化360°自由转动的能力。当发生台风时，该装置能使海上人员快速撤离，使油井、工程设施等迅速停止生产或转移，避免生命财产的损失；台风过后，又能迅速恢复生产。

单点系泊分为解脱式和永久式两种。所谓解脱式，就是在台风预警时，油轮能够快速解脱。如“南海发现号”油轮在台风来临时，其船底的系泊浮筒可以快速解脱并沉入水面下约 30～50m 位置。永久式单点系泊就是油轮在台风来临时不能快速解脱。如“海洋石油 111 号”油轮，虽然同样具有倒锥型系泊浮筒，可以解脱，但结构简单，不能快速解脱。

本海域主要使用的是可解脱式的单点系泊系统。以“南海发现号”油轮为例，单点系泊采用的底部转塔系泊装置（BTM）由转塔、浮筒和八根均匀分布的锚链组成。八根锚链的一头系在浮筒上，另一头系在海底的重力锚上。油轮上的转塔通过结构连接器与浮筒连接成一体，从而将油轮系泊在浮筒上，随海流、风向而转动。转塔结构上部有三个流体旋转头，用做输送井液的通道，以及一个 15kV 的高压电缆旋转接头作供电用。在生产过程中，浮筒用连接器与转塔连成一体。当台风接近作业区时，通过液压控制系统打开连接器，浮筒就与油轮分离（图3－8和图3－9）。

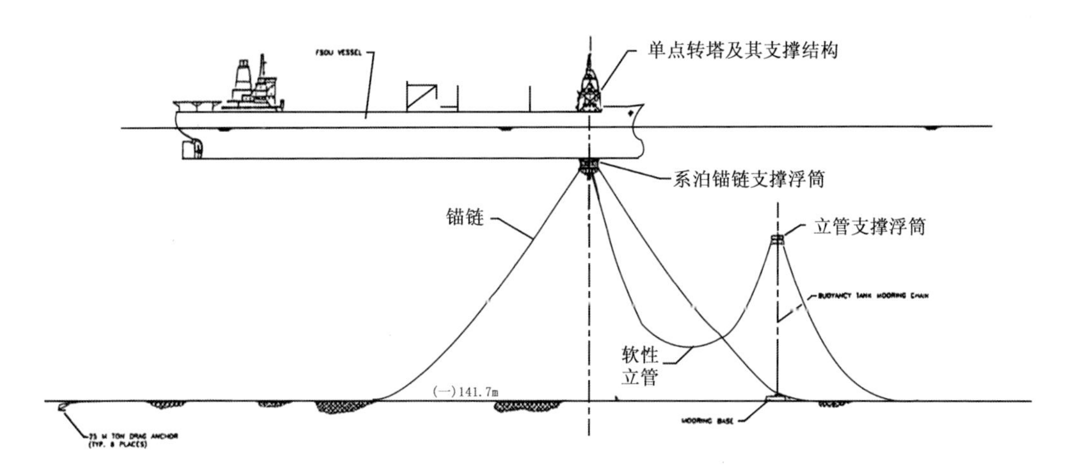

图3－8　陆丰13－1油田单点系泊系统（可解脱转塔式）

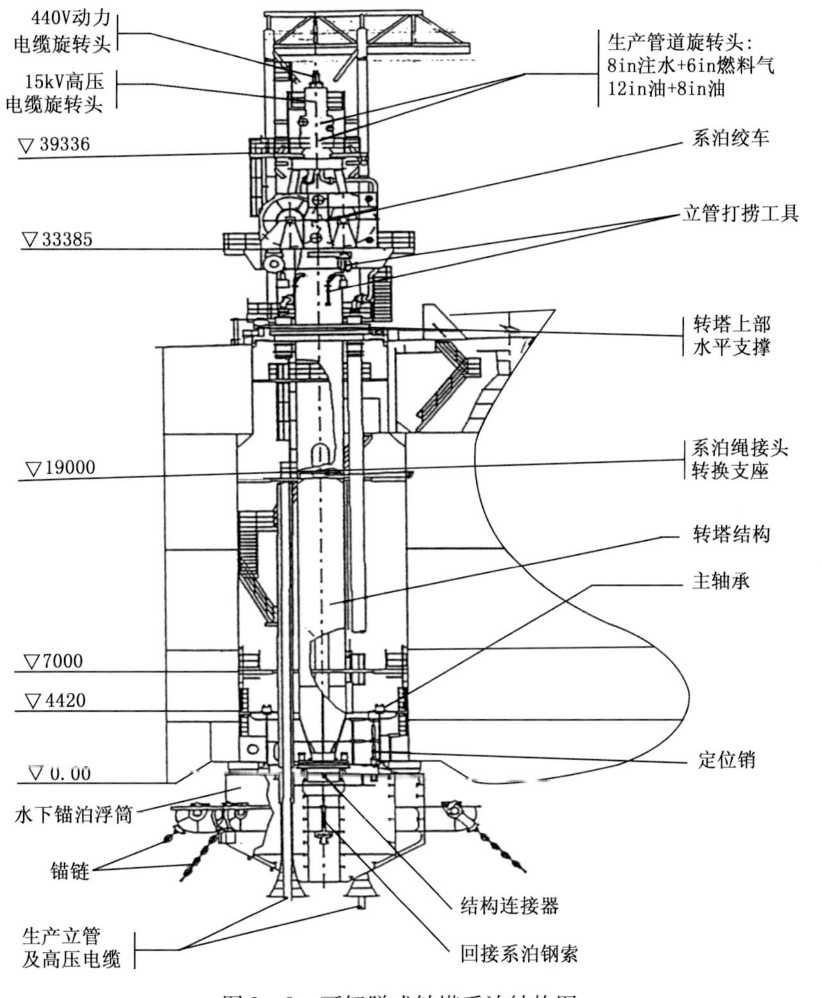

图3－9　可解脱式转塔系泊结构图

番禺油田群采用永久式系泊系统。以“海洋石油 111 号”油轮为例，该系泊系统是一座内转塔式永久系泊系统，其中包括锚（抓力锚或吸力锚）、锚链、内转塔。内转塔位于船艏，可以随海况自由旋转 360°。内转塔内包括生产旋转接头、应急关断阀、外输电力所需的电旋转接头、光纤旋转接头及相关设备。

3.1.5 海底管线和立管

海底管线和立管是油田投入开发的海洋工程中不可缺少的重要组成部分。它们连接于平台与油轮或平台与平台之间，将油井产出的液体从油田平台输送至 FPSO。

3.1.5.1 海底管线

南海东部海域的海底管线用于连接油田平台和油轮或平台之间，距离较短，水深基本都在 100～150m 以内，沙质土海底平坦无障碍，大都采用刚性海管，均由带有托管架的常规铺管船直接铺在海底，不挖沟埋设。如发生交叉，就设置沙包或混凝土墩局部架空。个别油田因水深原因，采用了柔性海管。

3.1.5.1.1 刚性海管

（1）保温海管。

由于本区海底温度最低在 14～17℃，所有海底输油管都采用双层管结构，外层保护管采用无缝或焊缝钢管，内管采用无缝钢管，两层钢管之间环空注入发泡塑料（PUF）。一般都在岸上预制成 12～24m 管段，管段两端环空浇注 EPDM 构成防水堵头。万一外管穿孔进水，防水堵头把双层管之间的进水限制在一个管段长度以内。另外，要每隔一段距离设置一个小的三通接口，以备逐段处理管线意外堵塞。

（2）不保温海管。

由于本海域所有油田均不需注水，没有输水海管，因而不保温海管只用于输气管，而且只有惠州油田群内有用于注气或发电的天然气输送管。所用管材均为无缝钢管。曾用两种方法抵消浮力：①与输油管捆绑在一起，用于惠州 26－1N 油田。②其他所有输气管都采用钢丝网骨架的混凝土配重层。

3.1.5.1.2 柔性海管

所谓柔性海管（也称为柔性钢管）是由多层交叉高强扁钢条和工程塑料层复合的管材，不仅在强度上不逊于钢管，而且有较好的绝缘保温性。这种自动化连续生产的管材可以连续数千米，成卷运输或直接盘放在安装船船舱内，海上安装类同电缆。依管壁构造和强度设计不同，分为普通海底管线和水中动力立管两类。

3.1.5.2 立管

立管分为柔性立管和刚性立管两类。

3.1.5.2.1 柔性立管

柔性立管用于连接油轮和总汇管，立管和电缆线一起悬挂于水中。在安装期间，立管用于压力测试和管线清扫。在生产期间，用于海底管线扫线或化学药剂分批注入。接头为液压套爪接头，可以接在 18in 生产管汇或计量管汇的连接接头上。柔性立管是海底管线至 FPSO 的连接管（图 3－10）。

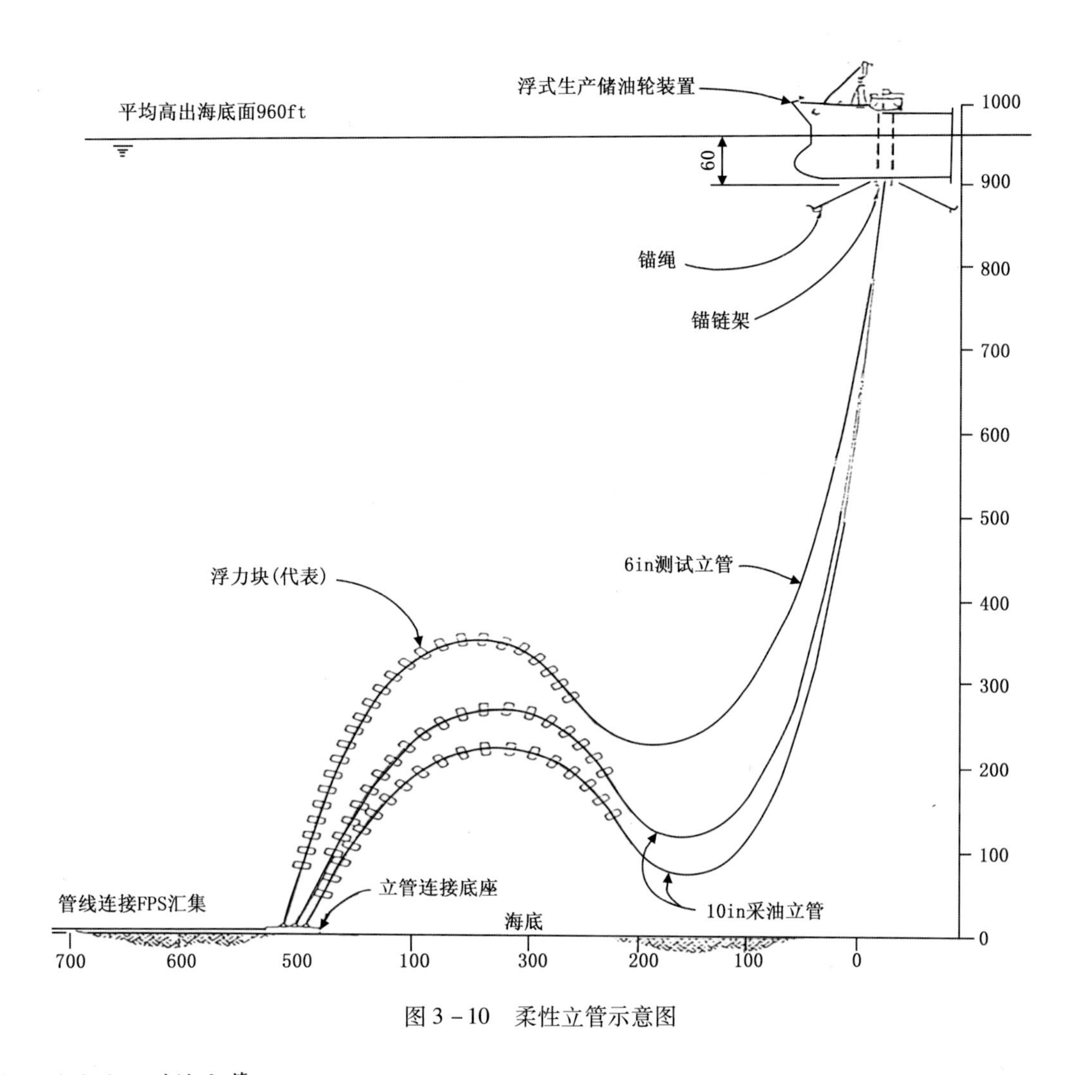

图3－10　柔性立管示意图

3.1.5.2.2　刚性立管

平台上的刚性立管会在导管架建造场预先安装在下部结构上，加上管线与平台之间安装热膨胀弯短管吸收海底管线的热膨胀。

3.2　高速开采工程模式

由于油田地质特征不同和储量规模大小不同，以及地理位置和海洋环境不同，往往要采用相适应的海洋工程设施及配套组合来经济有效地开发油气田。这些海洋工程及配套设施就组合成了各种类型的工程模式。近二十年来，通过不断地探索和实践，中海石油按照高速开采、快速回收投资的开发策略，结合南海海域各油田不同地质条件和地理环境，采取了相应的工程应对策略，在南海东部珠江口盆地海相砂岩油田开发中创造了多种形式的工程模式，主要包括大中型油田独立开发的工程模式、油田群联合开发工程模式和小型油田依托开发工程模式，累计开发了20个油田，动用了约$4.8\times10^{8}m^{3}$石油地质储量，累计采油1.9×

10^8m^3，实现了连续15年原油年产超千万立方米，取得了良好的油田开发效果和经济效益。

3.2.1 大中型油田独立开发工程模式

在珠江口盆地，对于独立开发有经济效益的大中型油田（一般储量规模在$2000\times10^4m^3$以上），当地理位置比较孤立时，一般采用独立开发模式。这种开发模式的工程对应策略是采用一套系统的工程设施（主要包括综合平台、海管和油轮）。根据具体所采用的工程设施和采油技术的不同，又可以细分为两种类型，分别是"综合平台+海管+油轮"模式（简称为"DPP+FPSO"模式）和"水下井口+单体船"模式（简称为"SPS+FPSO"模式）。

3.2.1.1 "DPP+FPSO"子模式

在南海海域早期发现和投产的、油田地理位置相对比较孤立的（其周边无其他有经济效益的油田）、海水深度不超过150m油田一般都采用这种方式。其工程对应策略是采取具有钻井和生产处理功能的固定综合平台（DPP）和具有生产储油卸油功能的油轮（FPSO）组成的海洋工程设施。

在珠江口盆地，陆丰13-1油田和西江23-1油田采取这种开发模式，分别动用地质储量$2028\times10^4m^3$和$2189\times10^4m^3$，截至2010年底累计采油$1663\times10^4m^3$。

综合平台包括导管架及桩、平台甲板、生产设施、钻机、天然气压缩系统、消防系统、公用设施及生活模块。它集钻修设施、生产处理设施和生活设施于一体，投资规模较大。综合平台的开发模式一般用于整装的大中型油气田开发，主要功能和特点包括：

（1）可以钻开发井，因此不需要动员钻井船进行预钻井，大大降低了开发投资。

（2）可以钻调整井，因此有助于油田改善开发效果，并降低资本性投资。

（3）可以进行修井和其他各种增产作业和资料录取作业，降低了操作费。

（4）可以进行油水分离和计量，降低了油轮的开发投资。

（5）可以作为主设施带动周边卫星小油田的开发和动用。

3.2.1.2 "SPS+FPSO"子模式

这种模式应用于开发难度大、海水较深、用常规开发模式无经济效益的油田，其工程应对策略为由水下生产系统（SPS）和具有生产储油卸油功能的油轮（FPSO）组成的海洋工程设施。这种模式成功地应用于南海油区陆丰22-1油田的开发，是中国海上油田开发中的首创，动用地质储量$1963\times10^4m^3$，最终累计采油$673\times10^4m^3$。

陆丰22-1油田是一个边际油田，虽然单井产油能力高，可是它位于海况恶劣的深水区，从而严重地制约了油田的经济效益。为使油田开发具有一定的商业价值，简化开采设施，经过多种工程方案的筛选和经济性比较，油田开发运用了水下井口、泥线增压泵技术，创造了单体浮式生产储油轮的开发模式。其海洋工程系统由浮式生产储卸装置（FPSO）、单点系泊系统、水下井口及立管等组成（图3-11）。该模式有三大特点：第一，设施简单，灵活性大，移动快速灵活。当台风来临时或当海况超过设计条件时，FPSO可立即解脱开出危险区，台风过后再开回与水下系统连接，恢复生产。第二，设施重复使用性强。当一个油田结束采油生产后，FPSO可以移动到另一个油田重复使用。第三，当油轮解脱撤离时，FPSO上的生产人员可以随船撤离，不必用直升机撤回到陆地，从而节约操作费用。由于系统简单，投资费用相对比常规系统低很多，就陆丰22-1油田而言，相对于采用"DPP+FPSO"模式大概节省了50%的投资费用。

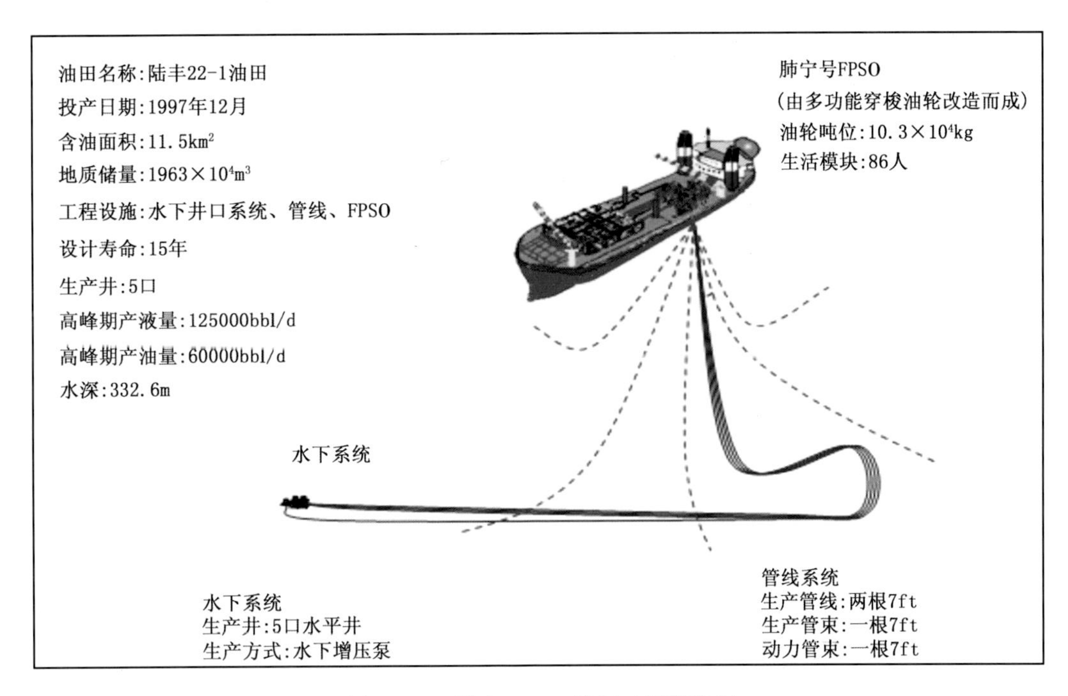

图3-11 陆丰22-1油田工程设施图

3.2.2 油田群联合开发工程模式

油田群联合开发模式是指把两个或两个以上的地理位置相邻的油田“捆绑”在一起、共享部分海上设施一起进行开发和生产，其工程应对策略为每个油田各自建立一座平台，一起共享一艘油轮。根据各油田的储量规模的大小不同，这种模式又可分为“强强联合”型、“强弱联合”型和“弱弱联合”型。所谓“强”，是指可以独立开发的经济效益好的大中型油田；所谓“弱”，意为经济效益边际的中小型油田。这种开发模式因共享一艘油轮，降低了开发投资，同时也共同分摊操作费，使各油田的开发效益明显提升，并延长了油田的开发寿命，使经济效益边际的油田也具有开发效益，使强者更强，弱者变强，成为珠江口盆地最主要的开发模式，为实现并稳产 $1000\times10^4m^3$ 做出了重大贡献（图3-12和图3-13）。

3.2.3 小型油田依托开发工程模式

这种开发模式可以通俗地称之为“以大带小”型开发模式，是指一个小型油田（一般其地质储量不超过 $1000\times10^4m^3$），依托周边一个大油田的设施来联合开发动用。在这种开发模式中，大油田本身具有独立开发价值，已经建成综合平台和油轮，并投入了开发。小型油田的储量规模较小，不具备独立开发价值，但因采用这种模式也可以被有效开发和动用，为南海油区的产量接替起到了巨大作用。

在珠江口盆地，依据小油田所采取的工程应对策略不同，又可以分为“水下井口”子模式（简称“SPS”模式）、“大位移井”子模式（简称“ERW”模式）和“简易平台”子模式（简称“WHP”模式）。

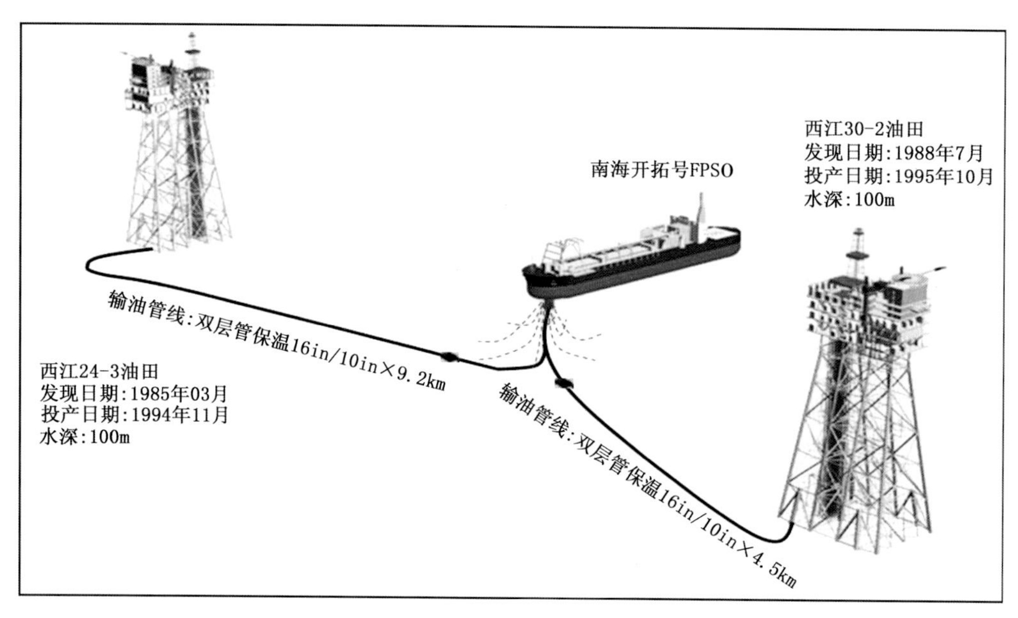

图 3-12 西江 24-3 油田和西江 30-2 油田联合开发示意图

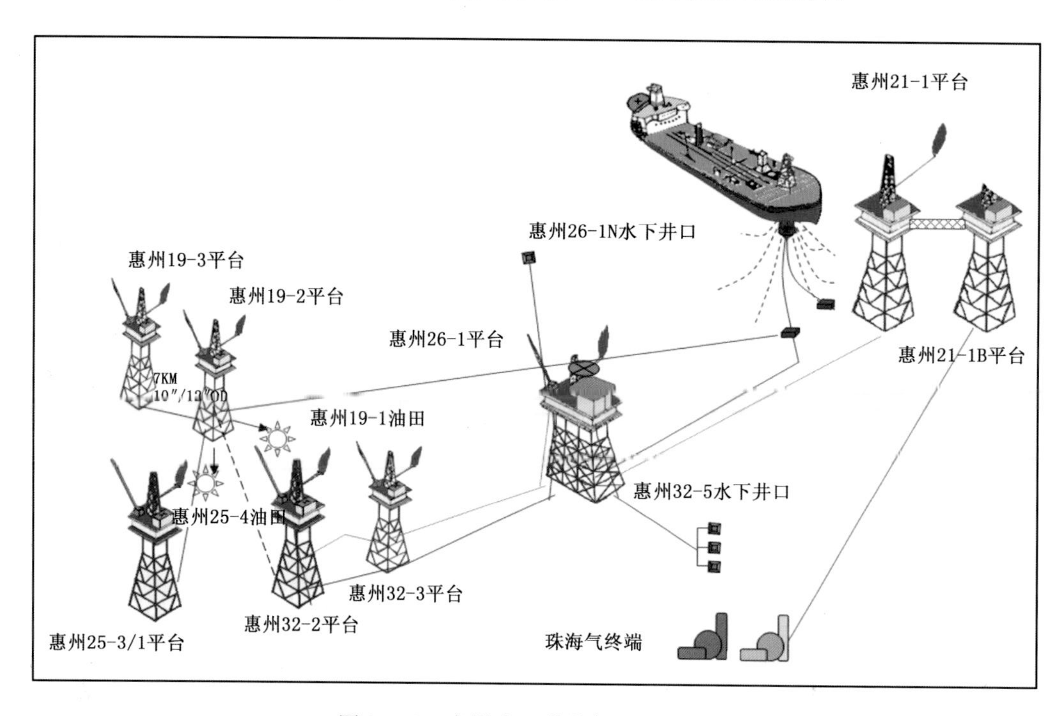

图 3-13 惠州油田群联合开发示意图

3.2.3.1 “SPS” 子模式

这种开发模式是采用水下井口采油技术并依托临近的大油田设施来开发卫星油田的。

这种开发模式的运用需要采用钻井船预先在小油田完成钻完井作业，然后安装水下井口和海底管线回接到大油田的综合平台上，所生产的原油在该综合平台上进行计量和处理，最后与大油田的原油混输到油轮上。

水下系统及其相关设备先后在陆丰22-1油田、惠州32-5油田和惠州26-1N油田得到了成功应用。其中，惠州32-5油田和惠州26-1N构造储量规模较小，都属于无独立开发价值的卫星油田，但通过采用水下井口技术和“以大带小”的开发模式均得以开发，共动用地质储量$1441\times10^4m^3$，累计采油$666\times10^4m^3$。

惠州32-5油田距惠州26-1油田3.5km，采用3口预先钻好的水平井开发，其工程设施主要包括三台水下卧式采油树，以及相应的上部设施和控制系统、三根6in内径的柔性立管（作为输油管线）、一根4in内径的柔性立管（作为气举供气管线）、一根八通道的电液控制管束和一根平台立管套管。生产的原油输送到惠州26-1平台上进行处理后再输往南海发现号油轮，控制系统通过控制管束在惠州26-1平台上操控（图3-14）。

惠州26-1N构造距惠州26-1油田约9km，也采用了相同的开发技术和开发模式。其主要海洋石油工程设施为一座海底采油树、一条10in海底生产管线和一条控制缆（为海底采油树传送生产动力，在惠州26-1平台上操控）。

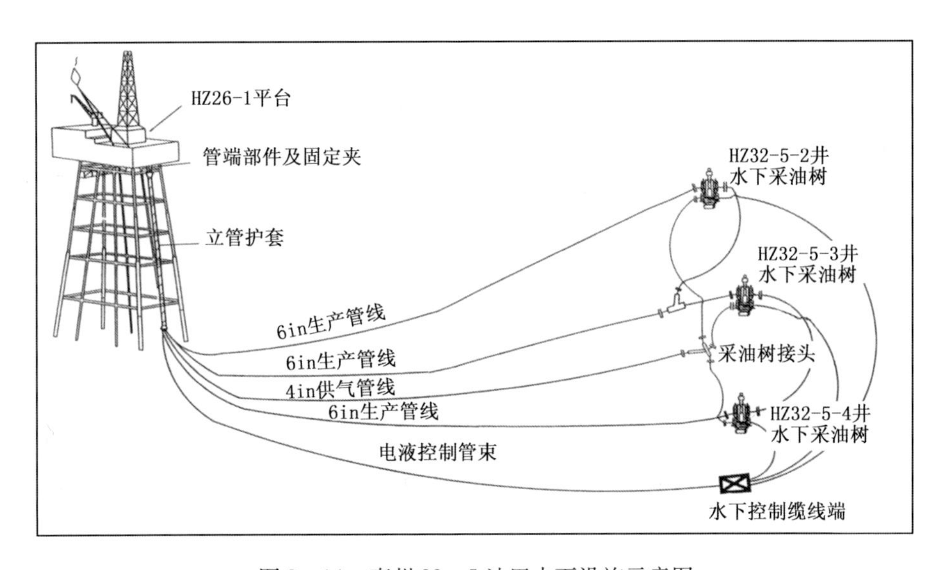

图3-14　惠州32-5油田水下设施示意图

3.2.3.2 “ERW”子模式

该模式是直接在已投产大油田的综合平台（DPP）上通过钻大位移井（ERW）来开发卫星油田，其井下采出液在该综合平台上经过一级处理后与大油田的原油一起通过现成的海管外输到油轮上。运用大位移延伸井节省了海上钻井平台，省去建人工岛和固定平台等开发费用，而且用大位移井代替海底井口完成井，不用海底井口设备等，也可节省大量投资。这种开发模式一般要求卫星油田距离大油田的综合平台不远（一般不超过10km），而且综合平台的钻井能力能满足钻大位移井的要求。

在南海东部，利用在已建成投产的综合平台上钻大位移井，开发了一大批无独立开发经济效益的卫星油田和周边构造，包括西江24-1构造（利用西江24-3平台钻井，图3-15）、惠州19-1油田（利用惠州19-2平台钻井）、番禺11-6油田（利用番禺5-1平台钻井）、惠州25-4油田（利用惠州19-2平台钻井），合计动用地质储量$3190\times10^4m^3$，累计采油达$932\times10^4m^3$。

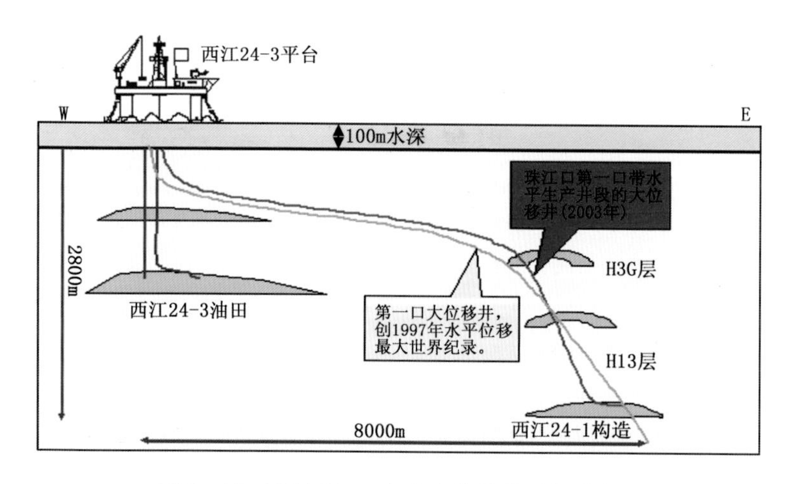

图3－15　西江24－1构造大位移井开发示意图

3.2.3.3　“WHP”子模式

该模式是在小油田上建造一个简易的井口平台（WHP）其进行开发。该简易平台只有修井能力而无钻井能力，只有单井计量设施而无油水处理设施。其生产液体需要通过新铺设的一条海管连接到附近已投产的大油田的综合平台上，在综合平台上对原油进行脱水脱盐处理后再通过综合平台的海管输送到油轮中。采用该模式开发的油田一般储量规模较小，而且距周边油田设施相对较远（一般超过10km）。同其他开发模式一样，它使得小油田可以经济有效开发动用，并分摊大油田的操作费，又使老油田的经济寿命得以延长。

至2010年底在珠江口盆地，采取这种模式开发的小油田有惠州32－2油田、惠州32－3油田、陆丰13－2油田、惠州19－3油田。共动用地质储量$7165\times10^4m^3$，累计采油$3560\times10^4m^3$。

以陆丰13－2油田为例，其简易平台上生产的油、气、水经单井计量后，利用电潜泵剩余压力，通过海底管线输送到陆丰13－1平台，进入陆丰13－2油气水处理设备。处理合格的原油，经计量后与陆丰13－1油田合格原油一起，通过现有的海底输油软管，输送至陆丰13－1储油轮（南海盛开号）储存和外输（图3－16）。

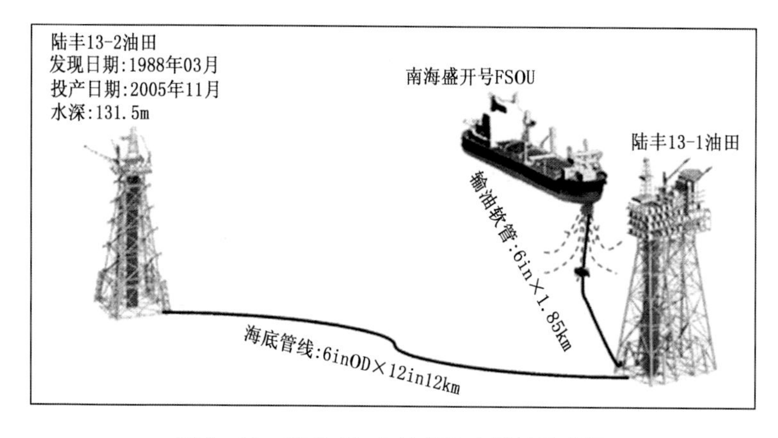

图3－16　陆丰13－2油田生产设施示意图

第 4 章　高速开采实践与创新

4.1　方案实施与开发调整

油田总体开发方案获国家政府部门批准后，就成为指导油田开发的纲领性文件。开发方案实施要按照总体开发方案（ODP）的设计要求进行，同时根据实钻情况进行调整。开发方案实施完成后，随着钻井资料和油井油藏动态资料的不断丰富和对地质油藏认识的不断深入，还要进行进一步调整挖潜。

4.1.1　开发方案实施

4.1.1.1　方案实施原则

南海东部海域经过 20 多年的实践，形成了“总体部署、分批实施、随钻分析、及时调整”的开发方案实施模式，即根据对油田地质的认识程度，合理安排分批钻井，并根据实时钻进的结果，及时调整井位部署。这种模式可以节省费用和时间，快速见产，同时降低开发风险。

“总体部署、分批实施”的经验可概括为：“先高点后翼部，先深层后浅层，逐步落实”。这种做法一般先钻可靠井或关键井，落实构造和储层物性，补充完善资料，利用实钻后获得的新资料修正先前模型，优化下一批开发井井位，做到上一批井为下一批井的部署和调整提供信息依据，从而规避地质风险。

“随钻分析、实时调整”的经验可概括为“边实施，边认识，边调整”。同时，随钻分析和地质油藏研究密不可分且贯穿于整个实施过程。首先，研究人员要围绕地质不确定性和随钻中的具体变化，深入开展地质油藏分析，随时修正原来设计的地质模式（构造形态、断层位置、储层深度、流体界面等），使其更接近油藏实际。其次，根据对储层的新认识，在不破坏原井网部署的前提下进行个别井位调整和完钻井深的修改，避免出现低效井。在钻完井的基础上制定射孔原则和射孔方案，保证油井按时投产。

以惠州 26－1 油田为例，其总体开发方案共设计 20 口开发井，分 3 批次钻井实施。第一批 5 口井全部钻高点，证实 5 个高点的油层发育情况，把握主体部位油藏特征，根据 5 口井的钻井结果修改构造图。同时，选择 7 号关键井进行 5 次取心，岩心长 58.42m，油砂长 45.42m，分析化验样品 267 块，了解油藏中心部位的储层性质。在钻井过程中，调整了 4 口井的钻井顺序和井位。第二批钻 4 口井，钻在构造的翼部和边部，了解该地区的构造变化及油层发育情况，从整体上把握油藏特征。基于前两批井的钻后地质认识，对第三批 11 口井中的两口井进行了井位调整，一是将东南高点减少 1 口井，移到北边油层厚度大的地方；二是因原 22 井区构造变低，16 井所在位置是鞍部，于是将原 16 井的井位向西移到较高部位改为12号井（图4－1）。钻井结果表明，该井的M10层油层有效厚度22.6m，原16井未移动位置钻井得到证实是个鞍部，M10层油层厚度变薄，只有7.0m。

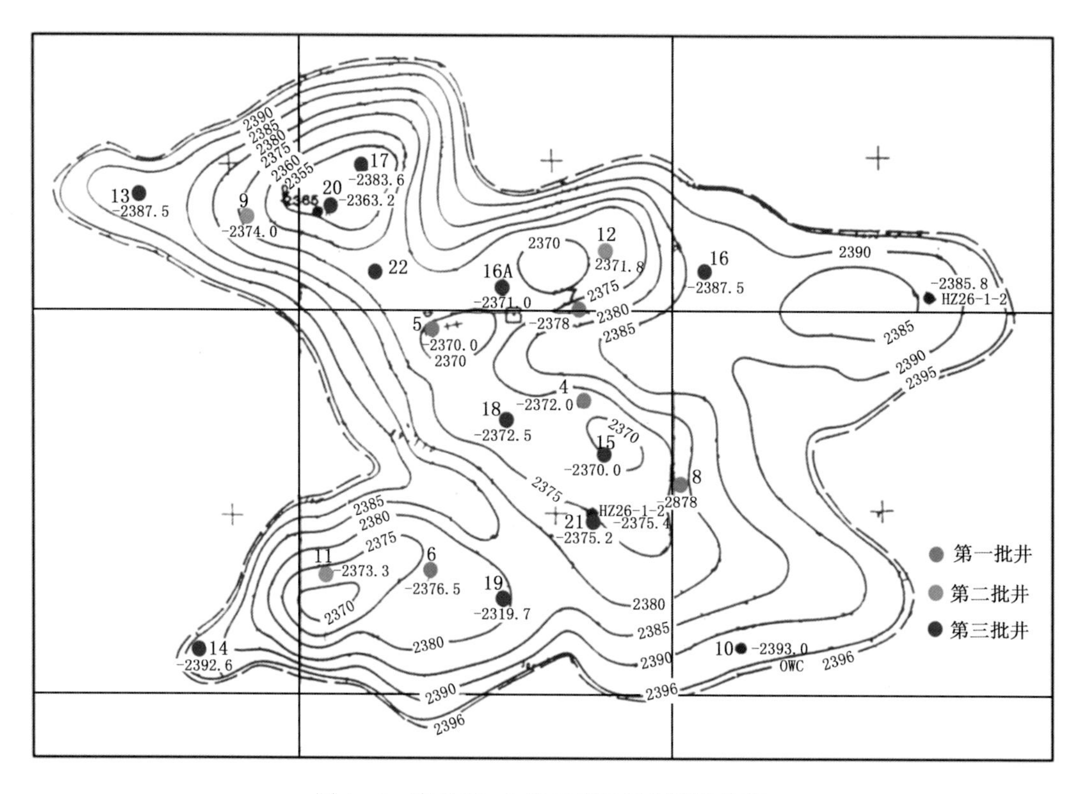

图4－1　惠州26－1油田M10砂层顶构造图

在西江23－1油田ODP实施过程中，将该油田15口开发井分两批实施，第一批钻10口水平井，采用批钻批投的方式；第二批5口水平井，采用边钻边投的方式。并制定了“先深层后浅层”的钻井顺序，即先钻深层H3B油藏，随后钻中部H3、H2A、H2油藏，最后钻浅层H1B油藏（图4－2）。

4.1.1.2　方案实施组织管理

在方案实施过程中，开发井随钻地质作业周期较长，涉及多个部门和专业，管理层面较多。为了适应开发方案实施过程中各种地质油藏情况的变化，规范对开发方案实施阶段的管理，明确界定各部门及人员在随钻跟踪过程中的职责，使各方面人员做到有效沟通、快速反应和及时调整，南海东部油区根据自身特点编制了《深圳分公司随钻地质管理规定》。该规定明确了随钻地质实施项目组架构和职责、与其他项目组及部门的沟通程序、随钻地质工作制度和内容。

4.1.1.2.1　随钻地质实施项目组构成和职责

新油气田ODP批准后，由分公司开发总工程师任命随钻地质实施项目组组长，由该组长负责协调研究院开发总工程师，组织人员成立随钻地质实施项目组；项目组主要由相关职能部门和研究院的相关人员构成。项目组成立后，组长负责召集项目启动会，由分公司开发总工程师宣布随钻地质实施项目组正式成立（图4－3）。

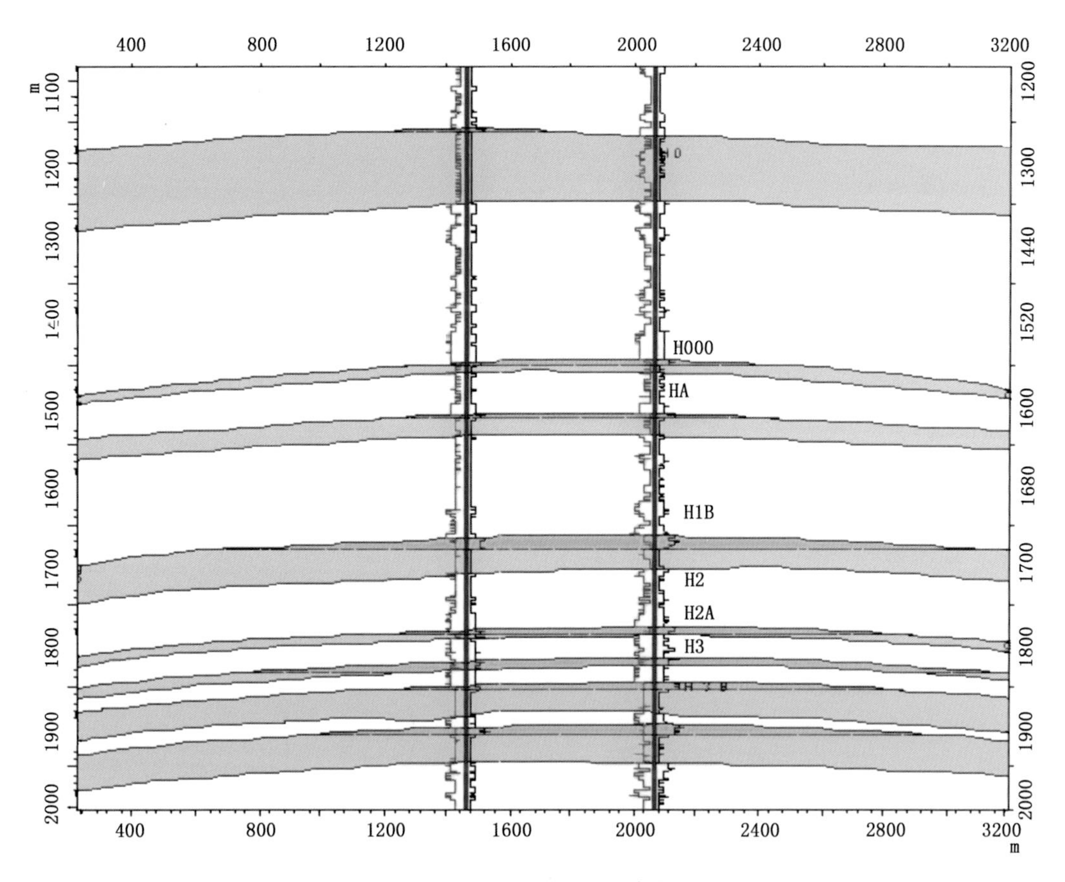

图4－2　西江23－1油田油藏剖面图

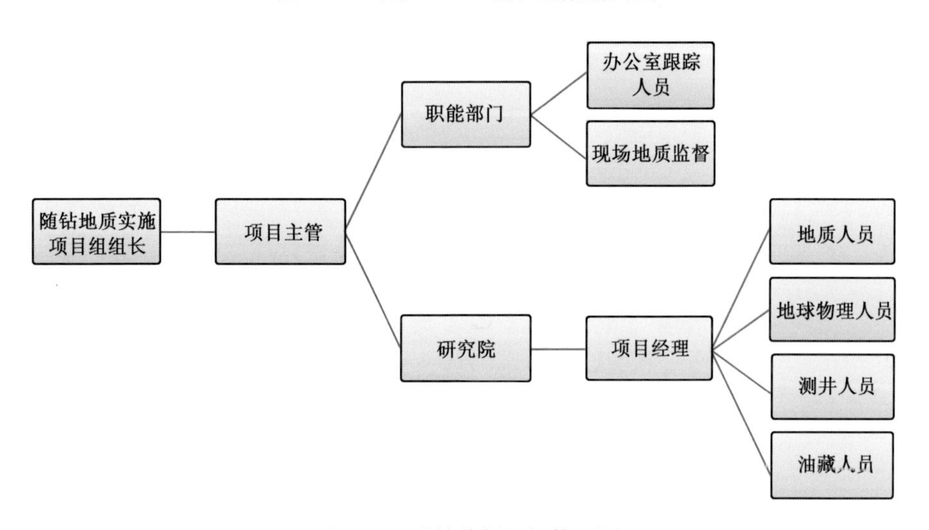

图4－3　随钻分析组织管理图

4.1.1.2.2　随钻地质工作制度和主要内容

在随钻地质跟踪过程中，项目组要围绕地质不确定性和随钻中的具体变化，深入开展地质和油藏分析，及时提出地质预案和调整对策。

除此以外，随钻地质管理还包括以下制度和工作内容。

（1）钻前准备。收集和熟悉前期资料，如储量报告、前期钻完井报告等。准备实施跟踪所需要的图件，如不同比例尺和深度的测井图、井位构造图、过井油藏剖面图、砂层对比图、钻井轨迹图等，编写地质设计报告。

（2）地质启动会。开发项目开钻前，随钻地质实施项目组必须组织各专业人员，召开地质启动会，明确地质作业计划和实施要求，分析地质作业中存在的风险并提出对策。

（3）单井地质风险分析会。开发井与调整井开钻前均须召开单井地质风险分析会，提出地质作业的难点和不确定因素，研讨对策并提出预案。与会人员包括随钻地质实施项目组成员、现场地质监督、定向井工程师等。

（4）地质早报和地质早会。总结地质作业主要内容，解决随钻中存在的问题，提出下步作业重点和注意事项。

（5）地质值班。在单井钻进至关键层段期间，如水平井的目的层着陆和水平段钻井期间，项目主管负责安排人员进行二十四小时值班，项目主管在出差期间应提前适当授权。

（6）地质指令程序。为了保证地质指令的准确性和及时性，规定了地质指令程序流程图。

（7）上报制度。《规定》明确了重大调整上报程序和一般调整在分公司内部决策制度。

（8）地质油藏阶段总结会。地质油藏阶段总结会可根据具体油气田情况决定召开次数和时间，一般不低于2次。

（9）地质资料的验收和存档要求等。

（10）编写油田开发方案实施总结报告。

4.1.1.3 方案实施

总体开发方案确定了油田的开发程序和井网部署，是油田开发方案实施的基本框架。但是，由于海上油气田开发井位部署是在探井、评价井录取资料相对较少、不确定性较多的情况下制定的，因此，随着开发井的分批实施，不断加深对构造、储层的认识，对原方案进行适当的调整是不可或缺的。根据南海东部20年开发方案实施经验，随钻调整主要包括井位调整、层系调整、井型调整和开发方式调整，有时甚至还包括井数的调整。

4.1.1.3.1 井位调整

井位调整是指在钻井过程中根据构造、油层等的变化情况和随钻分析及方案优化的结果，对后续开发井的井位进行调整。这有助于改善开发效果，提高油井生产效果，特别是还可以避免低效井或落空井。对于水平井，其井位调整往往还涉及水平井方位和长度的调整。

例如，在惠州21－1油田、惠州26－1油田和惠州32－3油田开发方案的实施过程中，共调整了6口井的井位，将井位设计从较低的位置移至构造较高部位，使其钻遇的油层厚度由原来的总厚92m（6口井）增加至调整后的263.9m，增加了约1.9倍。

4.1.1.3.2 层系调整

随着方案实施中大量第一性资料的获得，特别是在油藏类型、储层物性、原油性质、油水关系、压力系统等方面的认识不断加深，有必要对ODP中制定的开发层系进行调整和优化。

例如，惠州21－1油田开发方案设计的2920层为下层系（底水油藏合采层系），经钻井证实该油藏为边水油藏，故调到上层系（边水油藏合采层系）。

惠州26－1油田开发方案设计的M10层（底水油藏）为单独一套，另一套为L30层、

L40层、L50层和M12层（边水油藏）。随钻过程中，发现M12层为底水油藏，因此调整M10层和M12层为一套（两者均为底水油藏，物性相近，产能接近），L系列为另一套（边水油藏系列）。K08层在ODP中未计算储量（不考虑动用），实施过程中发现该层含油面积变为10.1km^2，储量规模增加为505×10^4m^3，于是及时进行调整，初期部署一口井试采，后期整体动用。

4.1.1.3.3 井型调整

根据随钻过程中对储层产能、先期投产井的含水上升特征和钻完井风险的认识，井型的调整也是开发方案设施过程中的重要调整内容之一。如常规井可能改为水平井，多底井可能改为单支水平井。通常，伴随着井型的调整，总开发井数也可能随之而变。

例如，西江24－3油田ODP方案设计第一套层系钻5口常规井，实施过程中改为钻2口水平井。其原因为：一是该层系原油较稠，含蜡量较高；二是本地区有可供借鉴的水平井应用经验（流花11－1稠油底水油藏，用水平井进行早期延长生产测试，取得较好的效果）；三是根据已完钻的过路开发井资料，对第一套层系开展地质和油藏研究，油藏数值模拟以及经济分析表明，采用水平井开发能提高产油量，还可节省钻井和完井费用。

实践证明，用2口水平井代替原方案5口常规井开发第一套层系，取得了比较好的效果。

（1）水平井产量高，含水上升速度慢。

据实际生产资料统计结果，按两年的资料进行对比，水平井平均单井年产油量分别为27.4×10^4m^3和12.57×10^4m^3，ODP预测五口常规井的平均单井年产油量分别为6.33×10^4m^3和5.4×10^4m^3。所以，一口水平井的产量为一口常规井的2～4倍（表4－1），比ODP设计高15.3%～73.1%。按每采出1%地质储量含水上升率进行对比表明，第一年实际含水上升率比预测高0.55%，第二年预测的含水上升率比实际高1.31%。若以两年末对比显示，水平井的含水上升率为2.9%，预测的含水上升率为3.2%，实际生产的含水率比预测的低。

表4－1 西江24－3油田第一套层系开发指标对比表

时间（a）	平均单井年产油量（10^4m^3）		年产油量（10^4m^3）		累计产油量（10^4m^3）		年采油速度（%）		采出程度（%）		年底综合含水率（%）		含水上升率（%）	
	预测	实际	预测	实际	预测	实际	预测	实际	预测	实际	预测	实际	预测	实际
1	6.33	27.40	31.66	54.81	31.66	54.81	4.63	8.02	4.63	8.02	11.92	25.0	2.57	3.12
2	5.40	12.57	27.02	31.17	58.68	85.98	3.96	4.56	8.59	12.59	27.25	36.7	3.87	2.56

（2）可减少井数，节省钻井费用。

按照ODP方案设计，第一套层系部署5口常规井。根据新钻井的资料，中外双方对第一套层系的油层进行了综合地质研究、油藏数值模拟，以及经济分析。结果表明：（1）第一套层系内钻2口水平井，其水平段长为365.8m和609.6m，12年的累计可采储量比5口常规井要多产出10.6×10^4m^3（8%）。若以生产前3年对比，两口水平井的累计产油量比5口常规井多采24.8×10^4m^3（47.5%）。（2）节省钻井和完井费用约40%（两口水平井钻井和完井费用为7.7百万美元，比5口常规井的12.75百万美元少花5.05百万美元）。

同样，番禺4－2油田和番禺5－1油田方案实施中也将多口直井调整为水平井。

番禺4－2油田ODP设计的重质油和中轻质油油藏直井高峰期单井产油量分别为

127.2m³/d 和 238.5m³/d。直井调整为水平井后，实际高峰期单井产油量分别为 238.5m³/d 和 715.4m³/d，水平井的单井产油量分别为直井的 1.9 倍和 3.6 倍。

番禺 5－1 油田 ODP 设计的重质油和中轻质油油藏直井高峰期单井产油量分别为 127.2m³/d 和 159m³/d。直井调整为水平井后，实际高峰期单井产油量分别为 307.0 m³/d 和 794.9m³/d，水平井单井产油量为直井的 2～5 倍。

4.1.1.3.4　开发方式调整

南海东部油区开发初期，对水体大小、活跃程度不十分清楚，这就出现了是否需要部署注水井和在平台生产设施中考虑注水设备的问题。在早期的油田总体开发方案中，如在惠州 21－1 油田、惠州 26－1 油田、惠州 32－2 油田、惠州 32－3 油田、西江 24－3 油田、西江 30－2 油田和陆丰 13－1 油田开发方案中均设计了注水井，防止当油田需要注水时而没有设计注水井和注水设施所造成的决策失误。在方案实施中并不盲目注水，以防不需要注水而实施了注水时要付出的沉重经济损失。方案将注水井设计在含油面积以内，早期作为采油井，边采油边观察，适时转注。

惠州 21－1 油田和惠州 26－1 油田的生产实践表明，南海东部海域海相砂岩油田储层物性好、分布广、连通性好，天然水驱能量较为充足。因此，借鉴这一经验，在后续投产油田的开发方案实施中及时进行了开发方式的调整。惠州 32－2 油田方案实施时不注水，将原注水井改为采油井；惠州 32－3 油田方案实施时也不注水，原设计的两口注水井，一口改为在油田较高部位钻一口生产井，另一口缓钻；西江 24－3 油田 5 口注水井未开钻；西江 30－2 油田设计的 6 口注水井未开钻；陆丰 13－1 油田 2500 层原设计 3 口注水井未开钻，改钻生产井。

生产实践表明，南海东部油区油相砂岩油田天然水驱能量较为充足，在后来同类的新油田总体开发方案中再没有设计注水井。

4.1.2　开发调整

开发方案实施完成后，油田全面投入开发。在油田的开发生产过程中，通过对生产特点、开发动态的分析，研究油田高速开采各个阶段动态特征及其变化，从而提出油田开发各阶段应采取的有效措施，充分发挥油田的生产能力，不断完善和调整开发设计，提高油田的开发效果。

4.1.2.1　开发技术政策

在南海东部海域油田开发过程中，通过总结各油田的地质油藏特征、不同开发阶段的动态特征，分析不同开发阶段所存在的开发矛盾，实施“整体设计，分步实施”的调整原则，制定相应的开发技术政策，以作为进一步改善油田开发效果、维持油田高产稳产的方针，指导油田开发的后续调整策略和挖潜方向。

4.1.2.1.1　多油层油田的技术政策和开采策略

在南海东部，多油层油田的地质特点是：第一，构造相对简单，油田内部无断层；第二，海相沉积，储层分布稳定；第三，储层岩性以细—中粒砂岩为主；第四，以泥质胶结为主，个别层含钙质严重。

以惠州 21－1 油田和惠州 26－1 油田为例。惠州 21－1 油田的整体开发技术政策为：在努力开发好底水油藏的同时，对层状油藏采取早期强化边部、保护顶部，并力求层间均衡开采。惠州 26－1 油田的整体开发技术政策为：以三个主力油层（M10、L30、K08）为中心，油田开发前期强化开采好主力底水油藏 M 层；L30 边水油藏早期强化边部保护顶部；K08 岩性—构造油藏初期选一口井试采，后期动用；积极提高差油层 L60 层动用程度；逐步优化增加 L30 层生产井点；推迟动用 L40 层，并“侦察” K22 层和 K30 层。

惠州 21－1 油田和惠州 26－1 油田开发过程可分为三个阶段，第一阶段为依靠天然能量单层单采阶段；第二阶段为层系选择合采阶段；第三阶段为跨层系混采阶段，以侧钻井为主。各阶段的技术政策及开采措施：

第一阶段为单油层开采。期间可检验各油藏的生产能力，进一步了解水驱能量、层间差异和油水运动规律。

惠州 21－1 油田和惠州 26－1 油田属边水油藏、底水油藏交互存在的多油层油田，原油性质好，单井产量较高，但对天然能量、层间矛盾、油水运动规律等缺乏深入的认识。采取单井单层生产有助于进一步了解和证实分层生产能力、分层原油物性、压力系统、天然能量（弹性产率）。计算单层储量参数，既充分发挥了分层的高产作用，不受任何层间干扰，也了解了不同构造位置的井在储层物性有差异的情况下（包括韵律不同）的油水运动状况、见水时间和含水上升规律。

生产实践表明：（1）各油藏的生产能力较高，但各油层间有差异。（2）天然水驱能量充足，弹性产率高，决定改变油田开发方式为不注水开发，为油田节省大量的注水费用。（3）丰富和完善海相砂岩射孔政策，提出边水油藏、底水油藏射孔原则是：①层状边水油藏内部井正韵律油层射开程度为 80%～90%，反韵律油层射开程度为 90%～100%，边部井正韵律油层射开程度为 60%～80%，反韵律油层射开程度为 70%～90%；②底水油藏油井，在达到方案产量指标的前提下，留有较多的避射高度，射开程度为 50% 左右，避射高度原则上大于 10m。这一阶段的开采措施为“强化边部，保护顶部”，以延缓内部油井在高强度下采油的见水时间，放大边部井生产压差，适当缩小内部井的生产压差。在力求均衡各生产层间采油速度、压降速度、含水上升速度的基础上，强化下部主力底水油藏的开采，为中、后期“自下而上”的补孔创造条件。

第二阶段为“选择性层系合采”。进一步加密和完善主力层井网，增加出油井点，保持各层的高速开采。

采用补孔的方法增加各层生产井点或互换生产层位。这样做可以使投产初期的井网得到进一步完善和加密，并因新层投产而弥补了因含水上升而出现的产量递减。补孔政策在惠州 21－1 油田为“自下而上、自外向里”，在惠州 26－1 油田和惠州 32－2 油田为“自下而上，平面优化”，使惠州 21－1 油田主高点在布井上可以有内、外之分。惠州 21－1 油田和惠州 26－1油田在保持两套层系开采两种不同类型油藏的原则基础上，各主力层的生产井点几乎都增加了 50%～100%。“自下而上”既强调了对处于最下部主力底水油藏的强采，又提出了补孔作业或封堵改层作业程序要求。“平面优化”则是要根据各层各井生产动态，在综合分析油水分布后选择最有利的井补孔。采取这样的技术政策，使油田取得了良好的开发效果。

表 4－2 是 1993 年底两个油田的分层开发数据（1993 年底分别是惠州 21－1 油田和惠州 26－1 油田进入第二阶段后的第二年和第一年）。从表中可以看到，由于补孔增加生产井点，进一步完善井网，使主力层保持着相当高的开采速度，惠州 21－1 油田的 L30 层、L40up 层、L40low 层和 L50 层的采油速度均大于 7%，底水油藏 M10 层采油速度也达到 4.25%。惠州 26－1 油田的 L30 层、L50 层采油速度为 5.8%～7.0%，底水油藏 M10 层的

采油速度高达9.1%，油田开发效果很好。惠州21－1油田的低渗低产能底水油藏L60层，虽然增加4个生产井点，但因是常规定向井，射开厚度有限，产量增加少而含水上升快，效果改善不大。惠州21－1油田的M12层和惠州26－1油田的L60层，因为储层物性较差，没有有效措施，开发效果很差。

表4－2　分层开发数据表（1993年12月）

油田	油层	生产井（口）		日产能力		采油速度（%）	采出程度（%）	综合含水（%）	采1%地质储量含水上升率（%）	油藏类型
		井数	比投产增加数	产油（m^3/d）	占油田比例（%）					
惠州21－1	L30	3	1	522	16.5	10.23	35.8	30.4	0.85	层状油藏
	L40up	4	1	921	29.1	8.52	29.1	48.7	1.67	层状油藏
	L40low	4	2	285	9	7.24	14.23	48.6	3.42	层状油藏
	L50	5	3	467	14.7	7.17	25.29	67.2	2.66	层状油藏
	L60	5	4	128	4	1.12	1.79	73.6	41.1	底水油藏
	M10	7	3	834	26.3	4.25	19.34	77.2	4	底水油藏
	M12	1	0	12	3.8	0.82	1.43	82.9	58	底水油藏
惠州26－1	K08	2	1	255	4.6	1.33	2.29	1.5	0.65	层状油藏
	L30	4	1	1239	22.5	6.95	16.77	43.1	2.57	层状油藏
	L50	1	0	205	3.7	5.79	15.65	15.7	1	层状油藏
	L60	1	0	0	0	—	0.11	—	—	层状油藏
	M10	12	3	3392	61.5	9.12	22.04	26.4	1.2	底水油藏
	M12	4	1	434	7.9	5.86	20.01	76.3	3.81	底水油藏

注：本表为按地质储量计算的开发指标。

在第一阶段、第二阶段采用补孔调层的同时，对惠州26－1油田的一些次要层进行"侦察"，继而试生产，也已取得了良好效果。如K22层和K30层，原始石油地质储量只占油田的3%，经过两年左右的生产，两个层已合计采出原油$36\times10^4m^3$，分层采出程度达8%和19%。既提高了油田储量动用程度，又实现了"层间接替"。次要层在一定程度上起了弥补主力层产量下降的作用。

第三阶段为"跨层系混采"。在继续对主力层挖潜的同时，通过侧钻水平井和补孔，再强采主力层和提高次要层的动用程度。

跨层系混采可以打乱层系，上、下合采，或封下采上，或封中间采上、下几个层。可能部分层合采，可能全部层合采，甚至封上采下。跨层系多层合采使各层系现有生产井点的主力层基本上处于高含水生产状态，又具备强有力的人工举升措施，使得各层均有产液（油）的机会。在这一阶段，一方面是多层合采，另一方面选择了少数低效井侧钻的方式，封堵了原生产井段，侧钻水平井开采新层位或某主力层的新井区。侧钻开采对象主要有：主力底水油藏剩余油饱和度较高井区的油层上部和低渗透、低产层中物性相对较好的井区。前者是为了进一步强化挖潜，后者则是为了改善其开发效果。

惠州26－1油田的L60层为低渗透、低产层，储层空气渗透率为139mD。油田投产时，边部两口原设计注水井改为采油井，分别以气举和自喷方式生产，3井日产（气举）小于

$30m^3/d$，10井自溢不出油。因此该层长期处于停产状态，到1993年底，采出程度只有0.11%。该层储量为$407\times10^4m^3$，占油田储量的8%。为了提高该层的动用程度，在油田进入第三阶段时，利用其他层系高含水低产的12井和10井，在L60层物性最好的两个位置各侧钻一口水平井，分别于1997年和1998年先后投产，初始产量分别为$271m^3/d$和$324m^3/d$。2000年底，两口井经气举调参放大压差，产能仍保持在$246m^3/d$和$361m^3/d$。截至2000年12月底，该层采收率已达22%，综合含水为23%。

以上以惠州21－1和26－1油田为例，论述了在海相砂岩轻质油不出砂的多油层油田，在实施少井高产的开发方针中，采用“分层系开发，早期细分层开采”。进入油田开发中、后期，采用补孔、侧钻等方法，做到不增加油田总井数，增加分层的生产井点数，加大分层井网密度（合采或改层）和提高了有效的储量动用程度，保持了高速开采。表4－3所示为2000年底的分层开发指标。对比表4－2可看出层间关系发生了重大变化，尤其是惠州21－1油田的L60层与惠州26－1油田的K08层和L60层，通过补孔和侧钻，改善了开发效果。

表4－3　分层开发数据表（2000年12月）

油田	油层	生产井（口）	日产能力		采油速度（%）	采出程度（%）	综合含水（%）	采1%地质储量含水上升率（%）
			产油（m^3/d）	占油田比例（%）				
惠州21－1	L30	2	38	2.3	0.88	59.9	93.2	1.56
	L40up	7	256	15.6	2.13	45.3	90.5	2
	L40low	6	202	12.3	5.57	51.1	35.5	0.7
	L50	6	185	11.3	3.54	64.5	83.6	1.3
	L60	6	570	34.7	5.41	18.8	32.9	1.8
	M10	4	388	23.6	2.25	23.6	8	0.4
	M12	0	0	0	0	2.34		
惠州26－1	K08	3	851	19.2	6.16	34.3	32.6	1
	K22	2	38	0.9	0.89	8	94	11.8
	K30	2	212	4.8	6.15	18.9	63.9	3.4
	L30	3	673	15.2	3.02	42.8	85.3	2
	L40	1	80	1.8	1.64	4.7	82	17.4
	L50	3	734	16.6	11.33	37.8	73.4	1.9
	L60	2	624	14.1	11.4	21.6	23.3	1.1
	M10	9	1077	24.4	2.36	44.2	89.9	2
	M12	4	134	3	1.14	27	88.5	3.3

注：本表为按地质储量计算的开发指标。

4.1.2.1.2　少油层油田的技术政策和开采策略

少油层油田的主要特点是：第一，油层数比多油层油田少得多，只有2～5层；第二，差异大，有一个储量占绝对优势的主力层，而且主力油层的储层物性和原油性质都比较好，测试产能高。

这类油田开发的技术政策是：重点开采好主力油层，同时兼顾非主力油层。主力油层原则上单采；非主力油层早期单采，到中后期采用补孔、侧钻方式完善各层井网。

开采策略是油田采用单层单采，在主力油层部署较多的井数。例如，惠州 32－3 油田 K22 层（主力油层）布井 8 口，占油田总井数的 66.7%；L30 层和 M10 层分别由 1 口井和 3 口井单采。1995 年 6 月油田投产以来，最高年产量为 $293.1\times10^4m^3$，采油速度为 10.1%。到 2000 年底，累计采油 $1349.96\times10^4m^3$，K22 层采出程度为 46.5%，含水上升率仅 1.01%。该层累计产油占惠州 32－3 油田的 93.4%。油田开采次要层的井实行补孔换层或合采，除储量占 0.28% 的 L60 层还没有动用外，其余均已开采。至 2000 年底，惠州 32－3 油田各层开采状况见表 4－4。

表 4－4 惠州 32－3 油田各阶段分层开发指标对比表

阶段	时间（年）	分层	阶段累计采油量（10^4m^3）	阶段平均采油速度（%）	阶段采出程度（%）	综合含水（%）
第一阶段	1995—2000	K22	1349.96	8.3	46.5	46.9
		M10	42.47	4.0	22.1	85.0
		L30	36.42	3.7	19.0	80.0
		L10	3.15	1.2	2.4	2.4
		L20	9.39	2.4	9.6	76.5
第二阶段	2001—2005	K22	470.63	3.2	16.2	37.8
		M10	23.96	2.5	12.5	4.5
		L30	29.22	3.0	15.0	13.5
		L10	23.15	3.6	17.8	57.1
		L20	26.60	5.4	27.1	1.7
		K40	8.89	6.7	26.9	62.8
第三阶段	2006—2010	K22	148.41	1.0	5.1	9.0
		M10	26.57	2.8	13.8	5.7
		L30	10.36	1.1	5.3	0.7
		L10	16.70	2.6	13.0	17.8
		L20	1.01	0.3	1.1	13.1
		K40	13.11	7.9	39.8	19.2

由于实施了合理的开发策略，资源得到了最大的利用，储量动用程度大幅增加，实现了高速开采，达到了较高的采出程度。

4.1.2.2 开发调整手段

总结南海东部海域 20 年的开发实践经验，开发调整手段主要包括补充钻井、老井侧钻、提液和调层补孔。

4.1.2.2.1　钻补充加密井，完善井网

钻补充加密井是完善井网的重要调整手段。在南海东部海域油田开发调整中，共有三种方式实现增加补充井：利用剩余井槽、增加新井槽、建新平台。

（1）利用剩余井槽。

随着对油藏动态认识的不断深入，发现ODP设计井网存在的不完善之处，所动用的油藏均在不同程度上存在一定的剩余油或“死油区”，必须进行开发调整和井网加密。一般设计ODP时，都会根据地质和油藏情况，适当预留井槽，以便后期调整。为了提高油田储量利用程度，利用剩余井槽钻调整井，增加油田产油量。

例如，陆丰13－1平台井槽数较多，ODP开发方案设计12口井。开发方案实施完毕后，根据油田七次地质油藏综合研究，截至2010年底利用剩余井槽共钻18口补充井，累计初始增产7103.6m^3/d，累计增产531.96×10^4m^3，油田采收率提高26.3%（表4－5和图4－4）。

表4－5　陆丰13－1油田利用剩余井槽钻井增加产量统计表

投产年份	井号	井别	井型	初始产能（m^3/d）	初含水（%）	累计产油量（10^4m^3）	截止时间
1995	LF13－1－13	补充井	水平井	1360.4	1.5	59.73	2009.10
1996	LF13－1－14	补充井	水平井	534.6	1.4	52.46	2006.06
1996	LF13－1－15	补充井	水平井	482.9	0.5	89.14	2010.12
1998	LF13－1－16	补充井	水平井	404.0	39.9	36.84	2010.12
1998	LF13－1－17	补充井	水平井	611.5	0.3	47.58	2006.07
1998	LF13－1－18	补充井	水平井	578.1	2.0	28.13	2010.12
2001	LF13－1－19	补充井	水平井	567.0	1.7	37.08	2006.07
2001	LF13－1－20	补充井	水平井	183.0	80.0	11.49	2006.05
2001	LF13－1－21	补充井	水平井	452.5	2.6	15.42	2006.05
2001	LF13－1－22	补充井	水平井	384.3	6.3	37.05	2010.12
2003	LF13－1－23ha	补充井	水平井	141.0	6.2	18.81	2010.12
2003	LF13－1－24	补充井	水平井	238.0	6.8	16.61	2010.10
2003	LF13－1－25	补充井	水平井	249.2	4.8	15.44	2010.12
2003	LF13－1－26	补充井	水平井	335.8	0.1	24.00	2010.12
2004	LF13－1－27	补充井	水平井	171.6	66.6	6.01	2009.08
2005	LF13－1－28H	补充井	水平井	159.0	50.0	18.92	2010.12
2006	LF13－1－29H	补充井	水平井	59.9	75.8	8.36	2010.12
2006	LF13－1－30H	补充井	水平井	190.8	54.8	8.89	2010.12

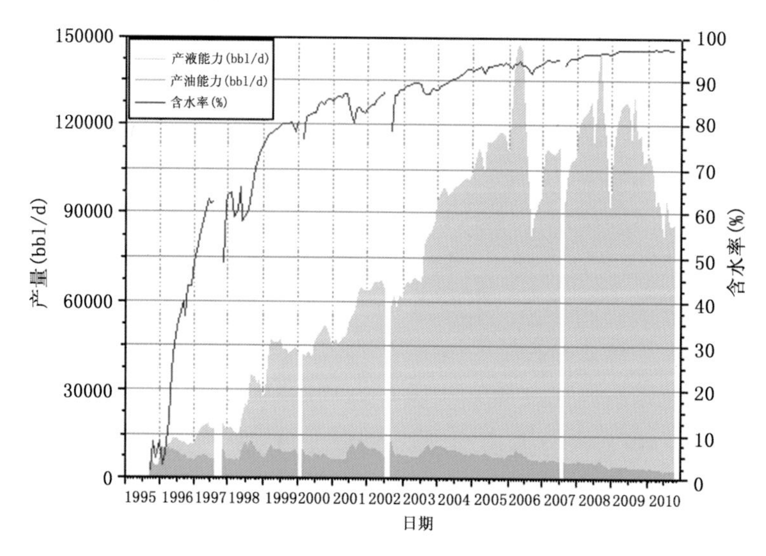

图4－4 陆丰13－1油田剩余井槽钻井产量贡献图

（2）加挂新井槽。

随着钻井数的增加，对油田的认识也不断加深，因此，油田含油面积和地质储量有可能增大；在已开发油田周围滚动勘探开发，有可能发现小油田，也许就需要在现有平台有限面积上增加新井槽。例如，西江24－3油田和西江30－2油田，用平台内挂井槽的方式，分别增加了6个井槽。

2006年，西江30－2油田利用6个新加井槽钻补充井，累计初始增产4152m^3/d，生产至2010年底，累计增产原油142×10^4m^3，提高采收率2.3%（表4－6）。

表4－6 西江30－2油田利用新井槽钻井增加产量统计表

投产时间	井号	初始产量（m^3/d）	累计产油量（10^4m^3）
2006－4－8	XJ30－2－B25	944	18
2006－1－16	XJ30－2－B26	983	26
2005－12－9	XJ30－2－B27	164	3
2006－2－12	XJ30－2－B28	745	30
2006－3－15	XJ30－2－B29	537	34
2006－4－27	XJ30－2－B30	780	31
合计		4152	142

（3）增加新平台。

在海上油田开发方案实施和早期生产过程中，地质认识可能会出现较大变化。当构造认识有较大变化、地质储量大幅度增加时，原有的油田开发方案已不再适应油田的实际情况，已建造的工程设施也不能满足开发调整的需要，只有新建采油平台、大幅增加开发井数才能充分有效地动用地下资源。在南海东部二十年的开发历程中，陆丰13－2油田、番禺4－2油田、番禺5－1油田就是其中典型的实例。

①陆丰13－2油田开发方案调整。

陆丰 13 – 2 油田 ODP 设计时只有 3 口水平井，采用无人井口平台开发，油田投入开发后，开发效果远好于 ODP 预期。于是，在对原 ODP 构造认识和储量规模质疑的情况下，开展了油田再评价，重新采集了三维地震资料，并钻 1 口评价井。经新一轮的储量评价，发现储量大幅增加，由 ODP 设计的 $644.5\times10^4m^3$ 增加到 $1730.53\times10^4m^3$（南断块），未探明北断块的地质储量 $783.42\times10^4m^3$。在这种情况下，现有的开发方案不能适应生产要求，必须加快开发调整。为了更好地开发该油田，2011 年 10 月，在新平台钻 8 口水平井开采南区剩余油（钻井计划从 2011 年 10 月至 2012 年 6 月）。设计高峰年产油量为 $164.4\times10^4m^3$，至经济年限 2018 年累计产油量 $1048.33\times10^4m^3$，采出程度 56.9%，综合含水 97.2%（表 4 – 7）。

表 4 – 7　陆丰 13 – 2 油田调整方案开发指标

年限（年）	产量（m^3/d）		年产量（10^4m^3）		累计产量（10^4m^3）		含水率（%）	采油速度（%）	采出程度（%）
	油	水	油	水	油	水			
2011	2150	2695	49.89	62.55	556.40	212.43	61.91	2.7	30.2
2012	5285	14563	164.42	453.07	720.82	665.50	82.00	8.9	39.1
2013	4317	23892	133.94	741.25	854.76	1406.75	88.19	7.3	46.4
2014	2499	24861	77.53	771.30	932.29	2178.04	92.58	4.2	50.6
2015	1589	24787	49.30	769.02	981.59	2947.07	94.97	2.7	53.3
2016	1155	24283	26.91	565.54	1008.50	3512.61	95.97	1.5	54.7
2017	778	20130	24.14	624.53	1032.64	4137.14	96.33	1.3	56.1
2018	506	15393	15.69	477.57	1048.33	4614.71	97.18	0.9	56.9

②番禺 4 – 2 油田开发方案调整。

番禺 4 – 2 油田 ODP 设计 20 口生产井，动用 $2769\times10^4m^3$ 地质储量。在开发方案实施和随后的滚动开发评价过程中，认识到其地质储量大幅增加，由 ODP 设计的 $2769\times10^4m^3$ 增加到 $6112.32\times10^4m^3$，比原来增加了 1.2 倍。显然，现有的开发方案不能适应生产要求，必须及时进行开发调整。通过油藏工程研究、海洋工程评价及经济评价，研制了新的开发调整方案：新建造一座钻采综合平台，增加 20 口井槽。新平台于 2012 年 1 月 11 日投产，预测生产至 2027 年，累计产油量为 $2098.38\times10^4m^3$，综合含水 98.9%，采收率 34.3%（详见表 4 – 8）。

表 4 – 8　番禺 4 – 2 油田调整方案开发指标

时间（年）	年产油量（10^4m^3）	累计产油量（10^4m^3）	含水率（%）	采收率（%）
2008	103.04	680.21	89.26	11.29
2009	100.51	780.72	90.11	12.77
2010	100.02	880.74	92.88	14.41
2011	79.35	960.09	94.67	15.71

续表

时间（年）	年产油量（10^4m^3）	累计产油量（10^4m^3）	含水率（%）	采收率（%）
2012	135.44	1095.53	90.64	17.92
2013	161.15	1256.68	91.79	20.56
2014	145.11	1401.79	93.75	22.93
2015	129.28	1531.07	94.07	25.05
2016	112.48	1643.55	94.83	26.89
2017	89.68	1733.23	96.33	28.36
2018	72.71	1805.94	97.14	29.55
2019	58.17	1864.11	97.76	30.50
2020	46.73	1910.84	98.13	31.26
2021	39.35	1950.20	98.36	31.91
2022	33.62	1983.82	98.50	32.46
2023	29.42	2013.24	98.64	32.94
2024	25.82	2039.06	98.72	33.36
2025	22.45	2061.50	98.79	33.73
2026	19.27	2080.77	98.82	34.04
2027	17.61	2098.38	98.90	34.33

③番禺5－1油田开发方案调整。

与番禺4－2油田类似，在ODP方案实施后，经滚动评价，也发现了地质储量增幅大，由ODP设计的$1896\times10^4m^3$增加至$6047.47\times10^4m^3$，比原来增加了2.2倍，现有的开发方案不能适应生产的需要。根据新研制的开发调整方案，油田将建一座钻采综合平台，增加20口开发井。新平台计划于2012年1月1日新投5口井，并从2012年开始每年再投8口油井。当新平台生产井达到20口井后，对新平台的中、低产量老井实施侧钻（表4－9）。

表4－9　番禺5－1油田调整方案开发指标

时间（年）	年产油量（10^4m^3）	累计产油量（10^4m^3）	含水率（%）	采收率（%）
2008	177.75	1093.61	89.06	17.73
2009	130.63	1224.24	89.14	19.85
2010	124.19	1348.42	92.78	21.86
2011	87.77	1436.19	95.20	23.29
2012	153.31	1589.50	93.36	25.77
2013	148.05	1737.55	93.36	28.17
2014	146.73	1884.27	95.45	30.55
2015	111.17	1995.44	94.45	32.35
2016	84.15	2079.59	94.89	33.72
2017	55.43	2135.02	95.69	34.62

续表

时间 (年)	年产油量 (10^4m^3)	累计产油量 (10^4m^3)	含水率 (%)	采收率 (%)
2018	32.96	2167.99	96.56	35.15
2019	17.51	2185.50	97.34	35.43
2020	7.96	2193.46	95.73	35.56
2021	5.98	2199.44	96.93	35.66
2022	2.27	2201.71	96.64	35.70
2023	1.59	2203.30	97.24	35.72
2024	1.38	2204.68	97.60	35.75
2025	1.24	2205.92	97.87	35.77

4.1.2.2.2 侧钻高含水低产井，动用剩余油富集区

当老油田存在剩余油潜力时，钻加密井进行开发调整是绝大多数油田必不可少的重要举措。在珠江口盆地东部，受海洋工程设施的限制，平台井槽数量有限。在工程设施无剩余井槽和难以新增井槽的情况下，利用高含水低产量的低效井进行侧钻是最有效的手段之一，是开发中后期必要的稳产和增产措施，对提高最终采收率起到非常重要的作用。其中，侧钻井以水平井为主，主要应用于主力油藏的井网加密，此外也广泛应用于渗透率相对低的层(段)、薄油层和稠油油藏。

1997年，惠州26－1油田实施第一口侧钻井HZ26－1－3A井开始，至2010年底，珠江口盆地南海东部海相砂岩油田已累计实施164口侧钻井，累计初始增产85300m^3/d，累计采油量为$3754\times10^4m^3$（图4－5）。

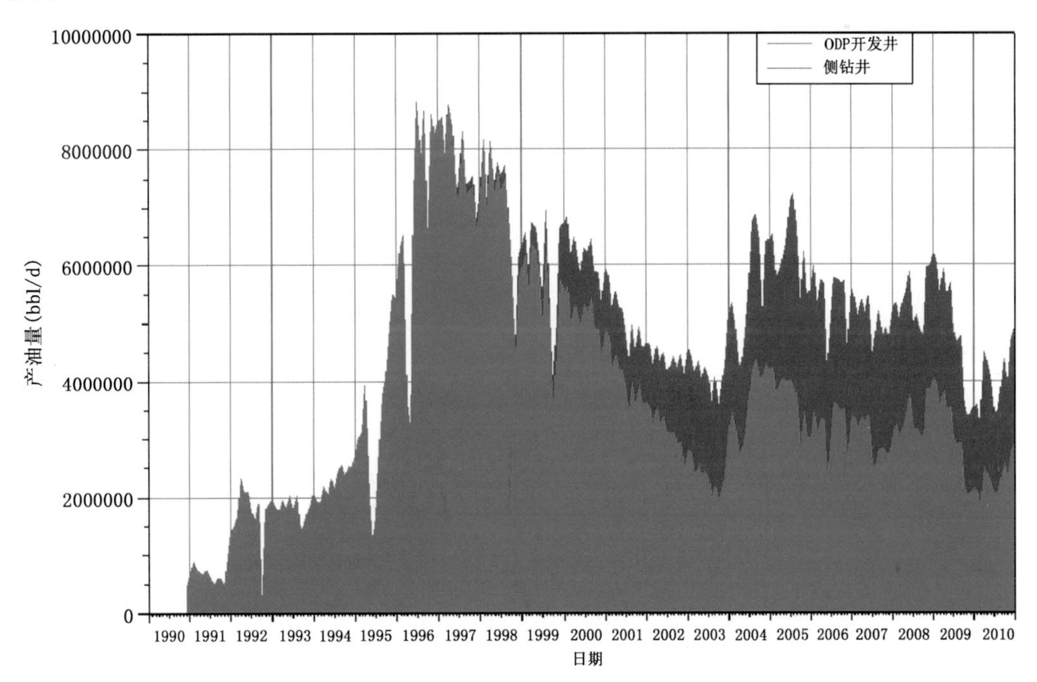

图4－5 侧钻井对南海东部油区产量的贡献

4.1.2.2.3 提高产液量，地面地下一体化

海上油田开发具有高风险、高投资的特点，因此开发海上油田不同于陆上，在工程建设上要尽量做到简化设施；在开发策略上以少井高产、高速开发为基本原则；在增产挖潜措施上需要采取适应性强、经济可行的增产挖潜配套技术。在综合考虑设备简易度及操作成本等因素下，“提液”无疑是较为理想的选择之一，也成为海上油田最经济有效的增产稳产的一种手段，特别是海相沉积砂岩油田，充足的天然能量决定了这类油藏提液增油的可能性。提高排液量是南海东部海相砂岩油田减缓产量递减，改善开发效益的另一个重要措施。

油田开发早期生产阶段，油井含水率低，能够自喷生产，主要手段是放大油嘴，增加生产压差，效果普遍都比较好。

进入油田开发中期，随着油井含水率升高，放大油嘴的余地减小。提高排液量主要靠气举调参和转为抽油开采，转抽包括使用射流泵、螺杆泵和潜油电泵，以电潜泵为主。大多数油井在完井时都使用“Y”型工具连接潜油电泵下入井中。当油井需要从自喷生产转为潜油电泵开采时，不用起下管柱就可以实现转换。

油田开发后期和晚期，油井处于高含水或特高含水生产阶段。提高排液量的主要措施是换大排量电潜泵，扩容改造提高生产液量处理能力等。

利用数值模拟技术开展油田生产水处理能力的敏感性分析和经济分析，分析提高排液量对不同类型油层的影响，指导扩容改造和换大泵工作，在生产中取得好效果。

（1）提高油井的产液量，增加油层动用程度。

多油层生产的油井，油层厚度动用数是随着生产压差的增加而提高的，使油井产液量增加。因为不同渗透率的油层有不同的启动压力（开始出油所需的压差）。例如，西江30－2油田B13井生产第三套层系的油井，射开10个层段，于1996年12月进行生产测井(表4－10)。数据显示，发现油井在产液量低（453.98～992.97m^3/d）的条件下，层间出现倒灌现象，H4B1层不但不生产，反而液体流入该层24.54～9.71m^3/d。放大生产压差，提高产液量，使油井产液量达1413.73m^3/d时，H4B1层才产出液量42.22m^3/d。由此说明，层间有干扰，要减少层间矛盾，增加油层厚度的动用程度，必须提高油井产液量，实行强化开采，以提高或保持原油产量。据西江30－2油田14口井资料统计，截至1997年底，最低平均单井产液量由618.6m^3/d提高到1755.3m^3/d，含水由14.3%上升到22.5%，平均产油量

表4－10　西江30－2油田B13井PLT分层测试数据表

油层	产水		产油		产液		含水率	备注
	(m^3/d)	(%)	(m^3/d)	(%)	(m^3/d)	(%)	(%)	
H4B	10.40	24.7	52.33	13.5	62.73	14.6	16.6	第一次PLT
H4B1	-3.16	-7.5	-21.38	-5.5	-24.54	-5.7	—	
H4C/D/D0	3.70	8.8	46.95	12.1	50.65	11.8	7.3	
H4D1/D2	5.12	12.2	57.25	14.8	62.37	14.5	8.2	
H4D3	5.06	12.0	46.38	12.0	51.44	12.0	9.8	
H5	20.35	48.3	127.53	32.9	147.88	34.4	13.8	
H6	0.62	1.5	78.29	20.2	78.91	18.4	0.8	
合计	42.09	100.0	387.35	100.0	429.44	100.0	9.8	

续表

油层	产水		产油		产液		含水率	备注
	(m^3/d)	(%)	(m^3/d)	(%)	(m^3/d)	(%)	(%)	
H4B	30.03	39.4	362.03	40.4	396.06	40.3	8.6	第二次PLT
H4B1	-1.03	-1.2	-8.68	-1	-9.71	-1	—	
H4C/D/D0	8.57	9.9	108.64	12.1	117.21	11.9	7.3	
H4D1/D2	7.14	8.3	97.39	10.9	104.53	10.6	6.8	
H4D3	5.93	6.9	59.43	6.6	65.36	6.6	9.1	
H5	23.76	31	116.23	13.0	142.99	14.5	18.7	
H6	4.97	5.8	161.85	18.0	166.82	17.0	3.0	
合计	86.37	100.0	896.89	100.0	983.26	100.0	8.8	
H4B	64.20	46.4	410.17	32.2	474.37	33.6	13.5	第三次PLT
H4B1	7.65	5.5	34.57	2.7	42.22	3.0	18.1	
H4C/D/D0	7.58	5.5	148.15	11.6	155.73	11.0	4.9	
H4D1/D2	10.29	7.4	147.57	11.6	157.86	11.2	6.5	
H4D3	5.85	4.2	86.50	6.8	92.35	6.5	6.3	
H5	41.02	29.6	255.93	20.1	296.95	21.0	13.8	
H6	1.91	1.4	192.34	15.1	194.25	13.7	1	
合计	138.50	100.0	1275.23	100.0	1413.73	100.0	9.8	

由542.9m^3/d上升到1345.4m^3/d。有64.6%的油井，由于产液量的增加，使油井日产油量保持较高水平（图4-6）；21.4%的油井，因日产液量下降，引起日产油量的递减（图4-7）。

（2）生产设施液量处理能力增加，使油井提高产液量、增加产油量有保障。

随着含水逐渐上升，油田进入中高含水期，逐步放大生产压差，增加采液量，进行强化开采，这是保持油田高产和减缓产量递减速度的主要途径，是油田开发的必经之路。为了适应油田提高采液量的需要，对油田生产设施液量处理能力进行多项扩容改造。

①西江油田群平台设施扩容改造。

西江油田群平台设施经历了6次扩容改造。1996年平台第一次扩容改造，设施液量处理能力提高到4.1×10^4m^3/d；1998年平台第二次扩容改造，设施液量处理能力提高到4.4×10^4m^3/d；2000年平台第三次扩容改造，设施液量处理能力提高到5.2×10^4m^3/d；2004年平台第四次扩容改造，设施液量处理能力提高到9.1×10^4m^3/d；2007年平台第五次扩容改造，设施液量处理能力提高到14.3×10^4m^3/d；2009年平台第六次扩容改造，设施液量处理能力提高到15.1×10^4m^3/d。由于平台设施六次扩容，使西江平台液处理能力比ODP设计的3.3×10^4m^3/d增加了4.5倍，有效保证了油田后期用大排量泵提液增产的措施得以实施（图4-8和图4-9）。

从油田生产数据统计来看，1995年，提液前平均日产液和日产油分别为1.14×10^4m^3和1.04×10^4m^3。1996年开始提液后，平均日产液和日产油分别为2.4×10^4m^3和1.9×10^4m^3。至2006年第五次提液后，平均日产液和日产油分别为12.2×10^4m^3和1.3×10^4m^3，远高于ODP设计的水平。

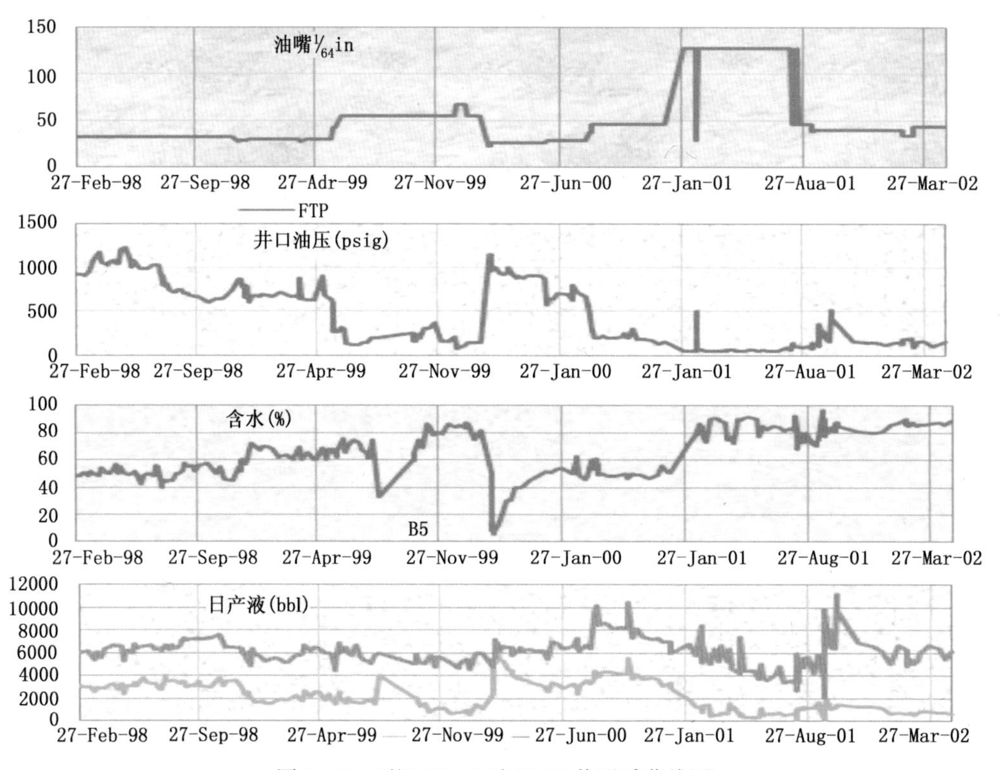

图4-6　西江30-2油田B5井开采曲线图

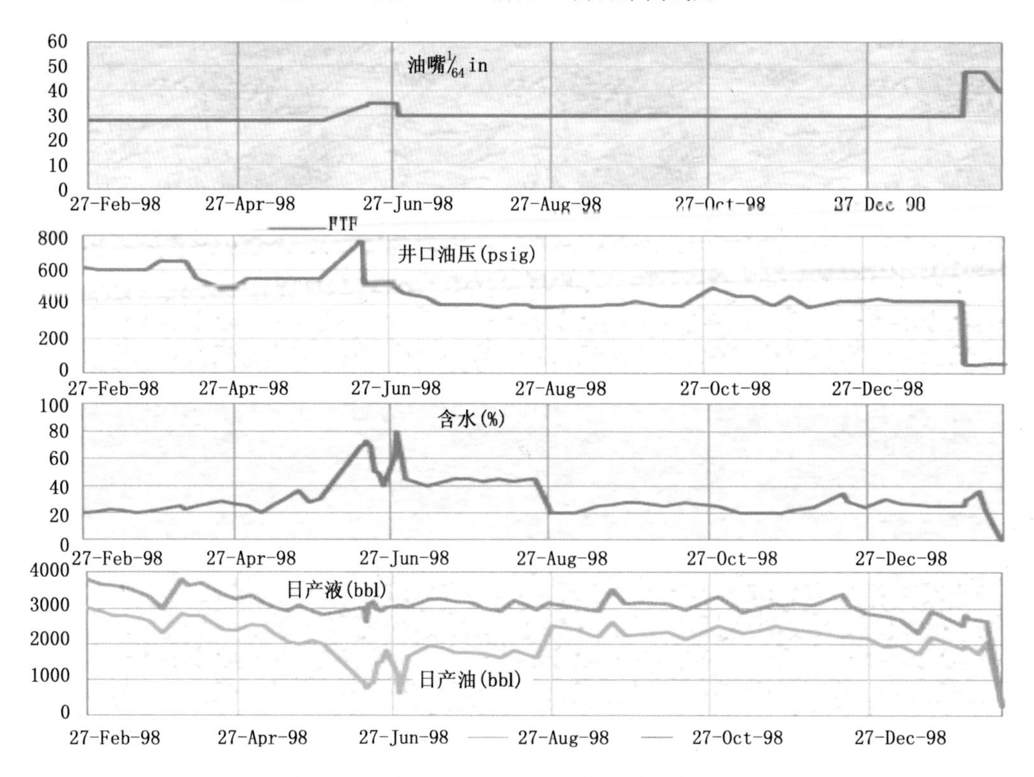

图4-7　西江30-2油田B2井开采曲线图

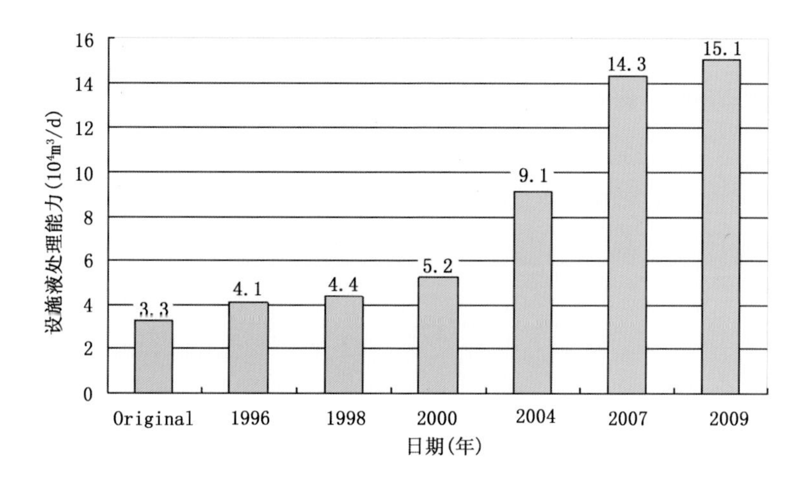

图4-8　西江油田群平台设施扩容改造历程图

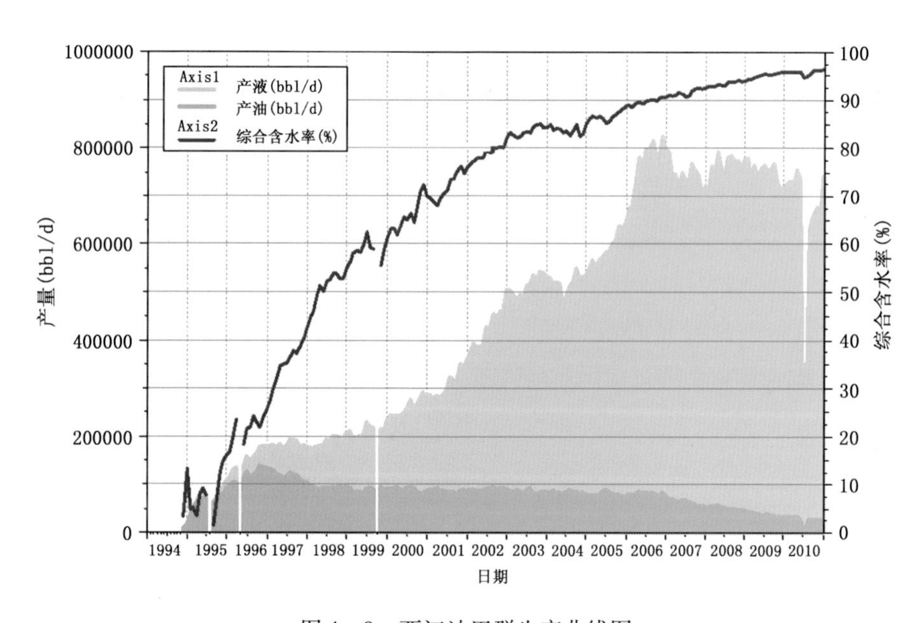

图4-9　西江油田群生产曲线图

②番禺油田群平台设施扩容改造。

2004年初，番禺4-2和番禺5-1油田的日产液量分别为$1.8\times10^4m^3$和$1.7\times10^4m^3$。为了保持高产稳产，两个油田的产液量还将继续增长，特别是到了高含水期，产液量将大大超过设备原有的处理能力。而且，一旦2005年新增9口生产井投产以后，原有设施的产液量处理能力更不能满足油田生产的要求。因此，需要对番禺4-2油田和番禺5-1油田生产液量设备的处理能力进行扩容改造。

为确定水处理设备扩容改造的处理能力，进行了油藏模拟研究和经济评价。结论是，如果处理能力从原来$1.9\times10^4m^3/d$提高到$5.7\times10^4m^3/d$，番禺5-1油田和番禺4-2油田的可采储量分别增加$299\times10^4m^3$和$97\times10^4m^3$，分别提高采收率8.6%和3.5%。扩容改造后，平台将各增加两列脱水设施，每座平台可以处理液量$5.7\times10^4m^3/d$。

截至2006年底，番禺5－1油田的扩容改造工作已经完成，2007年，番禺4－2油田的扩容工作完成。扩容改造完成后，通过油井的不断提液，有效减缓了油田递减，番禺油田群年产量递减由2006年前的30%减少到5%左右（图4－10）。

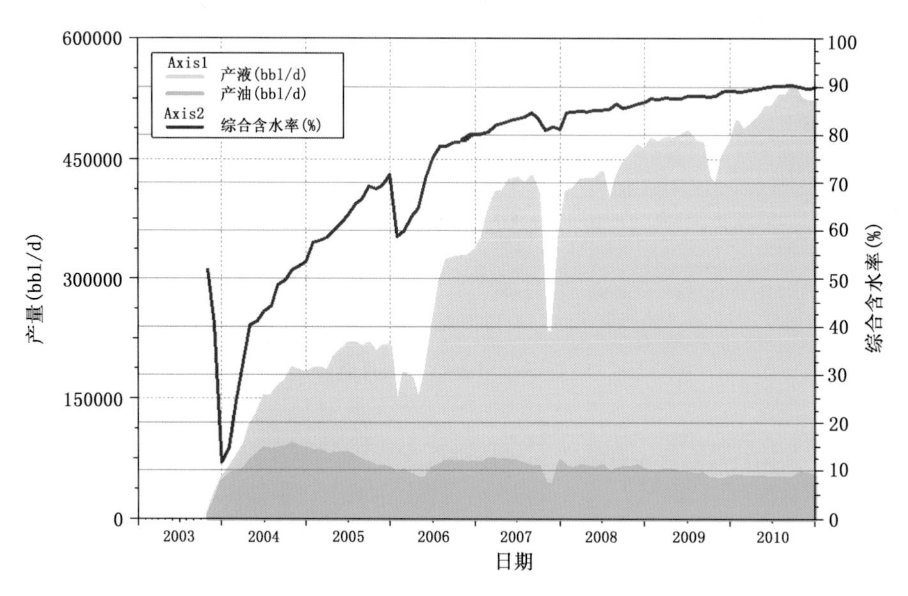

图4－10　番禺油田群生产曲线

③陆丰13－1油田平台设施扩容改造。

陆丰13－1油田平台设施的液量处理能力由投产初期的$1.0\times10^4m^3/d$扩容到$3.98\times10^4m^3/d$，增加了近3倍，平均日产油量远高于ODP设计，油田产油量显著增加(图4－11)。

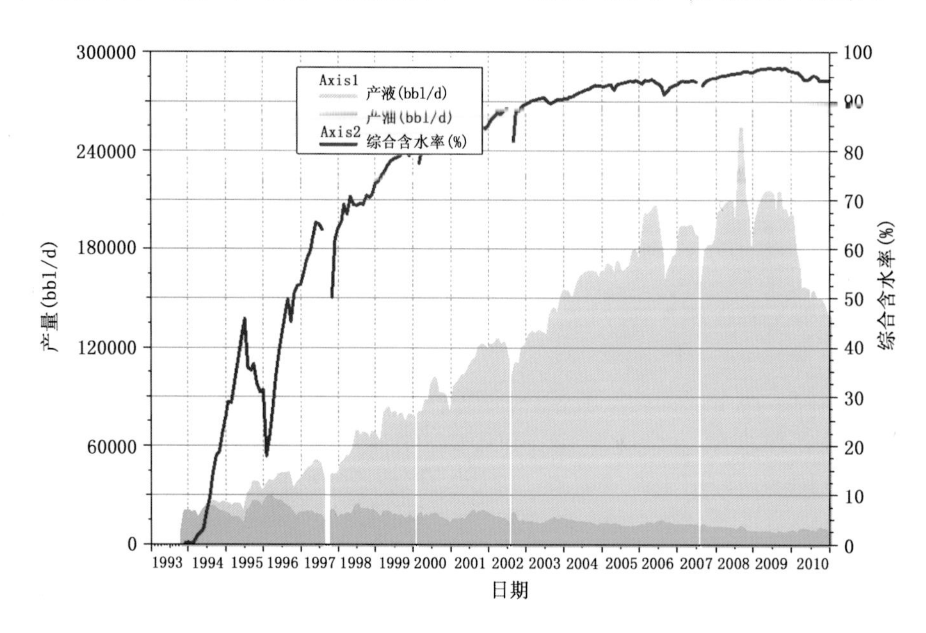

图4－11　陆丰13－1油田生产曲线

珠江口盆地东部油区处理液量已由投产初期的 $1.6 \times 10^4 m^3/d$ 上升到目前的 $28.6 \times 10^4 m^3/d$，为油井提高产液量创造了条件，同时也保证了油区的高产稳产。

4.1.2.2.4　调层补孔，减缓层间矛盾，释放油井产能

在南海东部，除钻补充井、侧钻井和提液外，补孔、酸化、堵水等也是有效的增产挖潜手段。

以惠州油田群为例，油田的生产期分为三个阶段：即单层开采、分层系合采和混采。油田生产早期，以主力油藏为主，严格按照层系的划分实行层系内单井单层开采。第二阶段，采用补孔方法增加各层生产井点或互换生产层位，进一步加密和完善主力层井网，增加出油井点，保持各层的高速高效开采。第三阶段，在主力层剩余油富集区和低渗透低产层中物性相对较好的井区进行补孔，强采主力层并提高次要层的动用程度，形成多层次的产量接替，以保持油田的高产稳产。该油田群从1991年至2010年共补孔121井次（表4－11），累计平均日增原油 $7323m^3$，累计年增油量 $189.6 \times 10^4 m^3$，从而有效地保持了油田群高产稳产的开发形势。

表4－11　惠州油田群补孔措施统计表

年度	井次	平均日增油量（m^3/d）	年增油量（$10^4 m^3$）
1991	7	63	0.7
1992	5	70	0.5
1993	10	393	28.5
1994	3	68	1.7
1995	6	174	4.9
1996	8	903	10.9
1997	13	593	23.0
1998	13	395	20.7
1999	2	330	6.6
2000	6	258	6.9
2001	8	468	12.1
2002	8	528	32.4
2003	3	327	11.4
2004	0	0	0.0
2005	3	573	3.4
2006	11	364	6.8
2007	9	968	12.7
2008	1	34.3	0.3
2009	3	321	3.5
2010	2	492	2.6
合计	121	7323	189.6

综上所述，非钻井类措施（补孔、提液、酸化和堵水等）也是南海东部海相砂岩油田有效的增产手段。从1991年至2010年，已经投产的20个砂岩油田，累计补孔149井次（表4－12），累计增产原油267.72×10^4m^3；提液累计实施1343井次，累计增产原油905.14×10^4m^3；其他常规措施等累计实施43井次，累计增产原油23.54×10^4m^3。在这些年里，油区累计实施增储挖潜措施1537井次，增产原油1196.4×10^4m^3。

表4－12　20个砂岩油田非钻井类措施效果统计表

年度	补孔措施		提液措施		其他措施		小计	
	井次	年增油量（10^4m^3）	井次	年增油量（10^4m^3）	井次	年增油量（10^4m^3）	井次	年增油量（10^4m^3）
1990	—	—	—	—	—	—	—	—
1991	7	0.66	16	1.49	—	—	23	2.15
1992	5	0.54	51	135.37	—	—	56	135.91
1993	10	28.47	35	5.57	1	0.83	46	34.87
1994	3	1.68	74	51.76	4	1.27	81	54.71
1995	6	4.92	73	24.19	2	0.63	81	29.74
1996	9	12.34	67	75.36	5	0.71	81	88.41
1997	13	23	103	54.31	12	3.41	128	80.72
1998	14	22.34	106	30.23	6	0.89	126	53.46
1999	4	13.88	60	31.5	—	—	64	45.38
2000	8	15.63	62	33.03	2	0.85	72	49.51
2001	9	29.26	47	23.24	1	3.12	57	55.62
2002	11	41.86	44	73.41	—	—	55	115.27
2003	4	19.26	65	57.23	—	—	69	76.49
2004	—	—	70	49.15	2	4.93	72	54.08
2005	6	10.54	47	59.26	—	—	55	69.8
2006	12	7.22	138	88.75	3	1.2	153	97.17
2007	12	22.57	66	42.04	—	—	78	64.61
2008	3	5.83	90	31.33	2	2.93	95	40.09
2009	10	4.72	52	11.39	1	0.27	63	16.38
2010	3	3.00	77	26.53	2	2.50	82	32.03
累计	149	267.72	1343	905.14	43	23.54	1537	1196.4

4.2 先进技术应用和创新

先进的开发技术和开发理念的应用促进了海上砂岩油田的高速高效开发，促进了油田开发模式不断创新，提高了油田开发管理水平。

4.2.1　地质和油藏评价技术

4.2.1.1　海相砂岩油田低幅度构造评价创新技术的应用

珠江口盆地海相砂岩油田的构造类型基本属于低幅度构造。由于构造幅度较低，反映在地震资料上表现为反射同相轴平直且变化幅度很小，构造不易识别。这些低幅度构造常常受断层、海底地形、浅层礁体、火成岩体、含气地层、低速层、钙质层分布不均匀等的影响，速度研究方法尤其重要，如何获得准确的时深转换速度是低幅度构造成图技术的关键。

经过多年的研究和实践，珠江口盆地低幅度构造评价已形成了技术系列：叠前 Kirchhoff 偏移技术、地震资料拓频处理技术、三维可视化技术、侧向速度梯度技术、沿层时深转换经验公式、三维射线追踪沿层速度反演技术和小波边缘分析建模反演技术等。其中，侧向速度梯度技术、珠江口经验公式和三维射线追踪双层速度反演技术是珠江口盆地低幅度构造评价的创新技术，是确保海相砂岩油田高产稳产的关键技术之一。

4.2.1.1.1　侧向速度梯度场法

侧向速度梯度场法是在研究西江油田群速度横向变化规律的基础上总结提出的低幅度构造评价方法之一。西江油田群开发早期良好的生产动态和生产井钻井结果揭示，早期由于对西江地区速度的横向变化认识不足，油田群原始石油地质储量被低估，深度构造图构造高点与时间构造图高点位置不一致。经过深入细致的研究发现，西江油田群目的层上覆地层层速度存在横向变化，基本变化规律为北低南高，即南面靠近断层速度高，北面远离断层速度低，西江地区的速度存在侧向速度梯度。通过对该地区 21 口井 VSP 资料的深入研究，得到了任意井的时深关系方程。由此可以定量地、合理有效地描述西江油田群速度横向变化的规律，预测未知区域的速度横向变化。侧向速度梯度场法在西江油田群获得成功应用，例如，西江 30－2 油田 1999 年底申报已开发探明石油地质储量 $5453\times10^4m^3$，比 1991 年的基本探明石油地质储量增加 $1914\times10^4m^3$。其中，由于构造图变化引起储量增加 $1014\times10^4m^3$，说明构造图变化是储量增加的主要因素。

4.2.1.1.2　珠江口盆地经验公式

对早期开发的惠州 26－1 油田和惠州 21－1 油田大量的统计分析研究表明，其沿层地震反射双程时与油藏埋深具有良好的相关性，进一步推广到惠州其他油田后发现该规律在惠州油田群具有一定代表性，从而总结出适合惠州油田群低幅度构造时深转换经验公式。实践证明，此方法得到的构造图精度优于 VSP 时深关系方程得到的构造图。经验公式法能够比较合理地揭示惠州油田群低幅度构造的真实形态，从而有效规避了调整井的地质风险，使惠州 26－1 油田含水率高达 90% 时仍成功侧钻了四口水平井，四口井的初始产量合计高达约 $1900m^3/d$，延缓了油田产量递减的趋势，保持了全油田产量的稳定，取得了显著的经济效益。用同样的方法对陆丰 13－2 油田沿层时深关系的深入研究获得了较为准确的深度构造图，并成功指导了 LF13－2－3 井在油田南翼的部署。2370 层实际钻井深度（－2468.4m）比沿层时深关系潜力方案预测深度（－2467.0m）只浅了 1.4m，钻遇油层 10.8m。使油田探明储量从 ODP 的 $645\times10^4m^3$ 增加到 $1730.5\times10^4m^3$，增幅达 168%。

4.2.1.1.3　以参考层为底的叠前射线追踪双层层速度反演技术

该技术较好地解决了低幅构造速度异常体引起的构造畸变问题（如番禺地区），结合叠前射线追踪单层层速度反演技术能较准确地描述低幅度构造的构造形态，在 2007 年和 2008

年成功地指导了 PY4 – 2 – A01PH 井、PY5 – 1 – A10PH 井和 PY4 – 2 – A20PH 井等多口井的钻探。根据叠前射线追踪沿层速度反演技术成果及领眼井钻探结果，对番禺油田的原始地质储量进行了重新计算，三个油田（番禺4 – 2 油田、番禺5 – 1 油田和番禺11 – 6 油田）的总储量达到 $12406 \times 10^4 m^3$，约为 ODP 总储量的 2.6 倍，精细的地质和油藏研究为番禺油田群寻找到了充足的后备潜力，为确保番禺油田持续高产稳产奠定了坚实的基础。

在珠江口盆地，构造变化以及由此引起的储量变化是最大的地质不确定性。低幅度构造评价技术的不断发展和完善为油田的滚动扩边和增产挖潜提供了充分的地质依据，并有效地降低了开发投资的风险。

4.2.1.2 精细油藏描述技术和油藏数值模拟技术

4.2.1.2.1 精细油藏描述技术与应用

随着油田开发进入中高含水期，油田开发生产中的各种矛盾逐渐暴露出来，而且地下的油水分布也发生了很大变化。因此，该阶段油藏开发生产中的主要任务是探讨油藏内部油水分布规律，寻找中高或特高含水期剩余油富集带。应用三维地震资料，经三维高分辨率处理解释、反演及分析工作，进行新一轮三维油藏地质研究，加深对油田地质的综合认识，建立更精细、准确的三维油藏地质模型，将油藏生产动态数据输入模型进行历史拟合，进而揭示出剩余油的空间分布规律。

惠州油田群由 9 个油田组成，1990 年以后陆续投产。K22 油藏是新近系中新统海相地层中广泛发育在构造背景上的岩性油藏，在惠州 32 – 2 油田、惠州 32 – 3 油田、惠州 32 – 5 油田和惠州 26 – 1 油田都有分布。油田群的 K22 油藏是否连通、规模有多大，这是油田调整必须搞清的重要问题，也是油藏描述必须解决的关键问题。

油藏描述将惠州油田群 $180km^2$ 三维地震在 40 多口钻井资料的约束下反演成孔隙度体，利用三维可视化技术对主力油层进行精细描述。从孔隙度平面分布图可以看出，K22 油藏是由三个（K22 – 102、K22 – 103、K22 – 106）互不连通的砂体组成（图 4 – 12），从而发现了已开发 K22 – 106 油藏剩余油的分布规律和未动用的 K22 – 102 和 K22 – 103 含油砂体的有利部位，结合油田动态，设计了 5 个侧钻井位。已经实施的 HZ26 – 1 – 7SB 井与预测结果基本吻合，获得成功。该井为大角度斜井，水平井段长 105m，1999 年 11 月 12 日投产，初产油 $1749m^3/d$，不含水；到 2001 年 9 月，日产油仍高达 $1060m^3$，综合含水 20.9%；至 2010 年底，日产油量降至 $94m^3$，含水上升到 93%，累计产油量 $225 \times 10^4 m^3$，占 K22 油藏可采储量的 10.8%，取得了很好的经济效益，为高速高效开发该油田群发挥了重要作用。

4.2.1.2.2 油藏数值模拟技术与应用

4.2.1.2.2.1 油藏数值模拟技术

随着油藏数值模拟技术在油田开发和生产中的不断应用，并根据油藏工程研究的需求，不断向精细化和多学科结合发展。在海相砂岩油田的油藏研究中针对本区油田的特点形成了一套具有特色的精细地质建模、数值模拟应用技术，为油田持续高速高效开发提供了大量的有效措施建议和整体调整部署方案。

珠江口盆地特色数值模拟技术有水平井及多底井设计与模拟技术、精细油藏数值模拟技术两种。

（1）水平井及多底井设计与模拟技术。

水平井和多底井是珠江口盆地在砂岩油田开发中后期挖潜的主要井型，至 2010 年底共

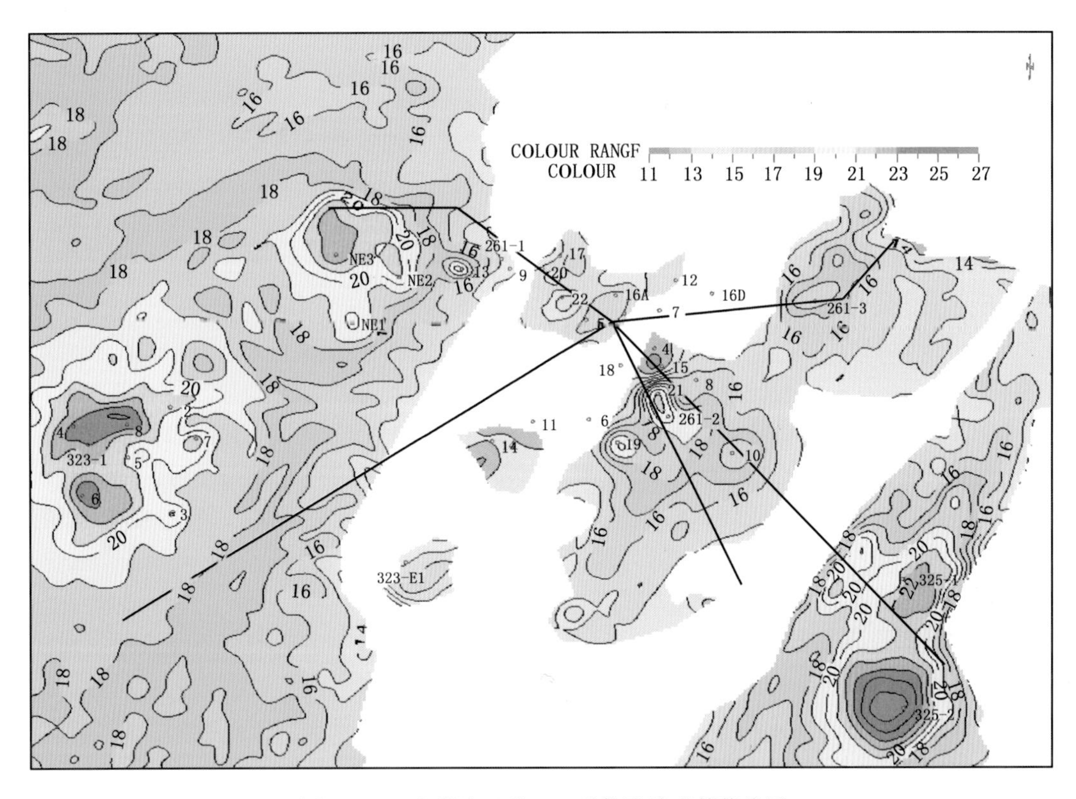

图4－12　惠州油田群K22砂体孔隙度等值线图

钻各类水平井（包括老井侧钻井、新钻水平井、大位移延伸井、多底井和阶梯状水平井）225口，水平井在油区高产稳产中发挥了十分重要的作用，尤其是新投产的油田，几乎都采用水平井开采技术（如近几年投产的陆丰13－2油田和西江23－1油田，所有的开发井以及措施井都采用水平井开发技术，取得了理想的开发效果）。因此，利用油藏数值模拟技术进行水平井的设计、优化和动态预测是提高油田管理研究水平的一项重要手段。

由于水平井的生产井段较长，因此在油藏数值模拟中，如果采用传统井模型模拟水平井，则会在压力损失、井轨迹描述等方面与实际情况出入较大，甚至会影响到油田动态预测和开发决策。水平井、多分支井，以及包含有复杂流动控制装置的复杂结构井的使用，对油藏模拟中的井模型提出了更高的要求，即能允许流体混合物性质如压力、流动速率和组成随着在井筒位置的变化而变化，并且允许不同的流体在分支的混合处可以混合。为此，开展了复杂结构井（包括水平井）的多方面研究：①复杂结构井模拟的合理实现方法研究；②复杂结构井测试资料数值模拟历史拟合研究；③不同形态地层、不同完井方式复杂结构井产能计算方法和软件研究；④复杂结构井实际产能与计算产能对比、差别原因分析及方法完善；⑤分支水平井不稳定渗流模型及压力解释方法探讨研究。

研究成果具有以下创新点：①建立了不同油藏类型（边水、底水、断层）、不同完井方式（裸眼、射孔、割缝衬管等）下的复杂结构井产能评价半解析模型，其精度高于传统方法；②得到了比前人更简便的压力计算公式，以及复杂结构井井底压力快速算法，缩短了试井解释所用的时间；③研发了具有著作权的复杂结构井产能评价软件系统；④复杂结构井准确的数值模似实现方法。从而有效地指导了复杂结构井的数值模拟。

（2）精细油藏数值模拟技术。

南海东部油田自1990年陆续投产至今已有20多年，多数油田经历多次调层补孔和侧钻加密，这些措施逐步加深了对油藏地质构造、储层特征、油藏动态等方面的认识，在此基础上开展了精细的地质建模以及精细油藏数值模拟研究。

在数值模拟模型完善中，常规采用有限的实测资料（测压BHP、生产测井PLT、饱和度测井RST等资料）校正数值模型（以“点”校“体”），现发展到采用动、静态资料结合的油藏工程分析结果（油藏水驱模式识别和来水方向诊断等技术）指导、校正数值模型（以“点”、“线”、“面”校“体”），实现了地质模型、数值模型和油藏工程分析相辅相成、相互验证的有机结合，从而使油藏数值模型更接近地质实际和符合生产动态规律。在此基础上，结合实际动态和油藏工程分析结果，进一步研究剩余油分布规律和优化提高采收率的措施。

与老模式相比，新模式在历史拟合过程中对模型校正的考虑更加周全细致。老模式对模型的校正是采用有限的实测资料（测压资料、PLT产层产液比例关系、测井井点饱和度、RST饱和度）校正模型，但海上油田为保持较高的生产时效，实测资料比较有限，是若干个离散无规律“点”集，而数值模型是一个庞大的“体”，以“点”校“体”不能完全提高模型的精度。若单点实测资料存在问题，那么模型也会存在一定问题。新模式是采用实测资料和油藏工程分析相结合的方式，根据已有动、静态资料进行油藏工程分析，其分析结果经实测资料检验为可靠、正确的，连同实测资料一起指导、校正模型。这样处理后，模型校正资料更丰富、更有实际动态规律性，是“点”、“线”、“面”校“体”，校正后的模型也更具有地质意义、更符合生产动态规律，油藏动态模型的精度会大大提高。

4.2.1.2.2.2　数值模拟技术在挖潜中的应用

（1）动静结合，推动滚动扩边。

数值模拟技术应用贯穿海上油田开发评价、油藏管理的全过程，从开发评价早期的开发方案优化设计到生产期的措施优化、整体调整方案编制，数值模拟都是主要研究手段之一。海上油田早期评价井少，地震资料解释精度不足，特别是低幅构造评价难度大，在早期只能达到地下油藏构造的大致认识。油田投产后，以生产井钻井资料和生产动态资料为基础，开展滚动油藏数值模拟研究，及时发现与生产动态不相符的地质认识，加深对地质模型的再认识。有效地促进了动静态资料结合，深化了对油藏的认识，为油田的生产提供了有力支持，提高了油藏管理的水平。较好地体现了科研与生产相结合，起到科研工作既服务于生产又促进油田生产实践的双重作用。

图4－13为番禺5－1油田BO20.05油藏2006年形成的构造图。该油藏当时有水平井6口，在油藏数值模拟单井拟合时发现该油藏PY5－1－A06H井非常难拟合，初始拟合含水率如图4－14中虚线所示。由图可见模型计算的含水率远远高于实际的含水率，而模型计算油量不但小于实际生产的油量，而且后期出现了明显地较快递减，但从实际的生产动态来看该井后期油量较稳，含水上升也较慢。由此可见，模型计算结果与实际生产出现了明显的不符，模型所表现出来的是该井在此处油不够，说明该井储量偏小。通过对影响储量的因素如孔隙度、含油饱和度、构造等仔细分析后认为，孔隙度、饱和度属性相对较落实，即使孔隙度和饱和度有一定的变化，其变化也甚微，因此这两个参数对储量不会造成过大影响。从构造图上来看，却发现在该井附近实际井控制点较少，构造形态有一定的异常，如图4－13中

阴影部分所示。因此，综合分析后认为最有可能影响此处储量的是构造，于是在模型中采取了一种改变构造增大储量的近似等效方法，即增大此处孔隙体积的方法。将该井附近孔隙体积增大1.2倍后拟合如图4-14中实线所示，该井能达到很好的拟合。说明以上的分析具有

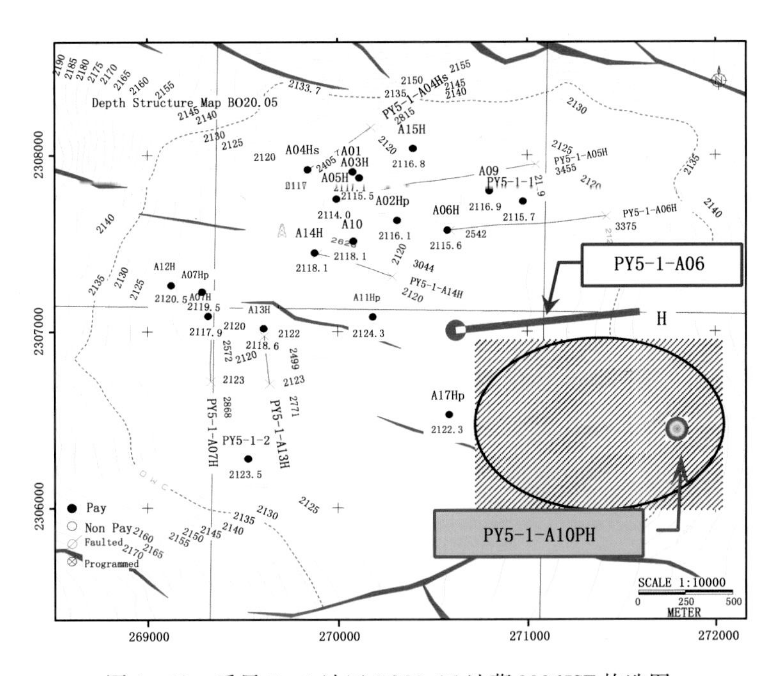

图4-13　番禺5-1油田BO20.05油藏2006JST构造图

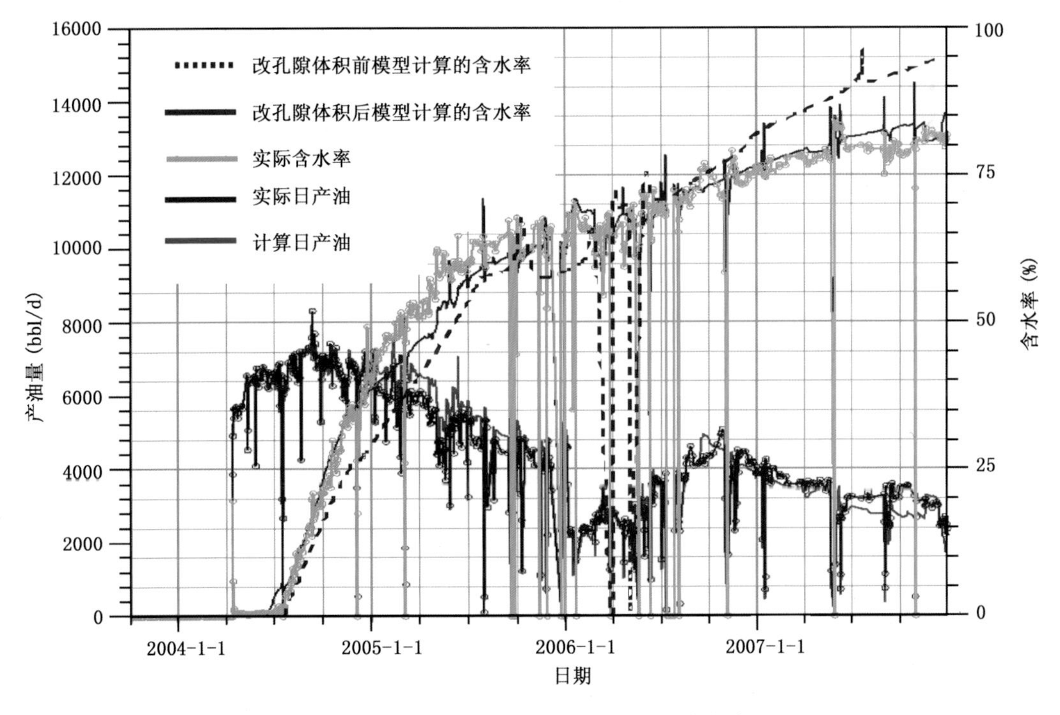

图4-14　PY5-1—A06H井历史拟合曲线

一定的合理性，即构造内洼部分应向外扩大。从同期的速度研究结果来看，此处的构造也应向外扩大。据此提出了用领眼井探测此处构造，也即后期钻探的 PY5 - 1 - A10PH（图 4 - 13）。领眼井结果证实 BO20.05 油藏在领眼井处的构造有较大的抬升，说明数值模拟中所做的推断对构造进一步的认识具有很好的参考价值。

（2）滚动评价，指导优化调整挖潜。

珠江口盆地 18 个砂岩油田中多数油田已进入高—特高含水期，并获得大量的生产动态数据，与此同时还在油田内钻许多调整井、侧钻井、多底井和阶梯式水平井，取得了大量的有用的静态资料，为建立更精细油藏模拟模型打下了良好的基础，为全面深入研究油田的剩余油分布特征和优化措施、指导挖潜、提高油田采收率创造了条件。

惠州 26 - 1 油田从 ODP 实施开始就利用油藏数值模拟技术指导油田的开发，迄今已经开展了多轮精细油藏数值模拟研究：1992 年在油田单层单采生产阶段的 20 口井投产一年后对生产动态特征进行历史拟合，进行生产产量安排和作业计划的各种敏感性分析，优化了 1993 年合采、气举等方案。1993—1996 年，利用油藏数值模拟技术积极跟踪油田动态，发现当时的构造地质认识不能支持实际生产动态，利用数值模拟分析构造幅度、油藏物性的优化方向，推动了新一轮的构造研究和储层参数研究。在重新解释的惠州 26 - 1 各油藏顶部构造图和物性参数的基础上进行了新一轮数值模拟研究，建立了纵向上 45 个模拟小层，总共 33750 个网格节点的油藏数值模型。研究提出强采主力油藏，兼顾小油藏开发的调整方案，成功探索在井间侧钻水平井开采剩余油富集区。1998—2005 年，在滚动精细油藏模拟研究中认识到，提高珠江口盆地地区低幅度构造解释的精度和提高油藏内部垂向非均质性的描述是数值模拟研究的关键。前后多轮精细数值模拟研究对惠州 26 - 1 油田五个生产阶段的生产管理和增储挖潜起到了举足轻重的作用，滚动数值模拟研究加深了油田地质认识，地质储量从 ODP 设计的 $3417 \times 10^4 m^3$ 提高到目前的 $5085 \times 10^4 m^3$。研究推荐的方案调整和中后期侧钻井位陆续得到实施，大大提高了油田的采收率，可采储量从 ODP 设计的 $805 \times 10^4 m^3$ 增加到现在的 $2594 \times 10^4 m^3$。

整个惠州油田群利用油藏数值模拟模型，在 1997—2010 年共提出了 30 口侧钻水平井挖潜措施，这些措施在 2010 年底累计产油 $991 \times 10^4 m^3$（表 4 - 13）。

表 4 - 13　利用数值模拟指导惠州油田群侧钻挖潜效果统计

措施井名	投产时间	初始产油（$10^4 m^3$）	至 2010 年底累计产油（$10^4 m^3$）
HZ26 - 1 - 3A	1997 - 3 - 1	1031	29
HZ26 - 1 - 12A	1997 - 5 - 1	402	79
HZ26 - 1 - 10A	1998 - 3 - 1	351	54
HZ21 - 1 - 9B	1998 - 10 - 1	493	51
HZ26 - 1 - 8A	1999 - 6 - 1	1191	161
HZ26 - 1 - 7Sb	1999 - 11 - 1	1377	225
HZ26 - 1 - 19Sa	1999 - 12 - 1	627	73
HZ21 - 1 - 7A	2000 - 10 - 1	410	45
HZ21 - 1 - 3A	2000 - 11 - 1	251	9
HZ21 - 1 - 4A	2001 - 1 - 1	310	7
HZ32 - 2 - 2Sa	2001 - 5 - 1	636	36

续表

措施井名	投产时间	初始产油（10^4m^3）	至2010年底累计产油（10^4m^3）
HZ32－5－4Sa	2002－5－1	399	18
HZ26－1－14Sb	2002－11－1	264	18
HZ26－1－3SbRa	2003－1－1	130	27
HZ32－3－3Sa	2003－8－1	319	13
HZ21－1－8Sa	2004－2－1	94	3
HZ21－1－16Sa	2004－9－1	429	10
HZ32－3－6Sb	2006－5－1	451	22
HZ32－3－NE3MaMbMc	2006－7－1	102	7
HZ19－3－4Sa	2006－8－21	311	9
HZ26－1－11Sa	2007－1－1	305	18
HZ26－1－12SbMaMb	2007－3－1	217	11
HZ26－1－21SaSb	2007－5－1	450	18
HZ26－1－10Sb	2007－6－1	383	19
HZ32－3－9M2aM2b	2008－3－1	30	3
HZ26－1－9SaSb	2008－7－1	413	9
HZ26－1－13SaSb	2008－9－1	354	9
HZ26－1－4Sa	2008－10－1	351	4
HZ32－3－8Sa	2010－9－9	346	3
HZ32－3－NE2Ma	2010－8－4	56	1
合　计		12596	991

陆丰13－1油田也是利用滚动地质和油藏模拟研究指导挖潜的一个典型实例。在油田开发全过程中，该油田共进行七次地质和油藏数值模拟综合研究，每次研究后都提出了补充调整井方案。油田在滚动油藏研究结果基础上进行了七次开发调整，新钻15口调整井，老井开窗侧钻9口，预计油田最终采收率由ODP设计的23.3%上升到65.5%，油田采收率增加了42.2%。

4.2.1.3　提出剩余油分布新模式，增产挖潜取得明显效果

珠江口盆地剩余油分布研究已由单学科分析向多学科综合研究方向发展，在综合应用岩心、地质、地震、测井、动态、监测等资料的基础上，以小层划分与对比、储层沉积微相、储层非均质性、储层微观特征研究为基础，开展流动单元研究，建立油藏三维地质模型。综合开发动态和监测资料，开展油藏数值模拟研究。总结各批次剩余油分布特征和规律，探讨剩余油形成机理及主控因素。描述油水运动规律，分析不同阶段动用规律及开发特征，指出进一步挖潜措施和建议。进而总结出一系列该类油田剩余油分布新模式，为同类油田挖潜提供指导作用。

4.2.1.3.1　剩余油分布模式

通过对惠州和陆丰等油田剩余油分布特点的总结，将剩余油分布模式归纳为四种模式：

（1）以构造为主控因素的剩余油分布模式。

特征：剩余油在构造高点富集，水线沿构造线包络。

原因：①储层物性好，底水平托，边水平扫；②整体动用少，顶部剩余多。

对策：顶部加密。

（2）以夹层为主控因素的剩余油分布模式——屋檐油/屋顶油。

特征：夹层上下剩余油富集。

原因：夹层的遮挡，底水波及不到。

对策：小排液量挖潜夹层剩余油。

（3）以井网为主控因素的剩余油分布模式。

特征：井间剩余油较多，井点处较低。

原因：①储层物性差；②单井产量较高，井网密度小。

对策：井间加密。

（4）以低渗为主控因素的剩余油分布模式——三明治剩余油。

特征：低渗区富集。

原因：由于一定的渗透率级差，高渗透区动用多，低渗透区基本未动用。

对策：引水补能，后期堵高补低。

对于渗透率较高的海上油藏开发，构造对剩余油的影响因素贯穿油田开发的始终。而井间剩余油会随着开发进行，控制因素越来越明显。不同的油藏类型，不同的开发阶段，存在不同的主控因素。抓住主要矛盾，是解决剩余油研究的关键所在。

4.2.1.3.2 被上覆致密层捕集的“屋檐油”研究

（1）“屋檐油”的发现。

在重建地质模型时，由于对非渗透钙质层和泥岩的描述非常精细，从而在原始油水界面以上和当时油水界面10m以下发现了一类特殊剩余油——“屋檐油”。“屋檐油”是在构造相对高部位发育具有一定分布面积、一定厚度的非渗透（低渗透）致密层覆盖下，其下部在该油层邻近范围内未动用而滞留的剩余油。

图4－15显示，在地质模型显示出SL－19小层存在大量的剩余油。1999年邻近的12井RST测试资料从侧面证实了“屋檐油”的存在。

（2）“屋檐油”形成机理研究。

利用油藏数值模拟手段从夹层分布范围和沉积韵律两方面研究对剩余油分布的影响。

① 夹层分布范围对剩余油分布的影响。

分别设计了150×150、350×350、550×550、750×750、1050×1050、1450×1450共6种规模的夹层，定义夹层无因次面积＝夹层面积/单井控制面积。得到了不同方案下含水率98%时采收率及剩余油分布形态。

图4－16为以含水率98%时为标准计算的采收率随无因次夹层面积关系曲线。由图可知，无论夹层位于距顶部1/3处或2/3处时，无因次夹层面积小于3.5时，夹层对油田开发影响较小。但当无因次面积大于3.5时，随着面积的增加，受夹层控制的剩余油逐渐增加，油藏整体采收率大幅下降。此时夹层无因次面积的临界点为3.5。

随着夹层规模的扩大，水驱规律可分为三个阶段：

当夹层位于距顶部1/3处时：无因次面积增加到0.8时，夹层控制剩余油量少，采收率增加，为抑制水锥阶段；0.8＜无因次面积＜6.9时，夹层控制储量逐渐增加、油藏采收率

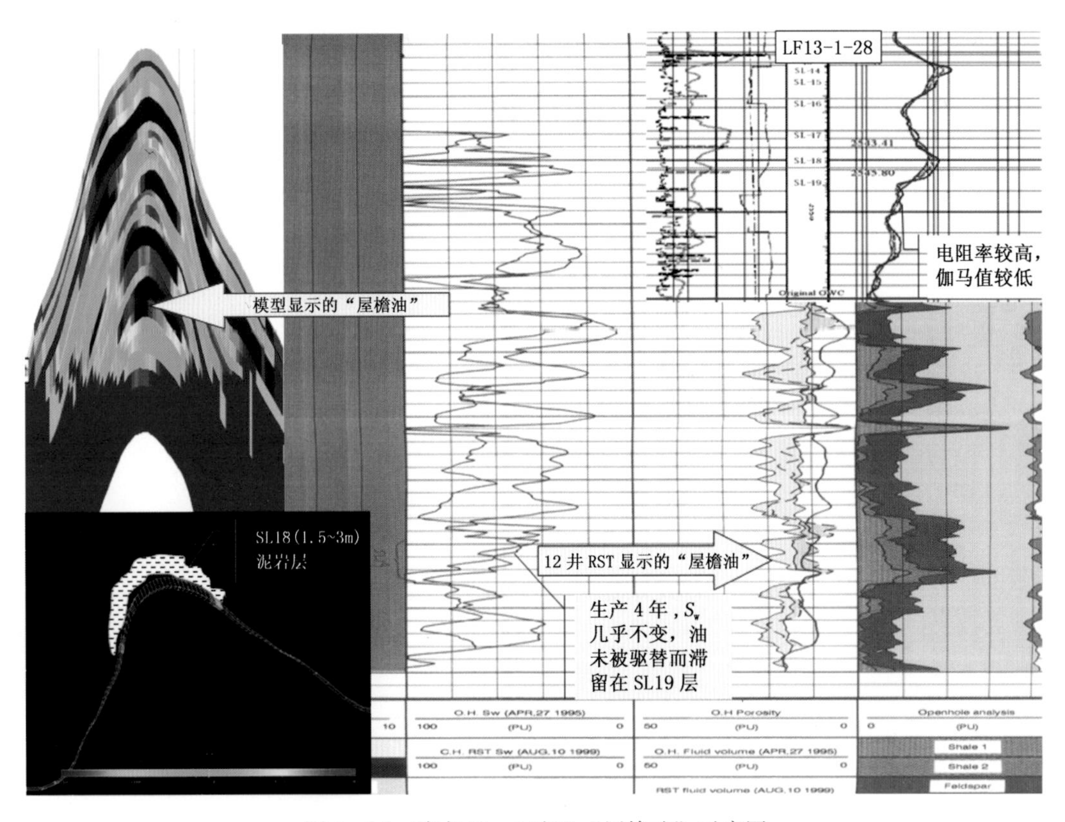

图4-15　陆丰13-1油田“屋檐油”示意图

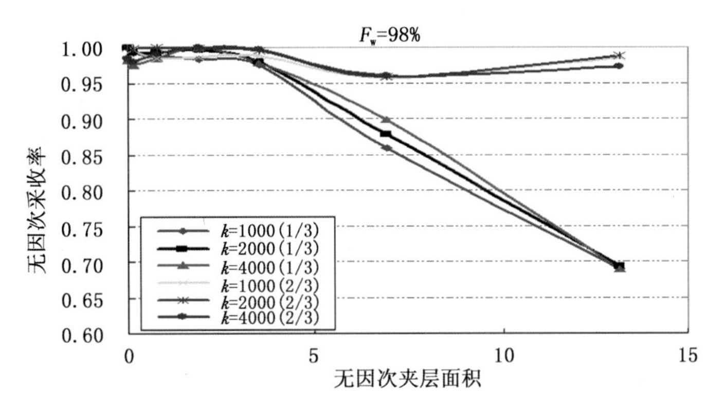

图4-16　F_w=0.98时采出程度随夹层面积关系

急剧降低，为夹层控制剩余油富集阶段；无因次面积>6.9时，水驱波及体积增加幅度大丁夹层控制储量增加幅度，油藏开发效果略为变好（图4-17）。

当夹层位于距顶部2/3处时：无因次面积增加到0.8时，夹层控制剩余油量少，采收率增加，为抑制水锥阶段；0.8<无因次面积<3.5时，夹层控制储量逐渐增加，油藏采收率降低，为夹层控制剩余油富集阶段；无因次面积>3.5时，由于夹层位于油藏底部控制储量相对较少，水驱波及体积增加幅度远大于夹层控制储量增加幅度，油藏采收率逐渐增加（图4-18）。

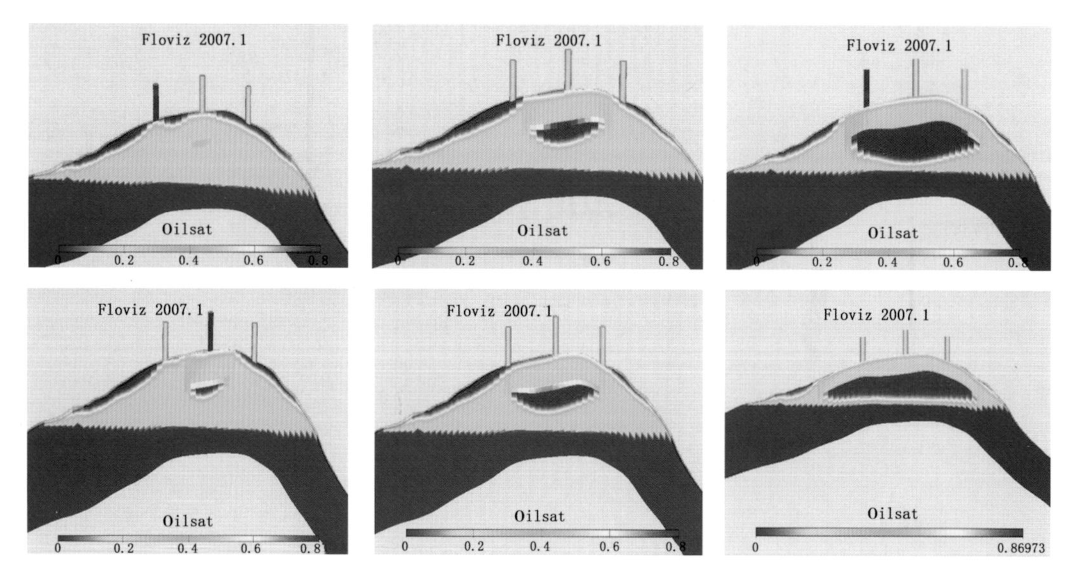

图4-17　1/3处夹层对剩余油控制作用示意图

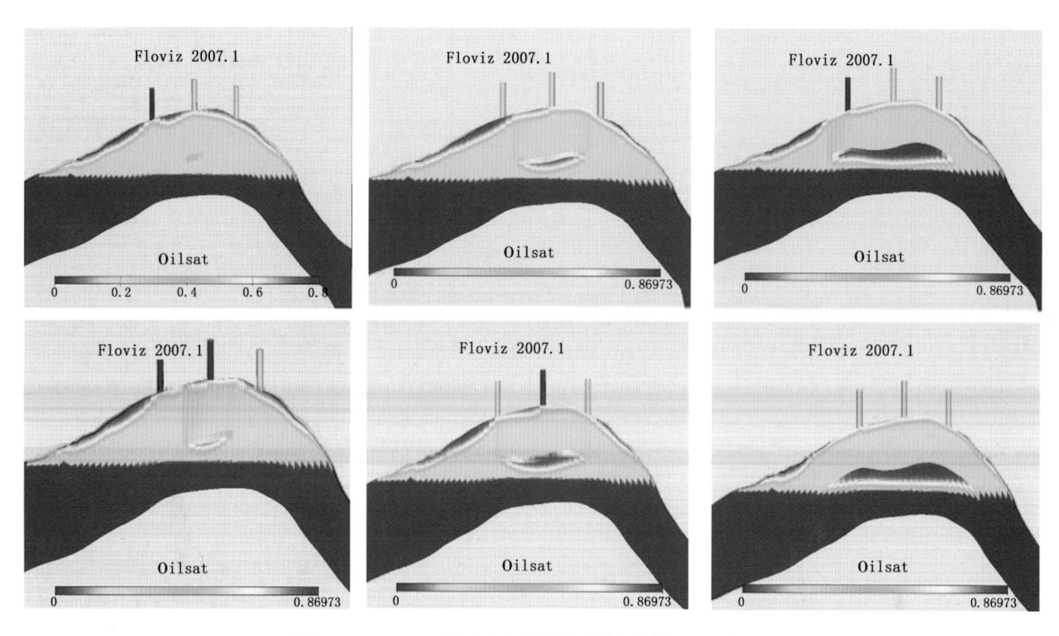

图4-18　2/3处夹层对剩余油控制作用示意图

②沉积反韵律条件下夹层对剩余油分布的影响。

鉴于陆丰13-1油田储层沉积特征以反韵律沉积为主，设计了反韵律沉积条件下不同夹层位置及不同夹层规模条件下含水率为98%时采收率数值模拟研究，计算结果如图4-19。

图4-19为反韵律条件下采出程度随夹层面积的关系。两种位置条件下，随着夹层面积变大，当无因次面积大于3.5后油藏采收率逐渐降低，夹层位于上部时采收率递减幅度大于位于底部时。因此，当无因次夹层面积小于3.5时，对油藏开发影响不大（图4-20）。

（3）“屋檐油”挖潜。

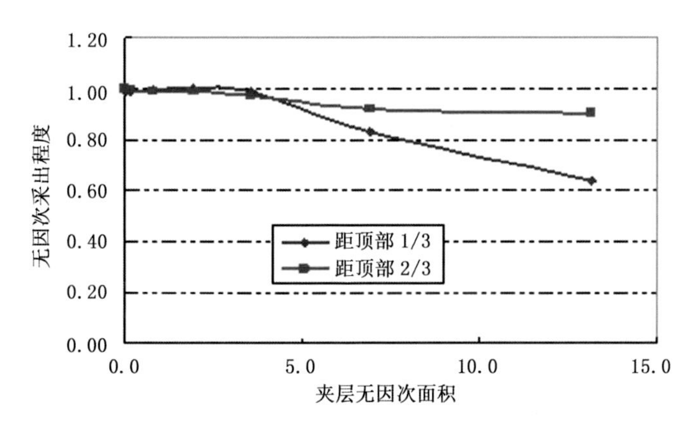

图4－19　反韵律条件下采出程度随夹层面积关系

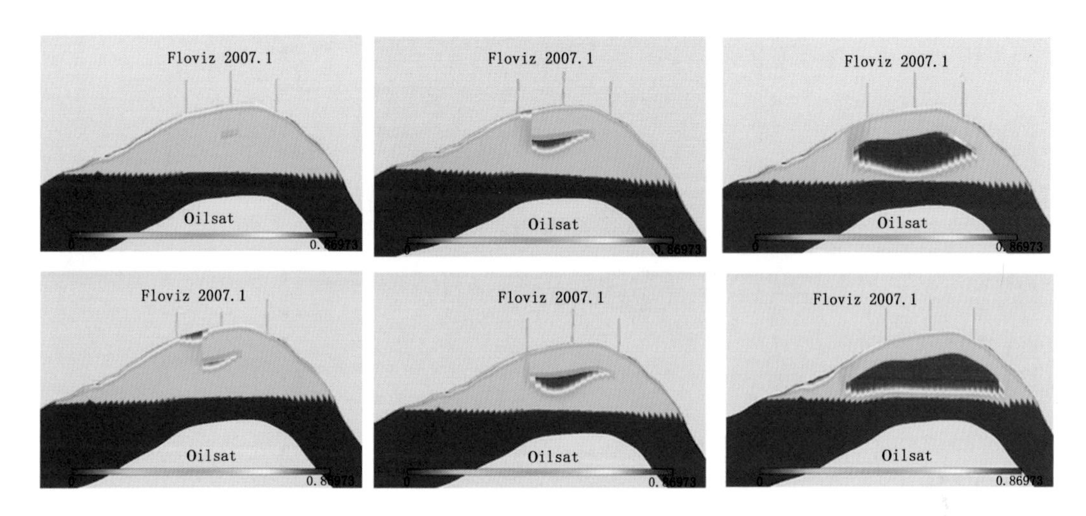

图4－20　反韵律条件下1/3处夹层对剩余油控制图

在油藏数值模拟研究基础上，2005年底钻领眼井LF13－1－28井。随钻测井资料解释不但证实数值模拟显示的2370油藏（4.0m厚油层），而且也证实2500油藏SL－19小层确实存在剩余油。随后，侧钻新井LF13－1－28H井，2005年12月20日投产，初产油量$322m^3/d$，不含水。生产至2007年底产油量$124m^3/d$，含水80.4%，累计增产油量$10.57\times10^4m^3$。

2006年5月8日，侧钻完成的LF13－1－8H井开采2500层的第16小层和第19小层，产油量由侧钻前的$54.5m^3/d$增加到$147.6m^3/d$，含水由侧钻前的96%下降到84%。由于针对开采“屋檐油”的控制液量防止水突破的策略使得含水每3个月才上升1%（图4－21）。该井生产至2007年底产油量$46m^3/d$，含水96.3%，累计增产原油$2.65\times10^4m^3$。

4.2.1.3.3　“三明治”剩余油

“三明治”剩余油是第七批次钻井过程中发现的特高含水期一类特殊的剩余油存在方式，“三明治”的夹心部分是物性较好的层段，因为水淹后电阻率明显低于上下相邻的差物性未水淹层段。最初在29井领眼井看到这类电测曲线时，一种观点坚持认为若以其为目的层完井，整个层段将很快水淹，因而会很快进入特高含水期，根本不能取得经济效益。但另

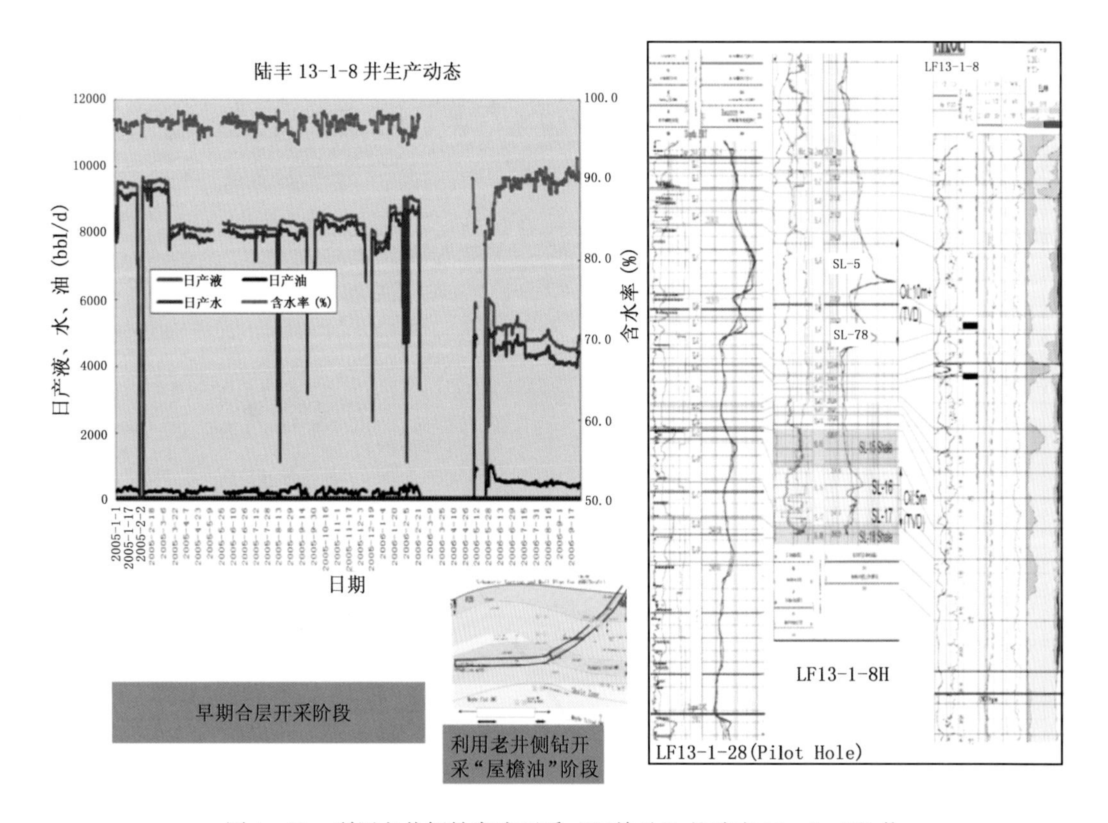

图 4－21　利用老井侧钻完成开采“屋檐油”的陆丰 13－1－8H 井

一种观点则认为由于物性的差异，若在“三明治”顶部低渗透层段完井，借鉴注水开发油藏的“高（渗透部位）注低采”原理，底水从夹心部分的弱淹高渗透层段进入上下未淹低渗透层段将是一个漫长的过程，因此将会得到一个十分绵长的采油期，取得良好的经济效益。最终，后一种意见被采纳。

在“三明治”剩余油部位完井的 LF13－1－29H 井（图 4－22）于 2006 年 1 月 31 日投产，开采 2500 层的 SL－5 小层，取得了十分令人鼓舞的效果，初产油 $111m^3/d$，含水 64.5%。让人倍受鼓舞的是该井含水一直稳定在 63%～69% 长达一年之久，甚至有三个月时间稳定在 67%。随着生产时间增长，该井日产油量逐步下降，由 2006 年底的 $79m^3/d$ 降至 2007 年底的 $48m^3/d$，含水由 69% 上升到 80.5%，累计增产油量 $4.76\times10^4m^3$。

4.2.1.3.4　陆丰 13－1 油田挖潜效果总结

陆丰 13－1 油田从 1993 年 10 月 6 日投产至 2007 年底，经历七次地质和油藏综合研究，还与油藏数值模拟研究相结合七次，进行七次开发调整，八批次钻井。共计完钻 ODP 设计生产井 10 口，新钻补充井 15 口，侧钻井 9 口。2010 年底，生产井达 27 口。在地质储量未增加的情况下，该油田已经连续生产 14 年，累计产油量 $1068\times10^4m^3$，采出程度 52.6%，年采油速度 2.5%，综合含水 95.0%。预计生产年限可延长至 19 年，最终累计产油量 $1328\times10^4m^3$，与 ODP 设计指标对比，生产年限延长约 12 年，油田最终采收率由 ODP 设计的 23.3% 上升到 65.5%，提高了 42.2%（表 4－14 和图 4－23）。

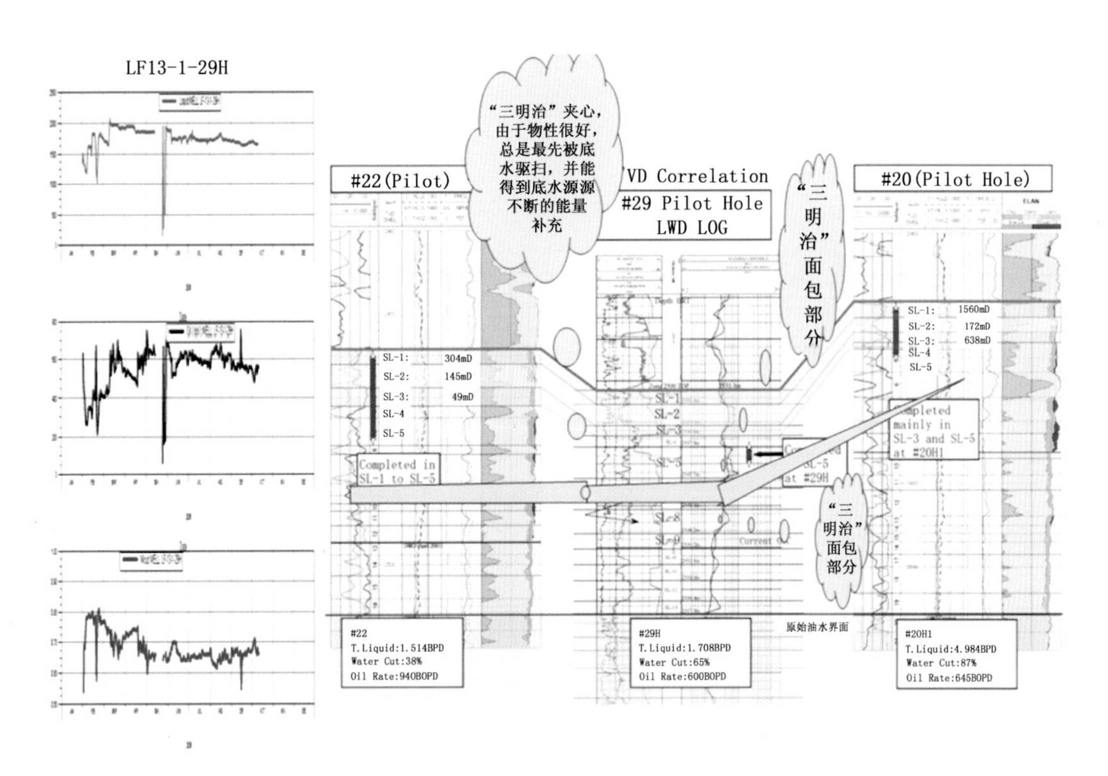

图4－22　"三明治"面包区剩余油而部署的调整井LF13－1－29H井

表4－14　陆丰13－1油田开发调整后油田开发数据

日期	生产井数（口）	产油量（m^3/d）	采油速度（%）	综合含水（%）	累计产油量（10^4m^3）	采出程度（%）
1995－06	6	1823	2.9	44.0	150	7.4
1996－12	12	2876	4.5	56.2	296	14.6
1998－12	15	2262	4.5	72.6	466	23.0
2001－12	19	2674	4.9	84.5	692	34.1
2003－12	23	2067	4.0	90.9	828	40.8
2004－12	24	1780	2.9	93.4	899	44.3
2006－12	27	1589	3.2	94.3	1018	50.2
2007－12	27	1582	2.7	95	1068	52.6

4.2.1.4　发展底水油藏水平井控压缓锥新技术及产能评价新方法

珠江口海相砂岩油田的底水油藏储量占其总储量的50%以上（惠州32－2油田底水油藏储量接近60%），底水油藏的有效开发对珠江口盆地的高产稳产极其重要。为了确保底水油藏的开发效果，因此进行了底水油藏早期开发策略、中后期开发调整策略、水平井产能评价，以及控压缓锥技术的理论研究和实践。

由于技术的限制，早期底水油藏的开发基本采用定向井（如惠州21－1油田和惠州26－1油田等），此时开发策略的研究集中在射孔位置、射开程度、井网密度等方面。其基本结论

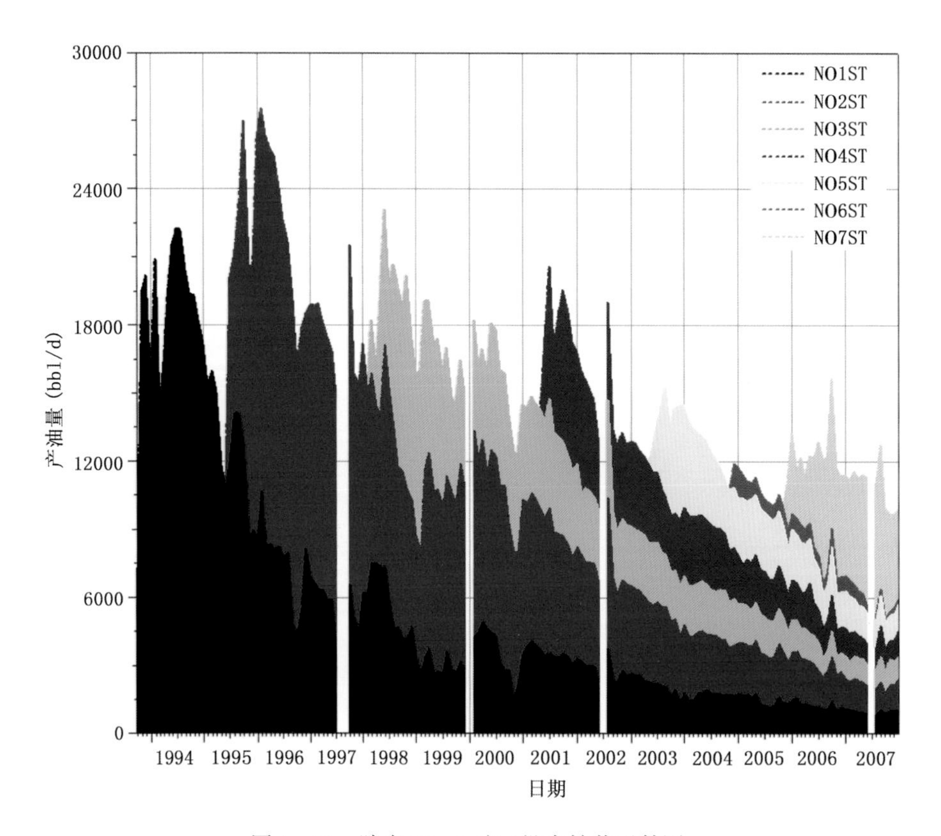

图 4－23　陆丰 13－1 油田批次钻井贡献图

是：根据油藏的地质特点，射开程度应控制在 30%～60%。边部井与正韵律地层井的射开程度应相对较低，要充分利用层内的致密夹层，尽可能使射孔井段位于夹层之上，以避免底水锥进过快。在总井数较少的情况下，初期应尽可能采用较大的井网密度，有利于底水均匀托进，中后期应根据油藏动态和剩余油分布通过侧钻和补孔等手段逐步加密底水油藏的井网密度。

随着水平井技术的发展，底水油藏的开发基本选择了水平井整体开发。如陆丰 22－1、陆丰 13－2、西江 23－1、番禺 4－2 和番禺 5－1 等油田的底水油藏。为此，开展了水平井产能评价的探索和研究，建立了不同油藏类型（边水、底水、断层）、不同完井方式（裸眼、射孔、割缝衬管）下水平井产能评价半解析模型，形成了各种完井方式（裸眼完井、射孔完井、砾石充填筛管完井）下的表皮因子和产能计算模型，建立了基于 BP 人工神经网络技术的水平井产能评价新方法，水平井渗流理论也从先前的水平段处理为无限导流能力裂缝发展为水平段管流与油藏渗流耦合的流动。由此，从理论上探讨了储层物性（渗透率、厚度等）、非均质性（垂直渗透率与水平渗透率比）、原油黏度、水平井长度等因素对水平井产能的影响。研发了具有著作权的水平井产能评价软件系统。从而为水平井的设计提供了有效指导。在实际设计过程中，水平井长度、井控储量、水平井位置的确定应在上述理论的指导下，与油藏的地质特点相适应。如西江 23－1 油田储层胶结疏松，水平井段超过 500m 时，钻井质量控制难度和钻井风险明显增大，井轨迹质量呈下降趋势，反而对开发效果不利，井控储量一般在 $80\sim150\times10^4\mathrm{m}^3$。水平井段的轨迹一般是紧贴储层的“头皮”钻进，位于夹层之上。中后期根据剩余油分布情况利用水平井挖潜。

水平井控压缓锥技术的研究和实践，为底水油藏的高速开发提供了技术保障。

（1）从水平井筒内流动特性入手，建立了油藏流体渗流与井筒流动耦合情况下水平井井筒压降计算模型；

（2）室内实验研究不同筛管、盲管长度比例和组合结构时水平井段生产压差分布；

（3）对水平井根端增加盲管长度调节生产压差、水平井中下入中心管调节生产压差、水平井中变盲管—筛管比例调节生产压差等方面的生产管柱结构的优化研究，或称之为“水平井内生产压差均衡分布研究”。

根据以上理论和实验研究结果，创新性地提出了中心管延缓底水锥进技术，通过利用中心管达到水平井井筒中压力均匀分布，从而实现了抑制底水的目的，并形成了一套针对底水砂岩油藏水平井的完井防砂工艺技术。

合理的开发策略和创新的水平井缓锥技术及水平井产能评价技术保证了底水油藏高速开发的效果。珠江口海相砂岩油田底水油藏的平均采收率达41.8%。

4.2.2　钻完井技术

4.2.2.1　钻井技术

近20年来，我们不断引进钻井工艺等新技术，狠抓技术创新，提高钻井速度，并在实践中已经形成了珠江口盆地内油气田钻井工艺技术系列。大位移延伸井、水平井、老井开窗侧钻水平井和多底井技术的应用，有力地促进了边际油田的开发，也提高了老油田的储量动用程度，保证了油区高产稳产的实现。

4.2.2.1.1　快速钻井新技术

4.2.2.1.1.1　高扭矩顶部驱动系统

顶部驱动钻井系统，是20世纪80年代世界先进技术。CACT集团在钻惠州26－1油田的开发井中，将南海5号半潜式钻井船装配成具有顶部驱动系统，结果比惠州21－1油田钻开发井时效明显提高10%。这主要是使用顶部驱动加快了钻井速度，接立柱代替接单根节约了时效，同时，可在起下钻过程中，随时正、倒划眼，开泵循环，消除了卡钻等井下事故因素。

4.2.2.1.1.2　导向钻井系统

导向钻井系统是当代钻井新工具和新技术相结合的综合技术，该导向系统可按需要同时完成造斜、增斜、稳斜、减斜、扭方位作业，大大减少了起下钻更换钻具组合和钻头的次数，节省了时间。同时，大大提高了井眼轨迹控制效率和精度，实现井眼轨迹能安全、迅速、优质地钻达靶区的位置，穿过设计目标。导向钻井技术包括：

（1）特制的PDC钻头。

此类钻头要具有寿命长、保径、适合高转速、机械钻速快的优点。一只钻头能适应钻穿多种地层的岩性，减少起下钻的次数，既节省时间，又加快钻井速度，降低钻井成本。JHN作业公司使用川石AR554 PDC钻头，在三口开发井钻12¼in井段，创累计进尺4884m的好成绩。

（2）液压导向马达。

液压导向马达是导向系统的核心，具有扭矩高、排量大和寿命长的特点。可分双弯和单弯导向马达，弯角可调，配合下部钻具组合适合钻造斜、增斜、稳斜和降斜各井段钻井作业。既可滑动钻进，又适宜旋转钻进。

4.2.2.1.2　快速钻进新工艺

4.2.2.1.2.1　井下可调变径稳定器（TRACS）

Phillips 石油公司在 XJ24 –3 – A14 大位移井 12¼in 和 8½in 井段，使用哈里伯顿公司的 TRACS 可变径稳定器钻井，井下可调变径稳定器是近年随着大位移井和水平井技术的发展而发展起来的。目前，许多大位移井中普遍使用可变径稳定器与容积式钻井液马达组合，有助于旋转钻进、降低井眼的弯曲。其优点与马达结合使用，可节省因换钻具而起下钻所占用的时间。可调变径稳定器是以旋转钻井为模式，既可改善井眼清洁程度，减少滑动钻井，又可提高钻井速度，使井眼轨迹圆滑。

TRACS 可调变径稳定器特点是外径可调范围大，采用压力时间进行设定。循环时扶正器的位置是根据钻井液脉冲信号来确认的。另外，通过工具的压差降小，停泵后扶正块回缩，可以减少起下钻的阻力。扶正块位置改变简单，具体设定位置存储内存中，无需每次按单根或立柱重新发送设定信号。

4.2.2.1.2.2　流变性好的油基钻井液技术

Phillips 石油公司在 XJ24 –3 – A14 大位移井及 Statoil 石油公司在钻陆丰 22 –1 油田五口水平开发井的 12¼in 和 8½in 井段中，普遍采用低毒性矿物和合成生物（SYN – TEQ）油基钻井液。油基钻井液直接与井壁接触的是油相，相对于水基钻井液，具有润滑性能好、降低摩擦阻力、高温高压滤失量极低的优点。而且滤液是油不是水，基本上不存在 API 滤失，因此对页岩抑制性好，增强了井壁稳定性。该钻井液也具有好的流变性，性能稳定，携砂能力强，使得井眼清洁程度得以提高。对动物生态无害，只要把排放量控制在规定之内，岩屑可直接排放到海里，不会给海洋环境造成危害。

4.2.2.1.2.3　丛式钻井安装导管的工艺技术

随钻设置导管技术是使用一个小于导管内径尺寸的喷射钻头，加上带有低扭矩的钻井液马达和喷射短接的下部钻具结合，放入导管。该钻具组合连同下入工具与导管构成整体。导管在自重、导向基座和部分钻柱重量作用下，虽钻头向深层吃入，到达设计深度，静置，可使导管与地层的黏质土之间建立黏附力。在流花 11 –1 油田，西江 24 –3 和西江 30 –2 油田均采用这种技术。

4.2.2.1.2.4　套管漂浮接箍技术和套管漂浮技术

套管漂浮接箍由内筒和外筒两部分组成，外筒上下用套管扣和套管柱连接。内筒分上滑套和下滑套，并分别用上、下锁销与外筒连接，滑动面靠密封圈密封，该漂浮接箍起单流阀作用。

套管漂浮技术是下套管时，将漂浮接箍接在套管柱一定位置上，使套管漂浮接箍以下套管柱内形成掏空段，接箍以上的套管柱仍用钻井液充填。这样可增加套管浮力，使单位漂浮段的套管法向力减少 70% ~80%。漂浮接箍以上套管内若灌入加重钻井液，又能加大下推力。下完套管，给漂浮接箍上滑套施加适当的压力，以剪断内滑套上的锁销，使上滑套下滑，露出循环孔，即可进行正常的循环和注水泥作业。

4.2.2.1.2.5　滚柱套管扶正器

滚柱套管扶正器与刚性套管扶正器相似，一般有 4 ~5 条棱，棱上横向装有轴承，其滚柱轴线与井眼轴线垂直。当套管进入井斜段时，一方面使大段套管本体不紧贴井眼低边，摩擦面积大大减少；另一方面由于滚柱的滚动，使常规下套管的滑动摩擦转变为滚动摩擦，从而大大减少套管与井壁之间的摩擦阻力，使得套管顺利入井。XJ24－3－A14 大位移井，从第 4 根至 497 根套管上，每根加一个滚柱扶正器，看到摩擦阻力明显减少，保证了 9⅝in 套管超过下深极限长度 6098m，下到了 6761m 深度。

4.2.2.1.2.6 老井套管开窗侧钻

局限于海洋工程设施的限制，海上油田不能像陆上油田一样可任意加密。一个海上油田可使用的井槽数在开发方案设计阶段就已经确定下来，一经海洋工程设施安装完毕，就很难再想增加井数。然而，钻加密井进行开发调整又是绝大多数油田必不可少的举措。对海上油田，在井槽数一定的情况下，利用老井侧钻无疑是实现开发调整的最重要手段，是开发中后期必要的稳产和增产措施，对提高最终采收率起到相当重要的作用。

另一方面，海上工程设施的使用寿命一般都不太长，如何在有限的生命周期内加快采油速度，实现高速开采，实施老井侧钻也无疑是不可替代的重要途径。南海海域油田开发设施的使用年限多为 15 年，少数设施的使用寿命为 10 年或者 20 年。在海洋设施的有效使用寿命内，实现海洋油田的高速高效开发需要频繁的老井侧钻作业。自 1997 年开始侧钻第一口井以来，至 2010 年底，南海海域在海相砂岩油田已侧钻井 167 口，相当于每 3 口井中就侧钻 2 井次。

老井侧钻的方式主要包括四种，第一种为割甩 9⅝in 套管之后的高开侧钻作业；第二种为不保留原生产井眼的 9⅝in 套管内开窗的低开侧钻作业；第三种为不保留原生产井眼的 7.0in 尾管内开窗的低开侧钻作业；第四种为保留原生产井眼的 9⅝in 套管内开窗的低开侧钻作业。

4.2.2.2 完井技术

在南海东部海域海上油气田发现储量的储层中，有不少储层物性疏松，油稠，开发难度大，经济效益差。如何使这些油井不出砂，如何保护好油层，如何提高油井产量，如何缩短完井时间，提高经济效益，一直是海上油气田完井研究的重要课题。在射孔、疏松油层防砂、酸化等配套技术方面，通过技术引进和科技攻关，为促进边际油田的开发起着重要作用，为油田高速开采提供了有力保障。

4.2.2.2.1 先进的射孔技术有力地保护了油层，提高了油井生产能力

（1）油管传输负压射孔技术。

该技术是将射孔装置（包括释放装置）作为生产管柱一部分连在下部，随生产管柱一次下井送至预定射孔位置，然后装好正规生产用的采油树（井口装置）和接好地面测试生产管线，采用投棒引爆或压力引爆（电力引爆）射孔。射孔后枪身（通过机械或液压放手）释放到井底，完成作业即可投产。

（2）过油管射孔技术。

油井生产一段时间后，需要补开新产层，以增加产量或作平面开采动态调整时，需要补射孔作业。这是一项不动管柱进行井下作业的新技术。利用电缆、钢丝绳或钢丝连接相应的井下工具、仪器，通过过油管作业，进行射孔、找堵水、调层、特殊测试（生产测井、井下压力测试、井下温度测试、井下取样）、找钻桥塞、酸化、打捞等。

4.2.2.2.2　疏松砂岩储层的防砂完井技术

（1）一次多层砾石充填完井技术。

针对西江24－3油田和西江30－2油田油层岩性胶结疏松，在大排量开采条件下容易出砂的特点，采用了先期一次多层砾石充填防砂完井技术。也就是在防砂管串内下入砾石充填工具，对用封隔器隔开的不同砂岩油层自上而下或自下而上实施砾石充填作业，实现一次下钻完成多层砾石充填。

（2）可膨胀筛管防砂完井技术。

可膨胀筛管防砂完井技术，通过减少膨胀过后的筛管与地层裸眼之间的环空间隙，来降低地层微粒的重新排列，从而降低表皮系数和近井眼地层压降。这项技术的优点是近井眼生产压差小，提高了膨胀筛管的使用寿命，延缓了底水锥进速度，提高了单井生产寿命等。

（3）压裂充填防砂技术

在西江油田中还使用压裂防砂新技术，该项技术是融合了压裂、酸化及砾石充填防砂作业于一体的新技术。主要用于防止近井眼受污染损害引起产能下降的油井，以及胶结较差并且在生产中后期发生微粒、黏土颗粒运移的油层中。

4.2.2.3　水平井、大位移井、多底井钻完井技术

4.2.2.3.1　水平井钻完井技术

4.2.2.3.1.1　水平井钻完井技术及发展

南海海域油田在水平井钻具组合方面的发展可以划分为五个阶段。

第一阶段：LWD/MWD仪器（包括A.D.N＋MWD＋ARC）＋常规井下动力马达钻具。该钻具中电阻率探头距离钻头12.05m、伽马探头距离钻头12.10m、井斜角/方位角探头距离钻头19.60m、密度探头距离钻头27.01m、中子孔隙度探头距离钻头28.21m。

第二阶段：LWD/MWD仪器（包括A.D.N＋MWD＋ARC）＋地质导向动力马达钻具。该钻具中近钻头电阻率探头距离钻头1.13m、近钻头伽马探头距离钻头2.47m、近钻头井斜角探头距离钻头2.68m、ARC电阻率仪器的电阻率探头距离钻头16.17m、ARC电阻率仪器的伽马探头距离钻头16.22m、MWD的井斜角/方位角探头距离钻头23.61m、密度探头距离钻头30.99m、中子孔隙度探头距离钻头32.11m。

第三阶段：LWD/MWD仪器（包括A.D.N＋MWD＋ARC）＋POWERDRIVE X5旋转导向钻井系统钻具。近钻头伽马探头距离钻头2.09m、近钻头井斜角/方位角探头距离钻头2.45m、ARC电阻率仪器的电阻率探头距离钻头11.54m、ARC电阻率仪器的伽马探头距离钻头11.59m、MWD的井斜角/方位角探头距离钻头18.50m、密度探头距离钻头25.88m、中子孔隙度探头距离钻头26.85m。

第四阶段：LWD/MWD仪器（包括TELESCOPE＋ECOSCOPE多功能随钻测井仪）＋POWERDRIVE X5或者POWERDRIVE XCEED旋转导向钻井系统钻具。近钻头伽马探头距离钻头1.89m、近钻头井斜角/方位角探头距离钻头3.32m、ECOSCOPE的伽马探头距离钻头10.90m、ECOSCOPE的密度探头距离钻头13.58m、ECOSPCOPE的电阻率探头距离钻头13.95m、ECOSPCOPE的中子孔隙度探头距离钻头14.20m、TELESCOPE的井斜角/方位角探头距离钻头21.25m。

第五阶段：LWD/MWD仪器（包括TELESCOPE＋ECOSCOPE多功能随钻测井仪＋PERISCOPE储层边界探测仪）＋POWERDRIVE X5或者POWERDRIVE XCEED旋转导向钻井系

统钻具。使用PERISCOPE随钻储层边界探测仪对储层边界进行实时成像，从而将井眼轨迹布置在储层中最优位置以及实时储层评价，最终实现生产井油藏接触面最大化、产量最大化、获得“阁楼油”以及延缓产水。PERISCOPE实时随钻储层边界反演探测服务可以提供把井眼尽可能第一次尝试就布置在储层最佳位置所需要的测量数据。即使所钻地层是薄层、倾斜或者地震资料很难分辨等情况也可以实现。通过消除储层有关几何形状和地层特性方面的不确定性，这种新的地质导向优化产量的方法可避免钻井风险、避开水层和消除意外侧钻，并降低建井成本和风险。实时PERISCOPE储层边界探测服务可以使作业者在钻更少井的情况下达到产量目标，并且使采用先前技术无法经济开采的储量实现经济开发。既能在水基钻井液也能在油基钻井液环境中使用。

南海海域油田在水平井完井方面采用的技术如下：

（1）7.0in割缝管、7.0in打孔管；

（2）$5\frac{1}{2}$in绕丝筛管、5.0in绕丝筛管、$4\frac{1}{2}$in绕丝筛管；

（3）$5\frac{1}{2}$in预充填筛管；

（4）7.0in梯形筛管、$6\frac{5}{8}$in优质复合筛管、4.0in优质复合筛管；

（5）$5\frac{1}{2}$in膨胀筛管和4.0in膨胀筛管；

（6）$5\frac{1}{2}$in防砂控水筛管和$4\frac{1}{2}$in防砂控水筛管。

4.2.2.3.1.2　水平井在在新油田开发中的应用

陆丰22－1油田、陆丰13－2油田和西江23－1油田是先后全部用水平井开发的砂岩油田。在开发评价阶段，这些油田设计用常规井开发时均无经济效益。设计采取用水平井开发时，提高了油井产能，减缓了含水上升，延长了油井和油田的生产寿命，改善了油田的开发效果；节省了井槽数，减少了开发投资，提高了油田的经济效益。这三个油田通过水平井成功地实现了开发，共动用地质储量$5883\times10^4m^3$，已累计采油$1669\times10^4m^3$。

在惠州32－5油田、番禺4－2油田和番禺5－1油田的开发方案设计中，也采用了相当多的水平井进行开发，实现高速开采，并改善油田开发效果。惠州32－5油田开发方案设计3口开发井，其中有2口为水平井，水平井产能占全油田的89%；番禺4－2油田开发方案设计14口开发井，其中有6口为水平井，水平井产能占全油田的59%；番禺5－1油田开发方案设计12口开发井，其中有9口为水平井，水平井产能约占全油田的93%（表4－15）。

表4－15　水平井开发新油田统计表

油田	井号	投产日期	井长		完井方式	储层性质					生产情况		备注
			总长（m）	水平段长（m）		层位	驱动方式	厚度（m）	孔隙度（%）	渗透率（mD）	初期产量（m/d）	累计产油（10^4m^3）	
H232－5	H232－5－2A	1999.2.14	4.59	筛管	K8	边水	15	22	520	1906	235		部分水平井，ODP－比3口井
	H232－5－3	1999.3.16	2560	430	筛管	K8	边水	15	22	520	1908	251	
小计	2										3816	485	

续表

油田	井号	投产日期	井长		完井方式	储层性质					生产情况		备注
			总长(m)	水平段长(m)		层位	驱动方式	厚度(m)	孔隙度(%)	渗透率(mD)	初期产量(m/d)	累计产油(10^4m^3)	
LF13－2	LF13－2－A1H	2005.11.29	3452	495	筛管	Z2370	底水	22	25	1976	1129	107	全部水平井
	LF13－2－A2H	2005.11.29	3105	498	筛管	Z2370	底水	25	21	1000	1447	222	
	LF13－2－A3H	2005.11.29	3370	720	筛管	Z2370	底水	17	22	1092	1169	198	
小计	3										3744	527	
LF22－1	LF22－1－5	1998.1.5	2909	534	筛管	珠海组	底水	5－15	20－22	1283	200	3	全部水平井
	LF22－1－6	1998.1.5	4250	2060	筛管	珠海组	底水	15－30	22－24	2387	2522	157	
	LF22－1－7	1997.12.27	4167	1738	筛管	珠海组	底水	15－40	22－24	2387	4410	133	
	LF22－1－8	1998.5.1	3930	1492	筛管	珠海组	底水	15－40	22－24	2387	3048	238	
	LF22－1－9	1997.12.27	2840	855	筛管	珠海组	底水	10－20	22－24	2387	1659	27	
小计	5									11839	561		
FY4－2	PY4－2－A03H	2003.11.25	2794	713	筛管	RE17.10	边水	13	26	8582	1272	92	部分水平井，ODF－比14口井
	PY4－2－A04H	2003.12.30	3062	797	筛管	RE17.10	边水	13	26	8582	1113	52	
	PY4－2－A05H	2004.1.13	2999	793	筛管	RE17.00	边水	12	28	10482	954	72	
	PY4－2－A06H	2004.2.10	3007	708	筛管	RE17.46	13	26	6132	715	58		
	PY4－2－A14H	2004.6.19	2772	606	筛管	RE16.80	底水		27	8082	238	53	
	PY4－2－A15H	2004.10.8	2642	650	筛管	RE16.10	底水	蒸气4	28	11622	318	13	
小计	6										4611	340	
FY5－1	PY5－1－A02H	2003.11.15	3483	319	筛管	BO21.10	边水	6	24	9235	1272	120	部分水平井，ODP－比12口井
	PY5－1－A03H	2003.12.20	3311	663	筛管	BO12.10	边水	6	24	9235	1431	97	
	PY5－1－A04H	2004.1.26	2815	392	筛管	BO20.05	边水	蒸气6	25	6170	874	65	
	OT5－1－A05H	2004.2.28	3455	1057	筛管	BO29.05	边水	26	25	6170	1192	134	
	PY5－1－A06H	2004.4.13	3375	833	筛管	BO20.05	边水	26	25	6170	1145	126	
	PY5－1－A07H	2004.5.14	2868	359	筛管	BO20.05	边水	26	25	6170	747	77	
	PY5－1－A08H	2004.6.10	3147	500	筛管	BO18.85	边水	蒸气5	25	5983	986	125	
	PY5－1－A11H	2004.8.6	2932	500	筛管	BO18.85	边水	25	25	5983	747	113	
	PY5－1－A12H	2004.10.26	3437	580	筛管	BO21.10	边水	6	24	9255	556	50	
小计	9									8951	907		

续表

油田	井号	投产日期	井长		完井方式	储层性质					生产情况		备注
			总长（m）	水平段长（m）		层位	驱动方式	厚度（m）	孔隙度（%）	渗透率（mD）	初期产量（m/d）	累计产油（10^4m^3）	
IJ23 - 1	IJ23 - 1 - A01H	2008.4.6	3331	772	筛管	HSE	底水	8	25	1094	658	19	全部水平井
	XJ23 - 1 - A02H	2008.4.6	3010	655	筛管	HSE	底水	8	22	703	799	21	
	XJ23 - 1 - A03H	2008.4.6	3288	701	筛管	HSE	底水	8	21	487	870	33	
	XJ23 - 1 - A04H	2008.4.7	3344	802	筛管	HSE	底水	8	23	776	833	35	
	XJ23 - 1 - A05H	2008.4.21	3268	832	筛管	HS	底水	5	27	1216	337	13	
	XJ23 - 1 - A06H	2008.9.8	3018	694	筛管	HS	底水		蒸气5	733	205	5	
	XJ23 - 1 - A07H	2008.6.2	3256	810	筛管	HS	底水	5	25	609	343	14	
	XJ23 - 1 - A08H	2008.5.16	3166	835	筛管	H2	边水	3	19	402	456	25	
	XJ23 - 1 - A09H	2008.4.28	3029	653	筛管	H2	边水	4	23	728	495	47	
	XJ23 - 1 - A10H	2008.5.6	2778	677	筛管	H1B	底水	11	23	424	590	19	
	XJ23 - 1 - A11H	2008.5.25	3250	860	筛管	H1B	底水	11	26	593	492	33	
	XJ23 - 1 - A12H	2008.8.14	2920	492	筛管	H1B	底水	底水	24	361	860	9	
	XJ23 - 1 - A13H	2006.7.22	3146	426	筛管	H1B	底水	11	26	645	382	31	
	XJ23 - 1 - A14H	2008.7.29	2946	444	筛管	H1B	底水	11	21	268	789	37	
	XJ23 - 1 - A15H	2008.8.5	3268	520	筛管	H1B	底水	11	28	865	588	44	
小计	15										8698	387	
合计	40										41659	3208	

4.2.2.3.1.3 水平井在老油田挖潜增产中的应用

在珠江口盆地，侧钻水平井是老油田挖潜的最重要手段之一，主要应用于主力油藏的井网加密。此外，水平井也广泛应用于动用渗透率相对低的层（段）、开发薄油层，以及开采稠油油藏。截至2010年底，珠江口盆地已累计实施164口水平井型的调整井，动用地质储量$11936 \times 10^4 m^3$，累计初始增产油$85300 m^3/d$，累计采油量达$3754 \times 10^4 m^3$（表4－16）。

表4－16 珠江口盆地水平井在老油田挖潜增产中的应用统计表

油田	措施分类	井数（口）	初始增产（m^3/d）	累计采油（10^4m^3）	动用储量（10^4m^3）
陆丰13－1	加密主力层	23	1172	60	1208
	动用低渗层	5	8302	542	150
惠州21－1	加密主力层	4	2462	65	150
	动用低渗层	2	545	60	380

续表

油田	措施分类	井数（口）	初始增产（m^3/d）	累计采油（10^4m^3）	动用储量（10^4m^3）
惠州26－1	加密主力层	10	6084	353	800
	动用低渗层	3	1233	157	407
惠州32－5	动用低渗层	1	372	18	250
惠州32－2	加密主力层	4	1906	76	200
	动用低渗层	2	460	25	63
惠州32－3	加密主力层	5	3284	278	500
	动用低渗层	3	667	38	130
惠州19－3	开发薄油层	2	580	22	74
	加密主力层	1	248	3	25
陆丰22－1	加密主力层	3	5929	115	300
番禺4－2	加密主力层	5	3227	112	326
	开采稠油藏	5	1733	47	485
番禺5－1	加密主力层	9	5628	312	1090
	开采稠油藏	1	318	17	91
西江23－1	加密主力层	5	1758	106	328
西江24－3	加密主力层	13	8100	296	790
	开发薄油层	14	6130	332	900
西江30－2	加密主力层	40	24159	708	3007
	开发薄油层	2	604	7	76
	开采稠油藏	2	399	7	206
砂岩合计	加密主力层	122	63957	2483	8724
	动用低渗层	16	11579	839	1380
	开发薄油层	18	7314	361	1050
	开采稠油藏	8	2450	71	782
总计		164	85300	3754	11936

（1）主力油藏井网加密。

随着对油藏动态认识的不断深入，发现ODP设计井网存在不完善之处，所动用的油藏均在不同程度上存在一定的剩余油或“死油区”，必须进行开发调整和井网加密。多数油田早期采用常规井进行开发，中后期挖潜增产时如果继续采用常规井加密则会存在两个问题：第一，增产幅度低，不利于高速开采；第二，剩余油富集区一般存在底水，常规井开发的效果不理想，含水上升快。因此，在南海海域，除含油仍然全充满的层状油藏的剩余油富集区外，一般都采用水平井进行挖潜增产。

在南海海域，最早用于主力层加密的水平井是于1995年9月29日投产的LF13－1－13井。截至现在，珠江口盆地已累计钻加密水平井122口，累计初始增产63957m^3/d，累计采油2483×10^4m^3，累计动用地质储量8724×10^4m^3。

（2）相对低渗透层（段）储量动用。

在珠江口盆地的海相砂岩油田中，储层物性一般较好，渗透率中等到高，产能高，有实现高速开采的基础条件。但是，即使在海相砂岩中，也会发育一些低渗透层和相对低渗透层；在物性较好的主力产层中，也会分布一些低渗透段或相对低渗透段。相对低渗透层（段）是指其渗透率仍高于国家行业标准所定义的低渗透层的渗透率高限值。无论是低渗透层（段）还是相对低渗透层（段），在高速开采原则下，这些层（段）都比较难动用。在南海海域早期投产的油田中，特别是多油层的油田中，几乎普遍采用常规的直井进行开发，对低渗透层（段）或相对低渗透层（段）无论是采用单采还是合采，其产量贡献都甚微甚至完全无产量贡献。因此，在开发方案设计阶段，这些层（段）均未纳入开发方案的动用储量之内。

随着水平井技术的不断发展和成熟，采用水平井单采可以有效地开发这类储层，使油井达到较高的产能。同时，随着对低渗透储层认识的不断深入，发现相对低渗透层（段）是油区剩余油挖潜的主要对象之一，是产量接替和维持油区高速开采的重要贡献者。

截至2010年底，在珠江口海相砂岩油田的低渗透储层（段）钻了16口调整井，累计初始增产4649m^3/d，累计增产油量$353\times10^4m^3$，动用地质储量$1381\times10^4m^3$（表4－17）。

表4－17 珠江口盆地海相砂岩油田低渗层（段）水平井开发统计表

油田	井号	投产日期	分类	井长		完井方式	储层性质					生产情况		备注
				总长（m）	水平段长（m）		层位	驱动方式	厚度（m）	孔隙度（%）	渗透率（mD）	初期产量（m^3/d）	累计产油（10^4m^3）	
HZ21－1	HZ21－1－9B	1998.10.15	侧钻井	4508	1013	裸眼	L60	底水	18.6	13.2	43.1	493	51	380
	HZ21－1－3SA	2000.11.15	侧钻井	4270	720	裸眼	L60	底水	18.6	13.2	43.1	251	9	
HZ26－1	HZ26－1－12A	1997.5.15	侧钻井	3786	1000	裸眼	L60	边水	5.7	15.7	156.6	636	79	407
	HZ26－1－10A	1998.3.15	侧钻井	3439	637	裸眼	L60	边水	5.7	15.7	156.6	445	54	
	HZ26－1－3SbRa	2003.1.29	侧钻井	3676	500	筛管	L60	边水	2.6	15.8	156.6	152	26	
HZ32－2	HZ32 142－11	2009.7.5	补充井	3263	405	裸眼	L20	边水	4.3	15.8	79.9	174	2	
	HZ3249 2－9	2001.8.28	补充井	3485	726	筛管	L10	边水	3.0	15.1	92.2	286	24	
HZ32－5	HZ32－5－4Sa	2002.5.20	侧钻井	3621	960	裸眼	L60	边水	2.6	15.8	156.6	372	18	251
LF13－1	LF13－1－22	2001.10.26	补充井	3330	500	裸眼	Z2500	底水	12.0	15.0～18.0	207.0	323	35	150
	LF13－1－21H1	2006.6.24	侧钻井	3570	696	裸眼	Z2500	底水	8.0	17～20	147.0	283	19	
	LF13－1－5aH1	2007.5.22	侧钻井	3912	700	裸眼	Z2500	底水	8.5	18.0	190.0	163	5	
	LF13－1－27H1	2009.10.31	侧钻井	3690	555	裸眼	Z2500	底水	6.5	18.0	125.0	198	1	
	LF13－1－13H	2009.12.7	侧钻井	4210	723	裸眼	Z2500	底水	7.5	18.0	99.0	205	0	

续表

<table>
<tr><th rowspan="2">油田</th><th rowspan="2">井号</th><th rowspan="2">投产日期</th><th rowspan="2">分类</th><th colspan="2">井长</th><th rowspan="2">完井方式</th><th colspan="5">储层性质</th><th colspan="2">生产情况</th><th rowspan="2">备注</th></tr>
<tr><th>总长（m）</th><th>水平段长 m</th><th>层位</th><th>驱动方式</th><th>厚度（m）</th><th>孔隙度（%）</th><th>渗透率（mD）</th><th>初期产量（m^3/d）</th><th>累计产油（$10^4 m^3$）</th></tr>
<tr><td rowspan="7">HZ32－3</td><td rowspan="2">HZ32－3－9MAMB</td><td rowspan="2">2002.5.28</td><td rowspan="2">侧钻井（多底）</td><td>3486</td><td>535</td><td rowspan="2">裸眼</td><td rowspan="2">L10</td><td rowspan="2">边水</td><td rowspan="2">2－5</td><td rowspan="2">15～17</td><td rowspan="2">50～100</td><td rowspan="2">463</td><td rowspan="2">27</td><td rowspan="7">130</td></tr>
<tr><td>3700</td><td>670</td></tr>
<tr><td rowspan="2">HZ32－3－9M2aM2b</td><td rowspan="2">2008.3.25</td><td rowspan="2">侧钻井（多底）</td><td>3530</td><td>700</td><td rowspan="2">裸眼</td><td rowspan="2">L10</td><td rowspan="2">边水</td><td rowspan="2">2－5</td><td rowspan="2">15～17</td><td rowspan="2">50～100</td><td rowspan="2">55</td><td rowspan="2">4</td></tr>
<tr><td>3639</td><td>800</td></tr>
<tr><td rowspan="3">HZ32－3－NE3MaMbMc</td><td rowspan="3">2008.2.14</td><td rowspan="3">侧钻井（多底）</td><td>4491</td><td>297</td><td rowspan="3">裸眼</td><td rowspan="3">L10</td><td rowspan="3">边水</td><td rowspan="3">2－5</td><td rowspan="3">15～17</td><td rowspan="3">50～100</td><td rowspan="3">150</td><td rowspan="3">7</td></tr>
<tr><td>4616</td><td>393</td></tr>
<tr><td>4603</td><td>370</td></tr>
<tr><td>合计</td><td>16口</td><td></td><td></td><td></td><td></td><td></td><td></td><td></td><td></td><td></td><td></td><td>4649</td><td>360</td><td>1381</td></tr>
</table>

（3）薄油层开发。

薄油层也是油区剩余油挖潜的主要对象之一，是产量接替的重要贡献者。这些层由于储量小，采用常规井合采时无产量贡献，因而一般在ODP设计时未考虑动用。随着水平井技术的高速发展，水平井段轨迹可以容易地控制在有效储层1～2m内，使得薄层动用已不再成为难题。

在珠江口盆地，薄层一般定义为油层厚度小于3m的层状边水油层，其主要特点是储层物性非均质程度高、储量丰度低、产能相对较低。开发薄层主要存在两个方面的技术难点。

第一，评价方法不确定性。泥岩的存在对电阻率测井结果影响很大，减少了电阻率测井方法对油气探测的灵敏度。薄层产生地层电阻率宏观各向异性，可导致电阻率测井测出不同的平均值；另外，薄层的存在使估算孔隙度测井方法时的不确定性增加，常规测井分析方法，包括传统的砂泥岩分析法，一般低估薄层中油气体积达30%以上。

第二，薄层中水平井钻井的地质导向要求高。薄油层的开发对于轨迹控制的要求很高，随钻地质跟踪人员必须24h密切跟踪钻井测井曲线的变化，及时对轨迹作出调整，保证油井轨迹控制在油层中的最好位置。

在开发薄层中主要采用了下列4项技术和措施，以保证水平井的成功实施。①近钻头随钻测井曲线的应用，可在最快时间内发现轨迹的偏离，及时进行纠正；②旋转导向仪器（Powerdriver等造、降斜敏感的地质导向仪器）的应用，方便及时调整钻头方向，使轨迹沿着油层顶面进行钻进；③油基钻井液的使用，可减少钻井液对产层的污染，保证油井的产能；④随钻地质导向技术，用于评估已钻井轨迹位置，预测地层构造变化，及时调整轨迹。

至2010年底，在珠江口海相砂岩油田的薄层中共钻水平井16口，单井初产可达127～800m^3/d，累计初增产6863.4m^3/d，累计增产油量356.0×$10^4 m^3$，动用地质储量1273×$10^4 m^3$（表4－18）。

表 4-18 水平井在薄油层开发中的应用

油田	井号	层位	投产时间	初始产油 (10^4m^3)	累计产油 (10^4m^3)
XJ24-3	A21ST1	H4A/H4B	2002. 8. 29	239. 9	53. 3
	A3ST2	H2C/H2D	2003. 6. 2	791. 9	18. 5
	A19ST2	H4A	2003. 10. 4	380	84. 6
	A11ST1	H4A/H4B	2004. 4. 2	429. 9	20. 8
	A7ST1	H4B	2004. 4. 24	349. 9	48. 2
	A16ST1	H4A/H4B	2005. 7. 1	719. 9	29. 6
	A13ST5	H2	2005. 10. 19	400	13. 6
	A8ST2	H2C	2006. 7. 12	749. 9	13. 8
	A15ST3	H4B	2006. 8. 27	543. 9	28
	A21ST2	H4B	2007. 10. 5	239. 9	10. 2
	A2ST2	H4A	2008. 7. 25	429	22. 2
	A18ST2	H2	2010. 1. 29	445	4. 47
	A1AST3	H4B	2010. 9. 24	127	0. 64
	A27	H2	2010. 11. 2	413	1. 07
JX30-2	B27ST1	H4D0	2006. 11. 6	286. 2	3. 4
	B6ST3	H4C	2006. 11. 28	318	3. 6
合计				6863. 4	356. 0

（4）稠油油藏开采。

在珠江口盆地海相砂岩的浅层（海拔-1500m 左右）发育了一些稠油油层，主要分布在西江 30-2 油田、番禺 4-2 油田和番禺 5-1 油田，其地质储量还占有一定的比例。在番禺 4-2 油田共发育 14 个稠油油藏，合计地质储量 $4014.32\times10^4m^3$，占全油田的 62%；在番禺 5-1 油田共发育 15 个稠油油藏，合计地质储量 $2203.79\times10^4m^3$，占全油田的 36%；在西江 30-2 油田共发育 5 个稠油油藏，合计地质储量 $316.87\times10^4m^3$，占全油田的 5%。因此，如何开采好这些稠油油藏，对全面提高油田采收率、实现高速开采的产量接替有着十分重要的意义。

但是这些稠油油层的原油物性较差，黏度大，密度高，采油指数低（一般只有下部中质油和轻质油的 3%~11%。如番禺 4-2 油田稠油油藏的地下原油黏度为 46.8~132mPa·s，原油密度大于 $0.925g/cm^3$，比采油指数 $3.3\sim16.6m^3/(d\cdot m\cdot MPa)$（下部中质油和轻质油比采油指数 $49.8\sim153.6m^3/(d\cdot m\cdot MPa)$；番禺 5-1 油田稠油油藏的地下原油黏度大于 31.7mPa·s，原油密度大于 $0.92g/cm^3$，比采油指数 $0.54\sim4.35m^3/(d\cdot m\cdot MPa)$，中质油和轻质油比采油指数 $20.04\sim21.34m^3/(d\cdot m\cdot MPa)$。西江 30-2 油田稠油油藏的地下原油黏度 15.6~16.6mPa·s，原油密度 $0.92\sim0.95g/cm^3$，比采油指数 $3.96\sim5.10m^3/(d\cdot m\cdot MPa)$。因此，其生产特征与稀油油藏截然不同，产能相对较低，含水上升快，产量递减快，开发效果极差，采用常规井开采效果均不理想。在开发方案设计阶段，限于当时的技术条件，这些储量基本上未计划动用。

随着水平井开发技术的进步，从2004年起，逐步尝试采用水平井来开采这些稠油油层，使相当一部分储量得到动用，取得了较好的增产挖潜效果，并为稠油油藏进一步的动用积累了经验。针对稠油油层，至2010年底已钻10口水平井，累计初始增产2572m^3/d，累计产油181.3×10^4m^3，合计动用地质储量928×10^4m^3（表4-19）。

表4-19 珠江口盆地海相砂岩稠油油藏水平井开发统计

油田	井号	水平段长（m）	投产日期	初始产量（m^3/d）	累计产油（10^4m^3）	动用地质储量（10^4m^3）
番禺4-2	PY4-2-A14H	606	2004.6.19	150	53.0	631
	PY4-2-A15H	650	2004.10.3	279	23.0	
	PY4-2-A15ST1	555	2009.4.22	350	12.0	
	PY4-2-A16H	438	2005.7.17	251	25.0	
	PY4-2-A18H	513	2006.8.25	253	10.0	
	PY4-2-A19H	566	2005.8.30	261	19.0	
	PY4-2-A19ST1	593	2009.12.12	311	10.0	
番禺5-1	PY5-1-A16H	579	2006.2.1	318	22.0	91
西江30-2	XJ30-2-B2ST3	226	2005.3.16	213	4.8	206
	J30-2-B7ST1	233	2002.11.18	187	2.5	
合　计				2572	181.3	928

4.2.2.3.1.4　阶梯式水平井在开发中的应用

从单个井眼中钻多个水平井眼能够提高油田采收率和最大限度降低开发费用，这一技术在西江油田群获得了成功。最近，在陆丰13-1等油田上又有新的创新，即把钻多底井技术发展成为用于钻阶梯水平井的技术，取得了很好的开发效果。陆丰13-1油田处于特高含水阶段，深挖对象为低渗透层带和低渗透区的剩余油。鉴于陆丰13-1油田2500层油藏数值模拟研究分析，该油藏上部低渗透层SL1—SL5小层有一定储量规模，超过159×10^4m^3。为了保证该井具有一定的产能和经济效益，利用高含水老井21H井，采用侧钻完成阶梯式多底井眼LF13-1-21H1（图4-24），低渗透层SL3和相对高渗透层SL5各钻350m水平段，最终水平段长700m。该井2006年6月24日投产，产量由侧钻前的47.9m^3/d上升到269.0m^3/d，含水率从96%降为零。生产至12月底，产油量下降为161m^3/d，含水逐步上升到20.3%。随着生产时间的增长，该井2007年底的产油量为158m^3/d，仍保持2006年底的日产油量水平，含水率上升到25.3%，一年含水只上升了5%，累计产油量9.23×10^4m^3。由此可见，利用老井侧钻阶梯式多底井的手段，提高了油田储量动用程度，增加了油井的产油量。

4.2.2.3.2　大位移井在卫星油田开发中的应用

在珠江口盆地，大位移井主要用于开发动用卫星油田和主力油田的周边含油构造。这些小油田储量规模小，本身无独立开发价值，但由于距主力油田及其设施比较近，可以采用大位移井来进行开发，使其地质储量得以动用。

在珠江口盆地，XJ24-3-A14井是第一口大位移井（1996年6月10日投产）。当时，

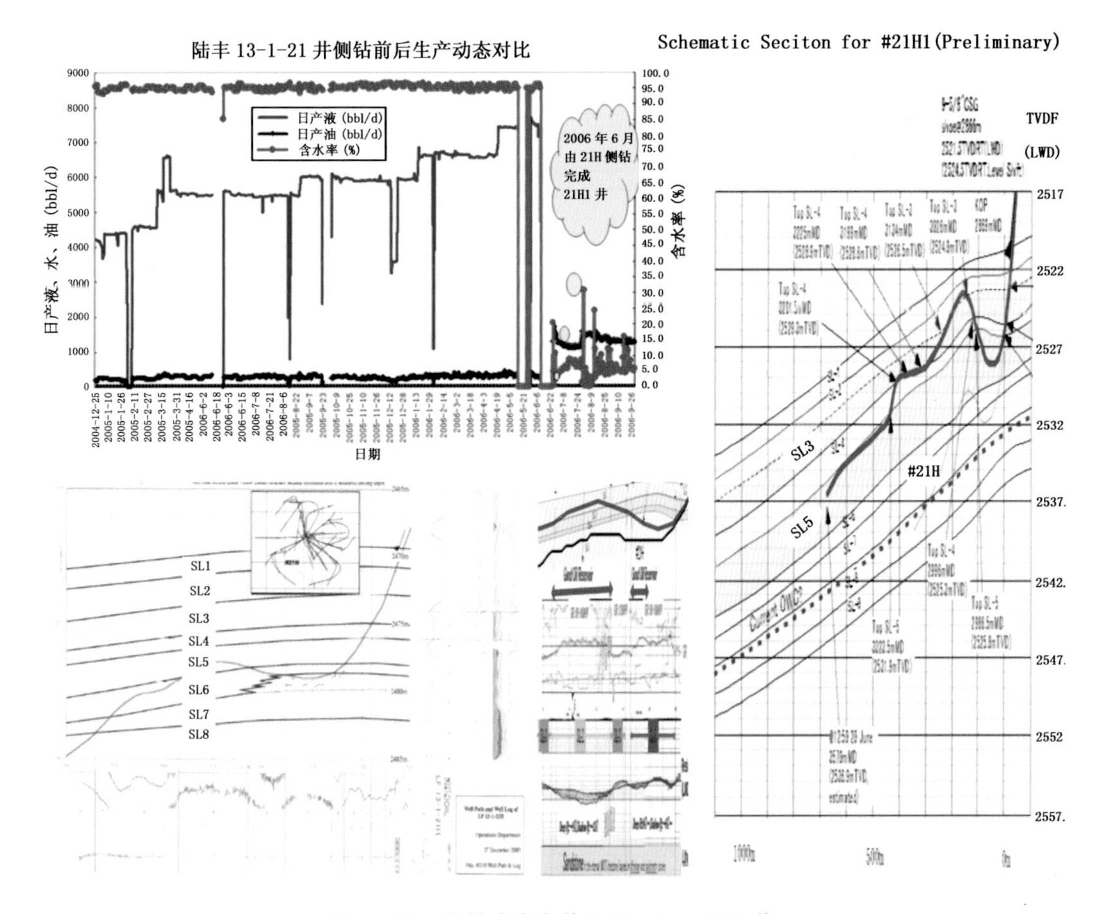

图4-24　阶梯式多底井 LF13-1-21H1 井

设计用该井开采动用西江 24-1 构造。随着地质认识的不断深入，发现该油田潜力巨大，又陆续利用剩余井槽钻了6口大位移井，对老井眼开窗侧钻了10口大位移井。截至2010年12月31日，在南海海域总计投产了24口大位移延伸井（不计用于评价目的的领眼井），使4个海相砂岩卫星油田得以开发，合计动用地质储量 $1939\times10^4m^3$，累计采油 $945\times10^4m^3$（表4-20）。

（1）大位移井的定义。

大位移井是大位移延伸井的简称，英文名为 ERW（Extended Reach Well）。

新编《海洋钻井手册》规定：以泥线为基线，水平位移与垂直深度之比大于或者等于2且测量深度大于3000m，称为海洋大位移井；以泥线为基线，水平位移与垂直深度之比大丁或者等于3且测量深度大于3000m，称为海洋高水垂比大位移井。

（2）大位移井技术的特点和难点。

大位移井与其他类型井不同，存在如下一些明显的特点和难点：扭距大、存在轴向摩擦阻力、可能发生管柱弯曲、井眼清洁困难、循环当量钻井液密度的控制在大位移井十分关键、需要更高的仪器测量精度、测井质量受影响、井壁不稳定、套管磨损严重、钻机能力要求高、井控难度大。

表 4－20　珠江口盆地海相砂岩大位移井应用统计

油田	井号	测量深度（m）	转盘面水垂比	开采层数	动用储量（10^4m^3）	累计采油（10^4m^3）
西江 24－1	A14REW	9238	2.701	10	739	144
	A17REW	8686	2.657	6		99
	A18REW	8610	2.654	10		45
	A20REW	8987	2.745	14		47
	A22REW	9189	2.821	15		43
	A23REW	9109	2.819	15		107
	A18ST01_ REW	8635	3.046	1		34
	A24REW	8519	2.617	7		32
	A14ST01_ REW	9048	2.776	6		34
	A20ST01_ REW	8949	2.769	9		37
	A1AST01_ REW	8551	2.613	7		34
	A22ST01_ REW	9292	2.867	7		16
	A17ST01_ REW	8998	2.787	1		19
	A24ST01_ REW	8671	2.566	6		11
	A14ST02_ REW	8836	2.700	7		24
	A22ST02_ REW	8828	2.774	6		13
	A24ST02_ REW	8808	2.693	6		5
惠州 19－1	HZ19－2－7	5588	0.895	8	232	19
惠州 25－4	HZ25－4－4	7758	2.549	1	721	37
	HZ25－4－2	7905	3.204	1		41
	HZ25－4－5	8036	2.683	1		11
	HZ25－4－3	7111	1.442	2		13
	HZ25－4－6	7993	2.485	1		6
番禺 11－6	PY11－6－A01H	6525	2.411	1	247	74
合计					1939	945

（3）大位移延伸井的钻前技术准备。

大位移井由于大角度长稳斜段和超长水平位移的特点，导致井眼清洁困难、摩擦阻力扭矩大，进而影响钻进及套管下入。一旦发生复杂情况，较普通井处理难，经济损失也高很多。因此钻一口大位移井，不论在作业施工或前期准备都要高度重视，尤其钻前技术准备要充分，包括前期地质调查研究、技术方案论证、设备配置升级等。

在决定钻大位移井前，必须对大位移延伸井进行充分的准备工作和科学论证。收集周边井的详细资料，与预钻井资料进行分析对比，是钻井预设计和可行性研究的重要依据。可行性研究从技术、钻井设备、经济评价进行分析，主要内容为：岩石力学与井壁稳定性研究，基于钻完井预先设计进行的扭距与摩擦阻力计算、水力计算，钻机设备满足程度分析，基于钻完井预先设计的施工时间预算和费用预算。

针对不同的井要进行具体的风险分析，并制定预防预案及备用方案，尽量在前期设计准备阶段考虑周详。后勤支持与应急计划也应做风险分析，任何钻井作业都离不开后勤支持和应急计划。根据海上大位移井特点，风险分析的内容包括但不限于以下几点：第一，三用工作船和直升机配置和协调研究，三用船特别要求配备储运油基钻井液液舱与配套安全措施及处理溢油分散能力；第二，制定台风应急撤离计划及措施，包括停工期间井下复杂情况预防；第三，卡钻处理与调整井眼的侧钻计划；第四，钻遇浅层气应急计划；第五，井控应急计划；第六，使用油基钻井液或合成基油基钻井液，以利于环保。

（4）南海东部海域大位移延伸井创造的记录。

1997 年，XJ24－3－A14 大位移井共创下了三项世界记录和两项世界第二。

①创造全井水平位移 8062.7m 的世界纪录。原 BP 公司 1995 年在 WYTCH FARM 1M－05SP 创造的纪录为 8035m。

②创造了 12.25in 裸眼井段最长 5032m 的世界纪录。

③世 MWD/LWD 实时传输接收信号深度创 9106m 的最深世界纪录；

④9238m 的完钻井深在大位移延伸井中列居世界第二位。第一位是北海 30/6－C－26 井，该井完钻井深为 9327m。

⑤9⅝in 套管下深为 6752m，列居世界第二位；第一位是 E. R. BACLEN NO. 1 的 9⅝in 套管下深 7132m。

4.2.2.3.3　多底井在油田开发中的应用

多底井功能要求是多底井成功的一个关键因素，不同等级的多底井，在机械进入、叉口部位机械完整性、叉口部位压力完整性、叉口部位防砂性能、叉口部位建造难易程度，以及作业风险等方面有不同的功能要求。

水平井和大角度斜井已广泛用于南海东部油田开发之中。最近又发展到从单个井眼在不同层位中钻多个水平井可以提高储量动用程度，增加油井产油量，提高油田采收率，进而最大限度降低开发费用。这一技术已成功应用于西江油田群，并取得了良好的开发效果。例如，西江 30－2－B22 井为一口多底井，2001 年 10 月 28 日投产，开采层位为 HB 和 H1B，初产油量 $1053m^3/d$，含水率 12%。2004 年 5 月关井，日产油 $138m^3/d$，含水率 96%，累计原油产量 $33.24\times10^4m^3$（图 4－25）。

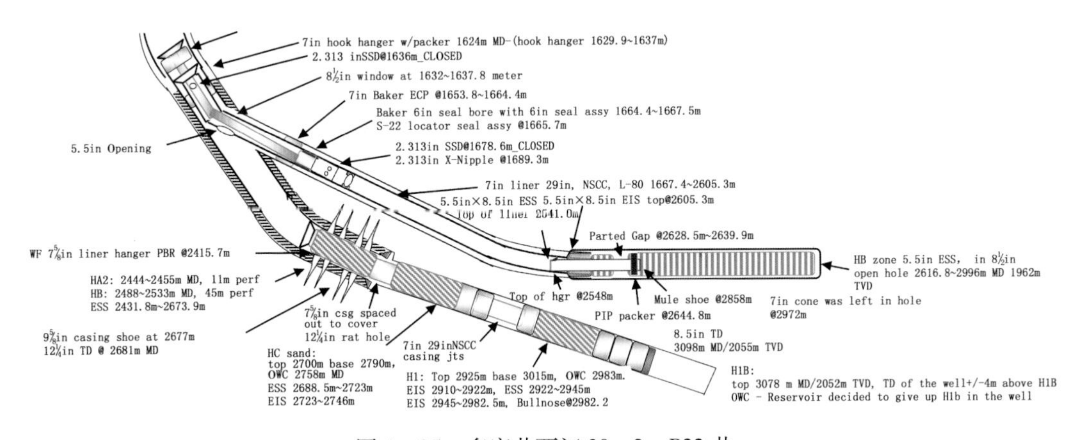

图 4－25　多底井西江 30－2－B22 井

其主要方式为：保持原有井眼的多底井侧钻、废弃老井眼的多底井侧钻，以及采用新井槽的多底井钻井。采用多底井技术主要基于下列考虑：

（1）井槽数不足，大大限制了油田进一步的开发和挖潜。钻多底井可以节省井槽，提高井槽利用率，并且弱化井眼防碰问题。

（2）原有井眼尚有较高的产量，不宜废弃，后期可以打开和新井眼一起合采。

（3）在不增加井槽数和平台结构负荷的情况下，抑制产量递减甚至提升油田的产量，实现稳产。

（4）开发产能低的差油层，提高其产能和采收率。

4.2.3 老油田延寿挖潜措施（重叠布锚侧钻技术）

2003年，陆丰22－1油田FPSO睦宁号租赁合同将要结束。油田工作者根据多年的动态分析资料认为，该油田仍具有开采价值，决定利用高含水井、老井眼开窗侧钻调整井。油田的原设计为：当油田到开采后期，含水率达95%以上，日产油量低于550m^{3}时即弃置。未考虑修井、钻调整井等需要平台复位的作业。

该水域水下情况异常复杂，水深330m，海底有水下采油树、生产管汇。离井口100m以外的地方有单点系泊系统，该系统有6根系泊缆和系泊锚，每根系泊缆上又有浮筒。按常规办法，进行平台复位不可行。经分析研究，决定采用重叠布锚方案可以实现该目的。重叠布锚有两种方式：第一种，半潜式平台的锚泊系统布置在单点系泊系统以下；第二种，半潜式平台的锚泊系统布置在单点系泊系统以上。考虑可操作性、工作量、风险的大小等因素，最后选用第二种方案，即采用钻井平台的锚泊系统将油田水下设施盖过的办法。为了减小风险，与系泊锚缆交叉的平台锚链在可能交叉处加抛浮筒，以便上提锚缆的高度，增加与系泊锚缆的距离。平台锚链在防碰点附近插接800m长纤维缆或钢缆。由于作业复杂、风险大、受季风影响等因素，选用四条大马力的工作船进行布锚作业。作业由南海五号平台进行。

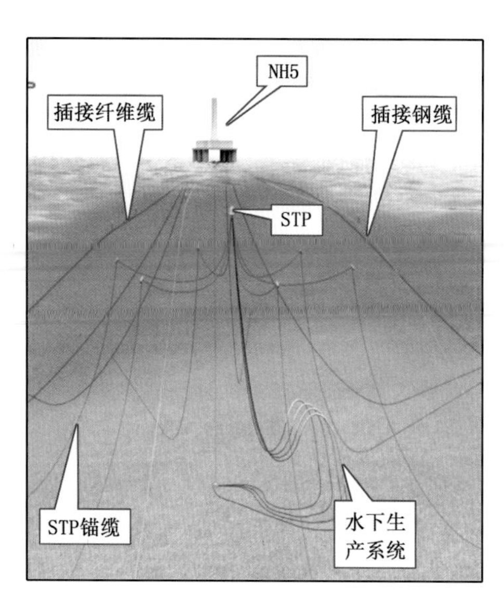

图4－26　重叠布锚示意图

重叠布锚作业从2004年11月3日开始，12日结束，共用109.5h。除因拖轮与平台配合掌握不好，导致1#锚机马达轴断、锚链坠海，以及SILVER船上的900m钢缆琵琶头被压坏外，较为顺利和安全地完成了整个重叠布锚作业。该锚泊方式和作业方案在我国海上抛锚作业还是第一次，在世界海洋石油作业中也是罕见的。其作业难度之大、风险之高，在世界范围内也是不多见的。该方案的成功应用，是实现整个调整井项目、延长油田寿命的前提（图4－26）。

重叠布锚的成功实施，使得侧钻作业得以顺利开展。侧钻作业完成后，油田于2005年6月25日复产，一直生产到2009年6月5日，使油田寿命延长1456天（图4－27）。期间累计采油146.0×10^{4}m^3（侧钻前累计采油527.3×10^{4}m^3，废弃时累计采油673.0×10^{4}m^3），

比油田设计的经济采收率提高 9.3%（侧钻前采出程度 26.86%，废弃时采收率 34.30%）。

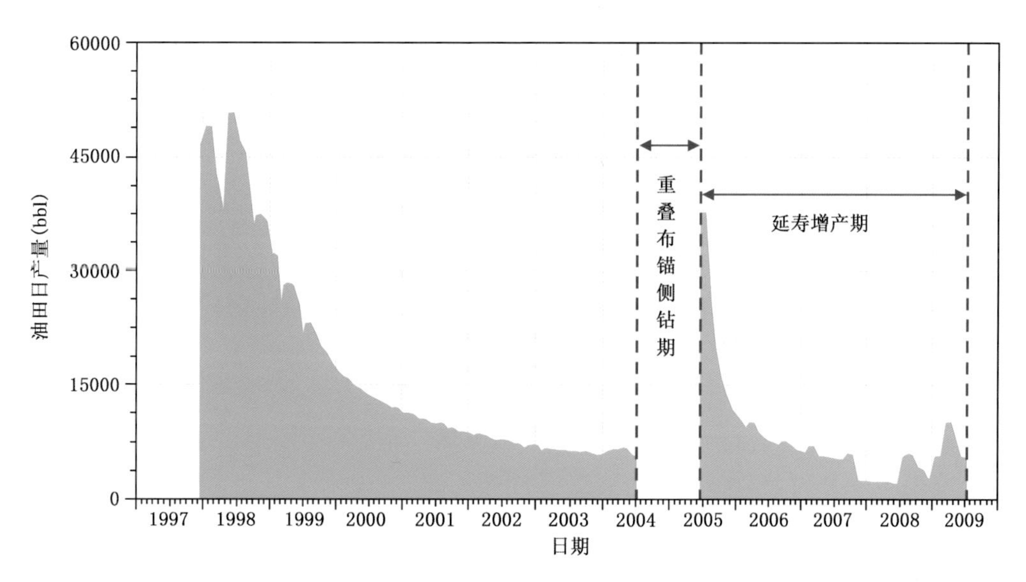

图 4－27　陆丰 22－1 油田延寿挖潜效果图

4.2.4　采油工艺技术

4.2.4.1　新型油流举升技术

4.2.4.1.1　单管多级可调产气举技术

惠州 21－1 油田和惠州 26－1 油田采用人工举升为主的开采方式，充分利用惠州 21－1 油田的气层储量，实施气举开采。该项技术采用调节气举阀开启压力、关闭压力及注气孔尺寸大小来调整注气点深度与注气量大小，从而实现调节产量的目的（图 4－28）。

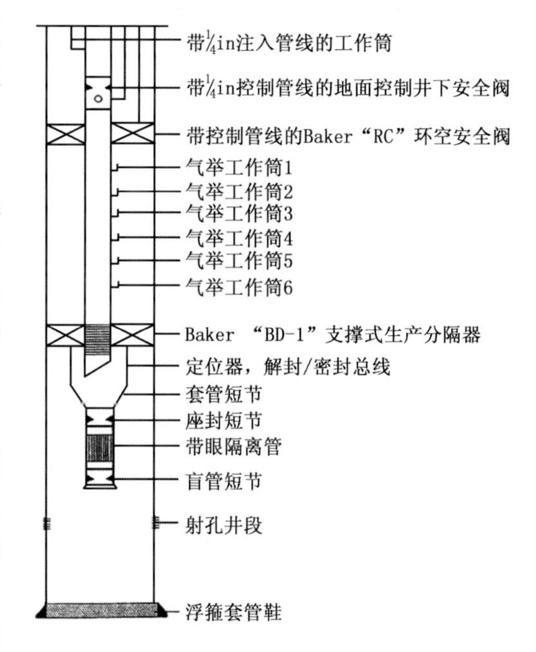

图 4－28　惠州 21－1 油田油井生产管柱图

4.2.4.1.2　水下井口电动增压泵

在世界属首次使用，其目的是为了避免像其他采用人工举升时井上故障而必须提升生产管柱的作业。水下增压泵安装在水下采油树的旁边，增压泵的修理、更换由多功能水下机器人来完成。

4.2.4.1.3　大排量电潜泵

它具有排液量大、井口压力较高、地面设备简单、占地面积小等优点，因而是海上油田人工举升的主要方式。随着油田含水率升高，增大排液量逐渐成为减缓产量递减，改善开发效果的另一个基本措施。目前，我国海上砂岩油田成功而广泛使用电潜泵，这种电潜泵最大排液量达3500m^3/d。开发实践和数模研究证实，增大排液量也是我国海上砂岩油田提高采收率的主要措施之一。

4.2.4.2 Y型接头技术

Y型接头技术使电潜泵生产管理达到既能大排量多级遥控生产，又能进行过油管井下作业等的要求。

4.2.4.3 滑套工艺技术和换层开采

西江24－3油田和西江30－2油田在合采井含水上升快时，通过生产测井得知层间干扰严重，于是选取部分井利用滑套技术卡堵出水层位，打开含水率低的油层，实现轮换开采，减轻层间干扰，从而达到稳油控水的目的。

4.2.4.4 先进的深水采油工艺技术

对于水深300m以上的油田，为了节省开发投资，规避投资风险，已从常规的平台采油技术发展到深水采油工艺。深水采油技术建立在海洋石油工程中深水采油系统上，这些深水采油系统先后在珠江口盆地海相砂岩油田中的陆丰22－1油田、惠州32－5油田和惠州26－1N构造的开发中进行了应用，其关键技术有以下四个方面。

4.2.4.4.1 折叠式钻井底盘和永久导向底盘

为减少安装尺寸和安装成本，陆丰22－1油田采用了由5口井组成的折叠式组合钻井底盘（图4－29）。这种折叠式组合钻井底盘主要由中心结构部分、中心桩、转向臂、钻井基盘和安装导向桩等组成。在钻井平台上安装折叠式组合钻井底盘前，5口井的钻井基盘都在中心结构部分上处于直立状态，安装尺寸较小（7m×5.5m），这样就能顺利通过钻井平台月亮池进行安装。当这些钻井底盘下入海底就位后，通过转向臂及其锁止释放装置和水下机器人（ROV）的协助，钻井底盘可由直立状态恢复到水平状态，整个组合钻井底盘的尺寸延伸至约14m×11.5m。这种折叠式组合钻井底盘大大减少了钻井基盘的安装次数和时间，极大地节约了钻井成本。

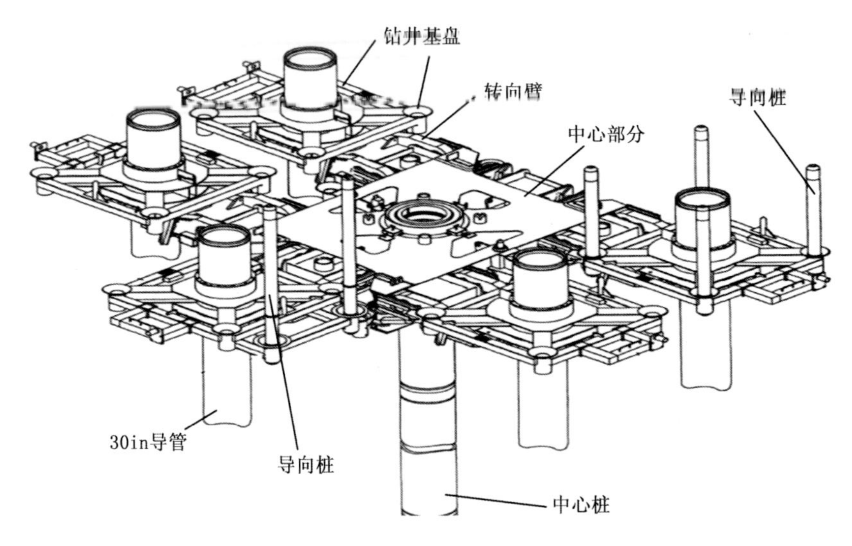

图4－29　折叠式组合钻井底盘示意图

4.2.4.4.2 海底生产管线垂直重力接头

为保证水下生产系统的顺利安装和生产，采用垂直重力式管线连接器（如图4-30、图4-31）。这种连接器通过导向装置就位后，通过锁紧/解锁装置进行管线的连接和断开，从而达到水下安装和生产的目的。

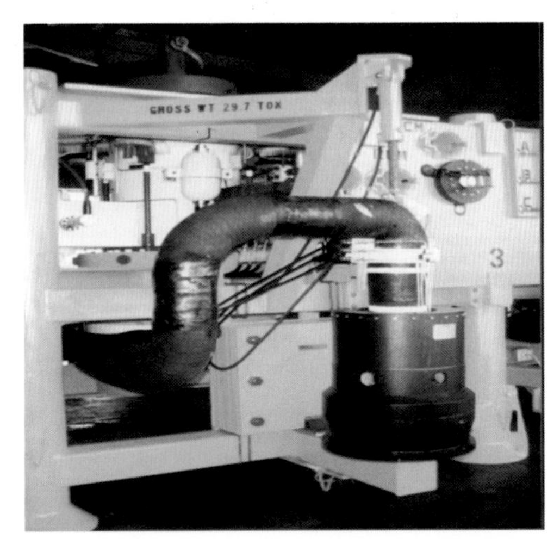

图4-30 陆丰22-1油田采油树管线连接器

图4-31 流花11-1油田长跨接管线连接器

4.2.4.4.3 人工举升泥线增压泵

陆丰22-1油田在世界上首次使用的水下泥线增压泵（Multiphase subsea electrical booster pumps），是一个与卧式采油树类似的双定位组块，是采油工艺中最关键的一个环节。双定位的含义是湿式电接头，液压接头和信号控制接头终端与泥线增压泵同时安装定位。泵体下部主要包括吸入环空和外输环空，采油树的井液被吸入环空内经过泵体三级增压后，顺着外输环空输送到水下管汇（图4-32）。该泵不需要大型井下作业，检泵只需要在FPSO上用钢丝系统作业完成。

泥线增压泵用于将井口流出的原油在海底增压后通过海底管汇和生产管线到FPSO油轮进行加工处理。这种泵的应用代替了井下电潜泵从而减少了安装和井下作业成本，使油田的正常运行和维护成本大大降低。

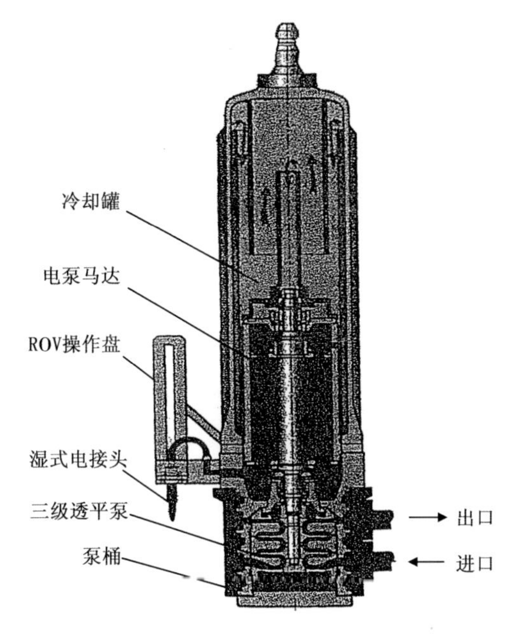

图4-32 泥线增压泵

图4-33为陆丰22-1油田使用的泥线增压泵安装在单井采油树上的简图和增压泵工作简图。

泥线增压泵的动力主要由FPSO油轮通过水下动力电缆提供，其主要工作参数有：

（1）排量130m^3/h；

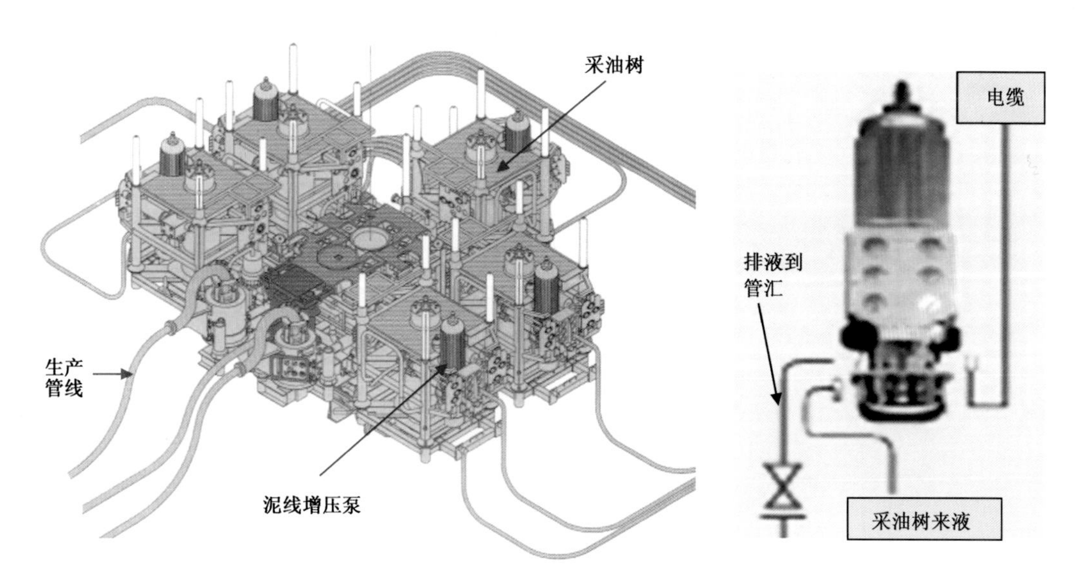

图4－33　单井采油树和增压泵工作简图

（2）排出压力35bar；

（3）泵转速3000rpm；

（4）电机功率400kW。

这种增压泵操作简单实用，运行平稳可靠，为陆丰22－1油田连续12年稳产高产做出了巨大贡献。

4.2.4.4.4　水下设备控制系统

陆丰22－1油田采用电/液控制缆自动控制水下井口生产系统。电/液控制缆的发明弥补了纯液压缆在长度上的限制，它自动控制电信号从水面上通过电/液控制缆传到水下井口上的水下控制模块（SCMs），SCMs中的单板机驱动模块的高压蓄能器开启或关闭指定的阀组。SCMs消耗的液压油、柴油、化学药剂等，由电/液控制缆中的液压管不间断地自动补充，自动功能是由电磁阀来完成的。

整个水下生产系统都由FPSO通过控制管束用电动液压控制系统进行控制。增压泵用电力驱动，由FPSO通过电力管束提供电力。水下系统用ROV进行维修作业。

4.3　开发模式和管理模式创新

4.3.1　海上油田开发模式创新

珠江口盆地油田发现的时间先后不一，储量规模和生产规模大小不一，分布相对零散。海域地理条件十分恶劣，油田所在海域水深相对较深（10～330m），台风多，水流和浪涌情况复杂。这大大增加了海洋工程设施的设计要求和开发投资，致使许多油田经济效益边际或无独立开发经济效益。

二十年来，通过不断的调查研究和探索实践，中海石油按照高速开采、快速回收投资的开发策略，在珠江口盆地海相砂岩油田开发中创造了多种基于不同海洋工程模式的的开发模式。主要包括大中型油田独立开发模式、油田群联合开发模式和小型油田依托开发模式。

4.3.1.1 大中型油田独立开发模式

在珠江口盆地，陆丰13－1油田和西江23－1油田采取这种开发模式，分别动用地质储量$2028\times10^4m^3$和$2189\times10^4m^3$，截至2010年底累计采油$1663\times10^4m^3$。

4.3.1.2 油田群联合开发

南海东部已发现的油田在地理位置上具有按区域分布相对集中的特点，储量规模一般属于中小油田，原油性质比较接近。出于经济上的考虑，将油田之间距离较近的几个油田采用一套生产储油装置进行联合开发。

目前，在珠江口盆地采用这种开发模式的油田群包括惠州油田群（惠州21－1油田、惠州26－1油田和惠州19－2油田）、西江油田群（西江24－3油田、西江30－2油田）和番禺油田群（番禺4－2油田、番禺5－1油田群），累计动用地质储量近$2.94\times10^8m^3$，已生产原油约$1.12\times10^8m^3$（截至2010年底）。

4.3.1.3 小型油田依托开发

这种开发模式通俗地称之为“以大带小”型开发模式，指一个或几个小型油田（其地质储量一般不超过$1000\times10^4m^3$），依托一个周边大油田的设施来联合开发动用。

截至2010年底，在珠江口盆地，采用这种开发模式的油田共有10个，合计动用地质储量$11797\times10^4m^3$，累计采油$5158\times10^4m^3$（表4－21）。

表4－21 小型油田依托开发统计表

油田	井数	累计产油（$\times10^4m^3$）	地质储量（$\times10^4m^3$）	开发模式
惠州32－2	11	604	1267	井口平台
惠州32－3	14	2256	3574	
惠州32－5	3	553	1189	水下井口开采
惠州26－1N	1	113	252	
惠州19－3	9	173	594	井口平台
惠州19－1	1	19	232	通过惠州19－2平台钻大位移井开发
惠州25－4	5	95	721	
西江24－1	7	744	1990	通过西江24－3平台钻大位移井开发
陆丰13－2	3	527	1731	井口平台
番禺11－6	1	74	247	通过番禺5－1平台钻大位移井开发
合计	55	5158	11797	

4.3.2 海上油田开发管理模式创新

中方在对外合作过程中，经历了从参与作业—联合作业—顶替外方成为作业者—独立担任作业者的过程，并形成了多种形式的合作和自营油气田开发的管理模式。

4.3.2.1 西江油田群的开发管理模式（外方担任作业者）

该模式的特点是：在对外合作油田的日常生产和作业者机构中，外国石油公司担任作业者，具体负责对油田作业的组织与实施，中方只处于学习和协助的地位。如西江油田群作业者为菲利普斯中国有限公司（图4－34）。

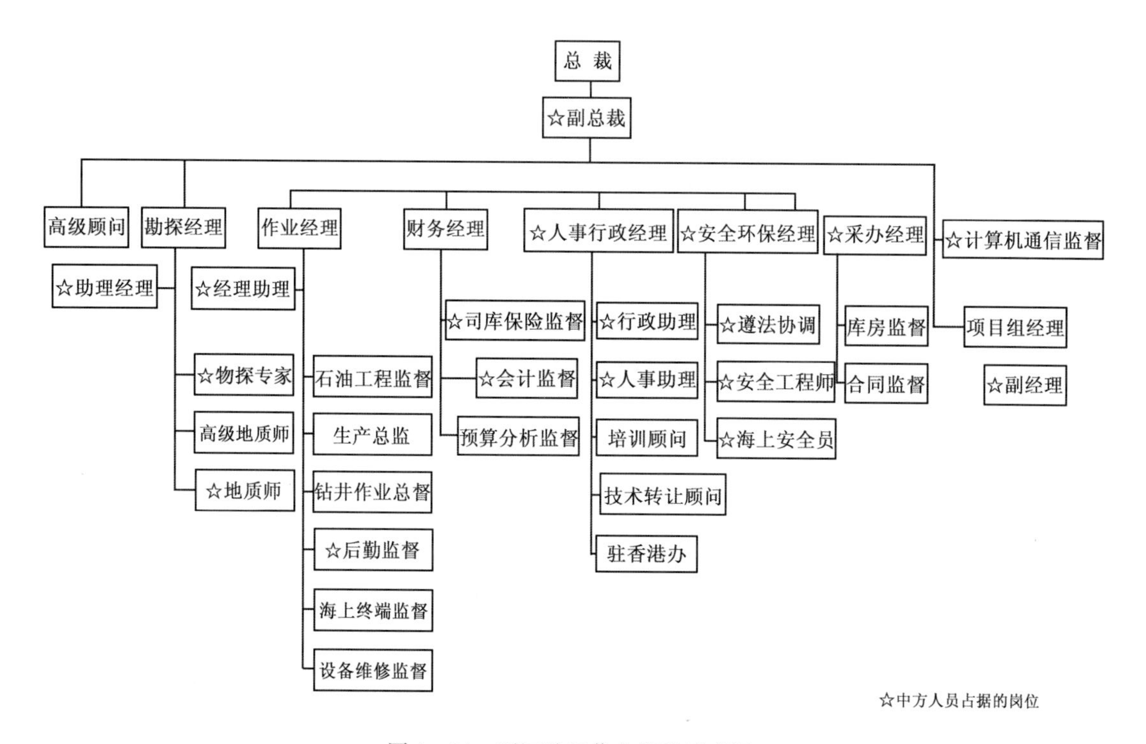

图4－34 西江油田作业机构示意图

4.3.2.2 由外国石油公司与中方共同组成联合作业者集团的开发模式

随着对外合作的不断深入，中方人员在联合管理中不断学习和锻炼，整体素质有很大的提高。因此，中方在合作油田管理中成为联合作业成员之一，与外国作业者一道组成作业者集团。中方人员可按照约定的时间成为联合作业机构的总经理或者副总经理，联合机构中的作业部、安全环保部、财务部、人事部、行政管理部，以及海上总监、钻井、油轮等各部门负责人按一定比例由中方担任。如惠州油田群初期由外国三家公司组成ACT作业者集团，随着中方地位和作用的提高，1996年1月，中方参加了作业者集团，组成了CACT联合作业集团（图4－35）。

实施联合作业后，与联合管理委员会管理形式相比有以下特点：

（1）中方作为作业者的一员，参与决策的程度有了很大提高。

（2）国家公司在联合作业中确实是作业者、决策者之一。

（3）联合作业采用了协商一致、一票否决的决策方式，避免了以外方意见主导作业的局面。

（4）作业机构作为一个为投资者的共同利益而进行作业的实施机构，避免了以某一方为主可能引起的偏颇。

（5）大量中方人员（占90%以上）参与作业机构CACT－OG的工作，机构的任何一项建议，中方人员都有发表意见的机会。加上集团作业委员会GOC中中方代表的参与决策，中方可以有充分机会表达和贯彻自己的意图。

（6）采用总裁和主要部门负责人轮流的形式，能有效地“吸取”四家的技术长处，用以开发边际小油田和支持老油田挖潜以及扩大勘探工作，也使新到任者有“干一番事业的机会”，在作业中，易于获得较多技术支持。

（7）三家母公司都认识到自己是惠州油田群的业主，都对作业机构 CACT - OG 的作业给予技术、资源和经验上的大力支持，弥补了只以一家当作业者在某个方面的不足。协商一致的决策机制对各母公司的积极参与起到促进的作用，保证每个关键问题的决策都经过母公司的慎重推敲，从而使绝大多数问题都得到正确的决策。

2003 年 10 月，中方人员又成功地永久接替了 CACT - OG 的总裁。

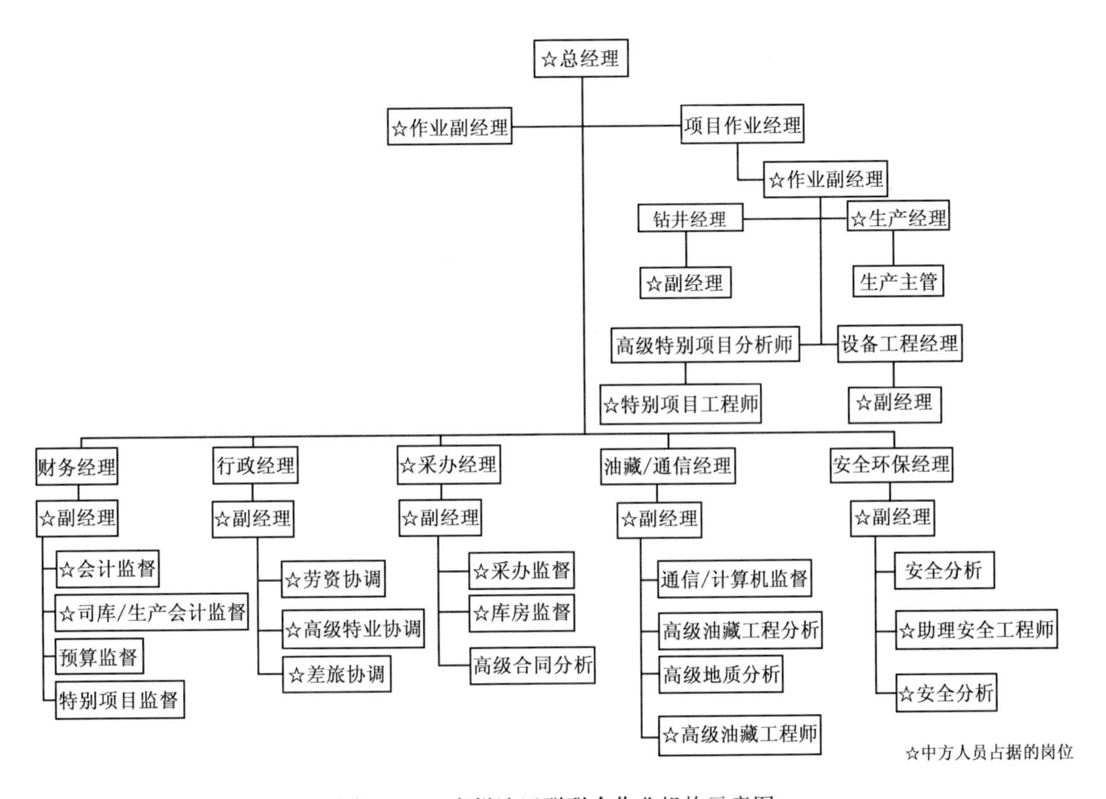

图 4 - 35　惠州油田群联合作业机构示意图

4.3.2.3　中方全面接替外国作业者的开发管理模式

这种管理模式，不仅可以降低成本，提高经济效益，同时也是为了尽快培养出合格的从事海上石油作业的技术人员和管理人员，实现中方人员早日全面地接替外国作业者。陆丰 13 - 1 油田是一个边际油田，开始由日方 JHN 担任作业者，按照中国海油与日方签订石油合同至 2009 年 2 月 22 日合同期结束。为了早日实现接替，事先做了大量的准备工作。如抓紧岗前的培训和平台滚动培训，有计划地培训候补顶替人员，成熟一个，顶替一个；在重要岗位接替中按照循序渐进、快中求稳的原则，周密计划，精心安排。在中方人员的努力下，1995 年 12 月，该油田海上生产平台上的最后 4 名日方生产管理人按计划撤离，中方人员正式接替该油田的操作和管理权。这是我国南海东部海域第一个完全由中国人管理和操作的平台（图 4 - 36）。

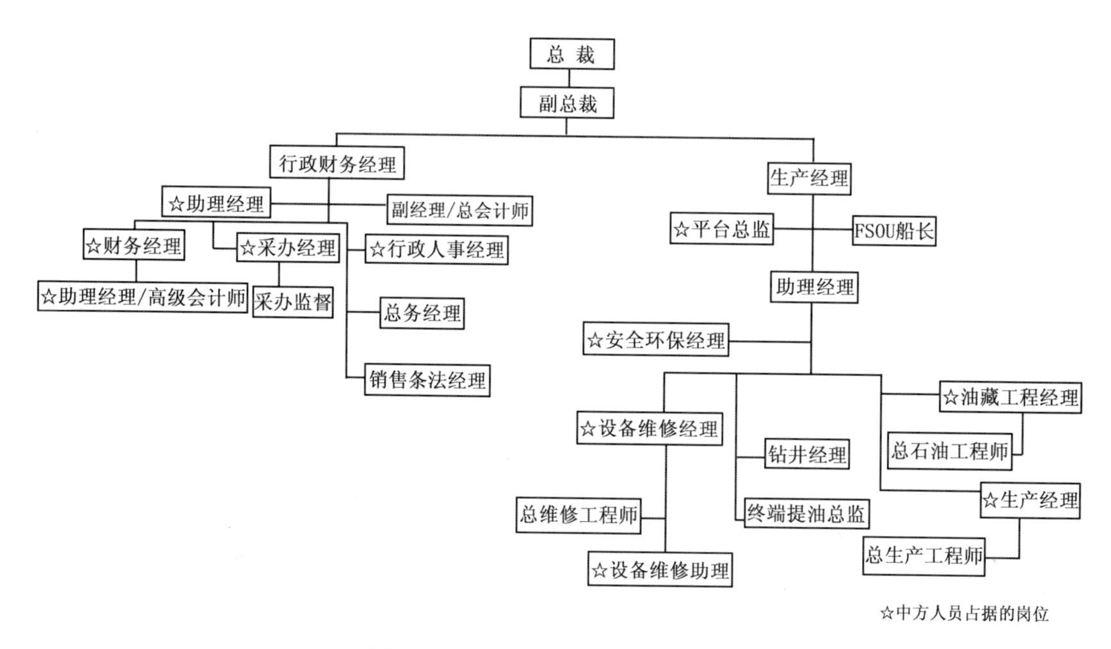

图4－36　陆丰油田作业机构示意图

2009年2月23日，因合同到期，陆丰13－1油田由中日合作转为完全由中方自营。随后，在平台上还推行“5S”管理，即整理（SEIRI）、整顿（SEITON）、清扫（SEISO）、清洁（SEIKETU）、素养（SHITUKE）。它是改善工作环境、提升士气、减少浪费、提高效率和提高品质的基础工作。

15/34合同区的番禺4－2油田和番禺5－1油田于2003年10月投产后，生产经营形式相当喜人。2004年底前，中方根据对油田回收完开发费用时间的预测和石油合同的有关规定，将中方准备接收番禺4－2油田和番禺5－1油田生产作业权的意向书通知丹文能源中国有限公司。

丹文能源中国有限公司作为当时油田生产的作业者，根据石油合同的有关规定开始了生产作业移交计划的准备工作；中方也同时启动了为接替油田生产作业所需的人员、组织、各种工作程序及有关法规的准备工作。2006年1月1日，外方正式移交作业权，从此，中方正式成为该油田的作业者。

4.3.2.4　油田开发全自营的管理模式

2003年，中海石油通过资产购并获得了流花11－1油田全部权益，成为了流花11－1油田的作业者。从2001年开始，通过自营作业，发现了番禺30－1和番禺34－1气田，评价证实了陆丰13－2油田、西江23－1油田和番禺30－1气田的商业开采价值，并相继将它们投入开发。2005年，陆丰13－2油田正式投产，番禺30－1气田的陆上终端工程投产。

曾几何时，一个中方人员要进入合作机构赢得一个岗位是何其之难。二十年后的今天，中国人已担任了中外双方联合作业集团的总裁、中方已成为中外双方合作油田的作业者，成功地以作业者的身份独立组织并实践了海上油气勘探、油气田商业价值的评价、油田开发方案的制定、油田开发作业的实施和油田生产操作、管理的全部作业过程。它有力地向世人证明：深圳分公司既是中海石油政策的坚定执行者，又是国际油公司的诚实合作者，还是优秀的油田作业者。

第5章　高速开采动态特征

南海珠江口盆地砂岩油田采用高速开发的策略进行开采。在这种情况下，油藏开发动态特征与陆上小压差密集井网开发存在差别。从单井、油藏和油田的动态特征表现出与国内砂岩油藏开发认识相通又不尽相同的规律，因此，需根据海上油田开发实际总结高速开发的动态特征。通过对生产特点、开发动态的分析，研究油田高速高效开采各个阶段动态特征及其变化规律，分析总结油田开发各阶段相应的有效措施，达到不断完善和调整开发设计，充分发挥油田的生产能力，最终提高油田开发效果的目的。

5.1　油田开发各阶段划分和生产特点

通过对珠江口盆地海上砂岩油田开发阶段的划分，分析总结各种影响因素在不同阶段对油田开发效果的作用，研究油田各时期产油量、产液量和含水率的变化规律。通过总结不同开发阶段的特点和相应的有效改善开发效果的调整措施，可以为今后新油田的开发设计提供依据。

5.1.1　开发阶段划分

5.1.1.1　划分依据

本书所研究的开发层系（油藏）具有不同的地质特征、含油面积、油藏埋深等。由于地质条件、技术条件的多样性，因此，不可能找到具有完全相同动态特征的开发层系。尽管如此，还是有必要研究不同地质特征的开发层系实际动态变化的共同趋势，以便找出它们之间的相互关系。

为了便于研究，本书以油田开发全过程的年采油速度（按可采储量计算）变化态势来划分开发阶段。这种划分方法能比较清楚地反映出高产稳产期的长短、高峰期的采出程度、各个开采期产油量递减情况、产液量和含水变化，以及最终开发效果等。

5.1.1.2　界限确定

根据各油田的采油速度曲线划分不同开发阶段，必须有一个统一的标准来划分它们之间的界限（图5-1）。研究表明，第一阶段与第二阶段之间、第二阶段与第三阶段之间的界限比较容易划出，即采油速度曲线的相应拐点位置。但是，不同的人所划分的界限也不尽相同。一般认为，在达到最高采油速度之前，存在一个产油量缓慢上升的时期，把它作为第一阶段的结尾，而后作为第二阶段的开始。同样，第二阶段与第三阶段的界限，主要是根据年采油速度（年产油量）下降幅度，将采油速度或年产油量与最高峰采油速度或年产油量比较。若下降不超过10%，则还是作为第二阶段；若超过10%，则作为第三阶段开始。第三阶段与第四阶段之间的界限往往很难加以划分，为了找出解决这一问题的简便方法，对所有油田逐年的采油速度曲线进行对比研究，用这些曲线上明显的拐点来划分第三阶段与第四阶段。第四阶段以经济下限来确定其结束点。从图 5 - 1 看出，曲线变平缓即转入开发结束阶段。不同油田其开发年限是不同的，但生产时间长了以后就可以看出，各种不同形态的曲线，它们都具有一个共同的特点，即当采油速度降到一定程度，曲线的平缓段就会出现。

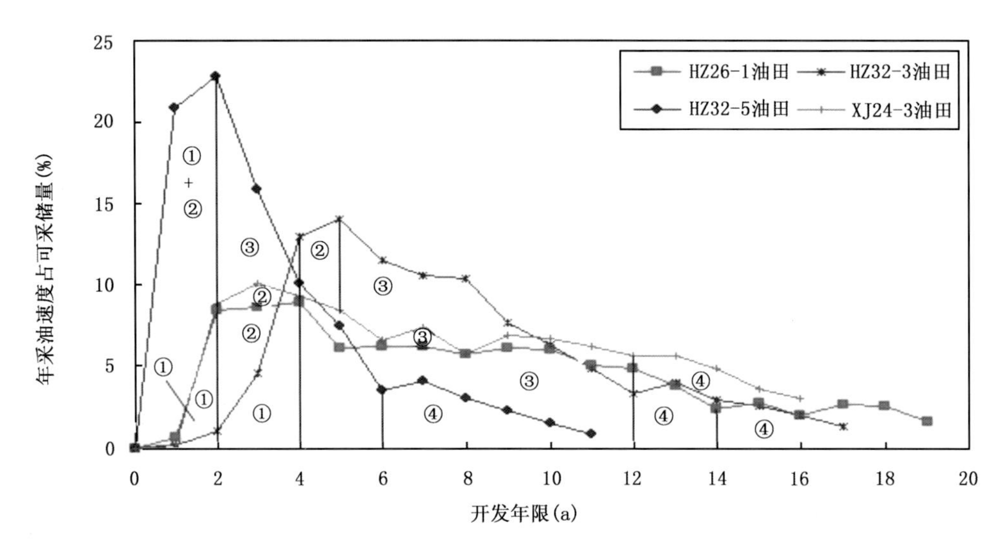

图 5 - 1　典型油田的年采油速度动态曲线图

①—第一阶段；②—第二阶段；③—第三阶段；④—第四阶段

编号	油田	含油面积 (km^2)	地质储量 (10^4m^3)	有效渗透率 (mD)	地下原油黏度 (mPa·s)	油藏平均埋藏深度 (m)
10	HZ26 - 1	15.9	5085	2478	2.19	2178
27	HZ32 - 3	23.6	3574	2703	2.00	2298
34	HZ32 - 5	9.6	1189	706	1.64	2045
42	XJ24 - 3	14.5	3529	13970	5.54	2165

5.1.1.3　划分结果

依据油田（藏）实际年采油速度与开发年限关系曲线，并分析各油田（藏）开发的全过程，将这个过程按采油动态进行阶段的划分。可以看出一般存在两种类型（图 5 - 1）。

第一种类型是整个油田（藏）的开发全过程可以划分为四个阶段，即投产初期的产油量上升阶段、高峰期（高产稳产）阶段、产油量迅速下降阶段和低产缓慢递减阶段。属于这类的油田（藏）一般是地质条件较好的大中型油田（藏）或开发速度控制较适当的中小型油田（藏）。有的油田（藏）地质储量大，有的储层物性好，有的原油黏度较低。

第二种类型是整个油田（藏）的开发过程只有三个阶段，即投产初期的产油量上升阶段、产油量迅速下降阶段和低产缓慢递减阶段。这类油田（藏）的开发没有高峰稳产期。一般中小油田（藏）尤其是小油田（藏）的开发多属这种类型。从其动态特点来看，主要是采油速度过高。因此，即使有些油藏地质条件较好，原油性质也好，但因地质储量有限难以稳产。当全部油井投入开发，年产油量达到高峰后，即开始迅速下降。

5.1.2 各阶段生产特点

第一阶段为投产初期的产油量上升阶段。随着新井不断投产和油田设施的不断完善，产油量逐步上升到开发设计规定的要求。其特点为：（1）油井陆续投入生产，产油量逐步上升，采出可采储量的比例较低，为0.16%（LF22－1油田）到20.86%（HZ32－5油田），平均值为9.6%；（2）在产出液含水量少的情况下，含水率比较低，平均值为13.1%；（3）生产时间较短，为0.1～2.2年，平均为0.94年。

第二阶段为高峰稳产阶段。油田方案设计的开发井全面投产，达到设计的生产能力后，油田开始进入生产高峰时期，即高产稳产阶段。其特点为：（1）采油速度高，最高的为29.3%（LF22－1油田），最低的为8.7%（HZ26－1油田），平均值为15.2%；（2）高峰期末采出可采储量的比例大，最高值为44%（HZ32－5油田），最低值为22.2%（XJ30－2油田），平均为31%；（3）高峰采油期时间短，为1～3年；（4）绝大部分油井采用人工举升采油；（5）油田仅有少量的高含水井需要采取措施；（6）通过油田联合开发延长了油田高峰期，如HZ26－1油田高峰期由1年延长到3年。

第三阶段为油田产量迅速下降阶段。本阶段油田开始进入中高含水期。其特点为：（1）产量递减幅度较大，产量平均递减幅度最大的HZ32－5油田为30.9%，最小的LF13－1油田为2.5%（在该阶段共侧钻水平井12口）；（2）生产时间较长，生产时间最长的HZ21－1油田为10年，最短的HZ32－5油田为3年，平均值为5.2年；（3）油田综合含水都进入中高含水期甚至特高含水期，需要采取多种增产措施，如调整井、侧钻井和提高排液量等，减缓产量递减速度。

第四阶段为低产缓慢递减阶段。其特点：（1）油田整体采油水平低，年平均产油量为$61.19\times10^4\mathrm{m}^3$（10个油田统计结果）；（2）油田含水都进入高含水和特高含水期，含水上升缓慢，平均年含水上升速度为1.6%。

5.2 油井和油藏动态特征

油田投入开发后，其地层压力的变化必然影响到油、气、水在油层中的再分布状况，因而在油井的生产动态上有所反应。通过对生产特点、开发动态的分析，总结油井、油藏在高速高效开采各个阶段动态特征及其变化规律，分析油田开发各阶段相应的有效措施，达到不断完善和调整开发设计，充分发挥油田的生产能力，最终提高油田开发效果的目的。

5.2.1 油井动态特征

在南海珠江口盆地砂岩油田的开发中，限于平台空间和井槽数，高单井产能就成为保证油田开发方案得以实施的有效途径，本书节从单井产能、累计产量和生产压差等方面分析油井动态特征。

5.2.1.1 油井产能高

根据20个砂岩油田163口井投产初期油井产能统计结果，产油量大于$1000\mathrm{m}^3/\mathrm{d}$的有28口井，占总井数的17%，500～$1000\mathrm{m}^3/\mathrm{d}$的有62口井，占总井数的38%。按产油量

500m^3/d 以上统计，油井数达 90 口油井，占总井数的 55%。显示出油井具有较高产能。

西江 30－2 油田按 14 口井分四套层系投入生产。由表 5－1 可以看出，油井产油量高，最高的 B15ST1 井产油量达 2289.8m^3/d，最低的 B6 井自喷生产，产量 591.0m^3/d，有 8 口井产油量在 1000m^3/d 以上。据全油田头两年生产资料统计，1996 年和 1997 年平均单井生产能力分别为 1104.6m^3/d 和 915.9m^3/d，反映出油井产量递减速度较慢，生产能力旺盛。

表 5－1　西江 30－2 油田油井投产初期产量统计表

层系	井号	投产时间	日产量（m^3/d）			含水（%）	备注
			液	油	水		
一	B1	1996.1.1	1630.0	1610.0	20.0	1.2	电潜泵
	B7	1995.10.28	1696.9	1663.6	32.6	1.9	电潜泵
	B8	1996.7.23	1666.0	1570.0	96.0	5.7	电潜泵
	B11	1995.12.13	1890.7	1875.8	14.9	0.8	电潜泵
	B15ST1	1995.12.24	2305.9	2289.8	16.1	0.7	电潜泵
	平均值		1837.8	1801.8	35.9	2.0	—
二	B10	1996.7.18	1411.0	1358.0	53.0	3.7	电潜泵
	B16	1996.6.10	1311.0	1282.0	29.0	2.2	电潜泵
	平均值		1361.0	1320.0	41.0	3.0	—
三	B6	1996.3.9	607.0	591.0	16.0	2.6	自喷
	B12	1996.5.17	831.0	811.0	20.0	2.4	电潜泵
	B13	1996.2.14	781.0	758.0	23.0	2.9	自喷
	平均值		739.6	720.0	19.7	2.7	—
四	B2	1996.7.15	793.0	741.0	52.0	6.5	电潜泵
	B5	1996.5.16	915.8	881.0	34.8	3.8	自喷
	B9	1995.12.28	1658.0	1648.0	10.0	0.6	电潜泵
	B14	1996.6.15	1104.0	994.0	110.0	9.9	电潜泵
	平均值		1117.7	1066.0	51.7	4.6	

5.2.1.2　累计产量大

截至 2010 年底，对累计产油量为 100×10^4m^3 以上的油井进行统计（表 5－2）。统计的 11 个油田总井数 278 口，累计产油 17622.19×10^4m^3，其中有 56 口井[1]累计产油量超百万方，产量总计 8863.37×10^4m^3。累产超百万方油井数占总井数的 20.1%，累计产油量占总产油量的 50.3%。由此可见，1/5 的油井产量却占总产油量的半壁江山，这些高产井在油田高产稳产中起到了骨干作用。因此只有管理好这些高产井，才能保证油田高速开采的实现。

[1] 在 56 口井中有一口井为惠州 32－3 油田的 NE1 井，累计产油量达 342.79×10^4m^3，是目前统计油井中最高的一口井。

表5-2 单井累计产油量百万方以上统计表

油田	井号	累计产油量（10^4m^3）	油田	井号	累计产油量（10^4m^3）
HZ21-1	HZ21-1-13	111.85	LF13-2	LF13-2-A1h	106.79
	HZ21-1-14	105.90		LF13-2-A2h	221.09
	小计	217.75		LF13-2-A3h	198.10
HZ26-1	HZ26-1-4	189.81		小计	525.98
	HZ26-1-5	151.23	LF22-1	LF22-1-6	156.99
	HZ26-1-6	142.98		LF22-1-7	137.58
	HZ26-1-8A	159.89		LF22-1-8	237.49
	HZ26-1-14	109.00		小计	532.06
	HZ26-1-15	136.84	PY5-1	PY5-1-A02H	118.90
	HZ26-1-16A	118.37		PY5-1-A05H	133.92
	HZ26-1-17	154.08		PY5-1-A06H	126.09
	HZ26-1-18	116.73		PY5-1-A08H	125.20
	HZ26-1-20	108.70		PY5-1-A11H	113.02
	HZ26-1-21	110.35		小计	617.13
	HZ26-1-22	166.31	XJ24-3	XJ24-3-A1A	134.50
	HZ26-1N-1A	113.12		XJ24-3-A2	119.49
	小计	1777.41		XJ24-3-A6	113.67
HZ32-2	HZ32-2-3	106.66		XJ24-3-A7	163.81
HZ32-3	HZ26-1-7sb	224.66		XJ24-3-A9	142.21
	HZ26-1-13	219.30		XJ24-3-A10	191.22
	HZ32-3-1	145.97		XJ24-3-A14	143.95
	HZ32-3-2	245.76		XJ24-3-A23	107.25
	HZ32-3-3	142.99		小计	1116.10
	HZ32-3-7	321.01	XJ30-2	XJ30-2-B6	150.75
	HZ32-3-NE1	342.79		XJ30-2-B7	140.96
	HZ32-3-NE2	136.96		XJ30-2-B8	125.15
	HZ32-3-NE3	176.83		XJ30-2-B9	176.42
	小计	1956.27		XJ30-2-B11	101.05
HZ32-5	HZ32-5-2A	234.93		XJ30-2-B13	170.32
	HZ32-5-3	250.53		XJ30-2-B14	165.32
	小计	485.46		XJ30-2-B15ST1	198.74
PY4-2	PY4-2-A07	110.10		XJ30-2-B16	189.74
				小计	1418.45

5.2.1.3 生产压差小

南海珠江口盆地海上砂岩油田的储层渗透性好。根据 16 个砂岩油田（除惠州 19－1 油田外）资料统计，有效渗透率为 300～1000mD 的有 4 个油田，占 25%；1000～2500mD 的有 3 个油田，占 18.8%；2500～4000mD 的有 2 个油田，占 12.5%；大于 4000mD 的有 7 个油田，占 43.7%。其中，有效渗透率大于 10000mD 的有 2 个油田（西江 24－3 和番禺 4－2 油田）。有效渗透率大，生产压差则小。例如，西江 30－2 油田，据各层系整理的资料（表 5－3）来看，最小的 B8 井生产压差为 0.13MPa，有效渗透率 16639mD；最大的 B2 井生产压差为 1.45MPa，有效渗透率 3231mD。由图 5－2 可知，在其他参数不变的情况下，油井的生产压差随着油层有效渗透率的增大而减小。其原因是油层有效渗透率高，孔隙度大，原油在油层内流动所受到的阻力小，容易流动。

表 5－3　西江 30－2 油田的油井数据统计表

层系	井号	油层有效厚度（m）	有效渗透率（mD）	平均地下原油黏度（mPa·s）	流动系数［mD·m/(mPa·s)］	生产压差（MPa）	采油指数［m^3/(d·MPa)］
一	B1	63.9	10053	11.79	54486	0.24	1848.8
	B7	72	9219	11.79	56299	0.13	2813.1
	B8	58.1	16639	11.79	81995	0.13	4298.3
	B11	69.6	5990	11.79	35361	0.22	1994.7
	B15ST1	26.5	11176	11.79	25120	0.32	1526.4
		58.8	6721	11.79	33519	0.41	995.1
	平均						2443.1
二	B10	59.2	5768	8.36	40845	0.28	1811.5
	B16	52	5123	8.36	31866	0.42	1192.8
	平均						1440.3
三	B6	30.3	2478	5.11	14693	0.73	1427
	B12	33	7521	5.11	48570	0.55	1075.5
	B13	35.4	4376	5.11	30315	0.37	1379.7
	平均						1267.4
四	B2	18.7	3231	4.61	13106	1.45	277.6
	B5	45.2	5630	4.61	55201	0.69	758.2
	B9	36.3	2148	4.61	24788	1.34	402.5
	B14	34	5099	4.61	37607	1	521.2
	平均						477.5

5.2.2 油藏动态特征

油藏开发阶段划分方法、界限确定与油田相同。将油藏开发阶段划分为初期、高峰期和中后期三个阶段。

根据油田地质综合研究结果统计表明，珠江口盆地内已开发的 20 个海上砂岩油田中动

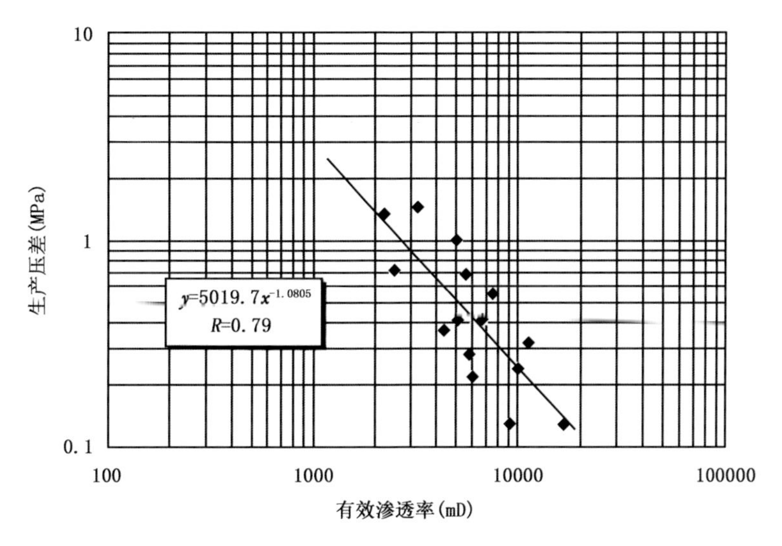

图5－2　油层有效渗透率与生产压差的关系

用油藏可分为层状边水油藏、块状底水油藏和岩性—构造复合油藏等三种油藏类型。它们的石油地质储量分别为 $22532.51\times10^4m^3$、$24569.35\times10^4m^3$ 和 $4144.00\times10^4m^3$。地质储量主要分布在层状边水油藏和块状底水油藏中，各占总储量的44.0%和47.9%。

下面主要从综合含水、采出程度、产油量递减以及压力变化等方面对油藏的动态特征进行归纳总结。

5.2.2.1　层状边水油藏

据主要的8个砂岩油田资料统计，层状边水油藏有14个，含油面积 $33.4km^2$，石油地质储量 $4257\times10^4m^3$，占这8个油田总储量的22.7%。主力边水油藏（以 $300\times10^4m^3$ 以上统计）有4个，石油地质储量 $2479\times10^4m^3$，占边水油藏总储量58.2%。

层状边水油藏总体动态特征可概括为采油速度大，水淹程度主要受构造控制，具体如下：

（1）以高峰期采油速度平均15.3%（按可采储量计算），油井产量高，稳产期长短不一，最长的4年，最短的1年；

（2）边水推进速度较慢，油藏水淹总体表现为纵向上沿渗透率较好部位向构造高部位内浸，并逐步扩大形成向上和重力向下的水浸带，油层水淹程度主要受构造控制，油井所处构造位置不同，油层水淹程度也是不同。

5.2.2.1.1　开采初期动态特征

惠州油田群的14个边水油藏以较高的采油速度生产，根据其中9个主力层状边水油藏17口开发井资料统计，边水油藏开发初期总体特征表现为无水采油期长，边水推进速度较慢。

为了定量分析边水油藏无水采油期与边水推进速度等的关系，应用多元回归方法，对采油强度、平均单井日产油量、油井至油水界面的距离、无水采油期等动态参数进行回归，获得经验公式如下：

$$X_1 = -217.47572 + 277.81401 v_{边水}^{-1.1108} + 0.31401 I_1 - 0.21368 Q_1 + 0.93401 H_1$$

相关系数 $R = 0.9532$

式中 X_1——无水采油期，d；

$v_{边水}$——水的推进速度，m/d；

I_1——采油强度，$m^3/(d \cdot m)$；

Q_1——平均日产油量，m^3/d；

H_1——油井至边水前沿的距离，m。

通过数学方法对样本数据进行分析得出，影响边水油藏无水采油期的首要因素是油井至油水界面的距离，其次是边水推进速度。

5.2.2.1.2 高峰期动态特征

边水油藏高峰期动态特征总体表现为产油量较高、油藏压力相对稳定、生产时间相对较长、含水上升率较低等特点。

（1）产油量。

惠州21-1油田的层状边水油藏于1990年11月投入开发以来，随着边水油藏陆续投产，年产油量逐步上升，在1999—2000年达到采油高峰期，共有12个边水油藏投入生产。高峰期开井数分别为35口和38口，年产油量分别达到 $223.03\times10^4 m^3$ 和 $247.92\times10^4 m^3$，年平均采油速度为9.7%（按可采储量计算），综合含水率分别为52.58%和64.60%。

（2）油藏压力。

根据惠州21-1油田和惠州26-1油田边水油藏测得的油层压力数据来看，每采出1%的地质储量，油层压力下降仅为0.012~0.045MPa。通过对边水油藏进行生产历史拟合，显示出水体很大，地层能量充足。

（3）生产时间。

边水油藏产油量仅用一年多的时间就达到高峰。高峰期时间长短不一，一般为1~4年，平均为1.64年，高峰期比底水油藏稍长。

（4）含水上升率。

边水油藏高峰期每采出1%可采储量，含水上升率为0.86%，相对较低。

5.2.2.1.3 中后期动态特征

边水油藏中后期年产油量递减比底水油藏要慢，水线推进比较均匀，反映出边水油藏开发效果好。

（1）产油量递减。

油藏进入中含水期以后，油井产油量大幅度下降，而各项增产措施又不足以弥补产油量的递减，这时油藏就进入了产油量迅速下降阶段，也就是说油藏高峰期结束后将转入中后期。

根据14个边水油藏中后期的开发效果差异，可将这些油藏分较好（第一类）和较差（第二类）两类。

两类油藏各占50%，其对比结果如下：①第一类和第二类在该阶段累计产油量分别为 $739.56\times10^4 m^3$ 和 $134.04\times10^4 m^3$，第一类为第二类的5.5倍；②第一类和第二类平均年产油递减率分别为16%和26%，第一类比第二类年递减率慢10%；③在平均采油速度相近条件下（第一类为7.1%，第二类为7.4%），第一类和第二类边水油藏每采出1%可采储量含水上升率分别为1.26%和2.34%，第一类比第二类慢1.08%；④第一类平均生产时间6.3年，比第二类（3.9年）长2.4年。

造成两类油藏差异的原因是：①储量规模。第一类边水油藏储量规模（$3122\times10^4m^3$）是第二类的1.8倍，而可采储量是第二类的3倍多；②生产井数。第一类平均生产井数是第二类的近一倍，第一类边水油藏平均单井年产油量为$9.1\times10^4m^3$，比第二类（$1.9\times10^4m^3$）多$7.2\times10^4m^3$；③原油流度。第一类边水油藏平均原油流度为1348mD/（mPa·s），比第二类［277mD/（mPa·s）］高1071mD/（mPa·s）；④油水黏度比。第一类边水油藏平均油水黏度比为4.65，比第二类（9.64）低4.99。

（2）水淹特征。

边水油藏储层分布稳定，连通性好，储层物性与原油性质好，因此，边水油藏纵向上水淹比较均匀，平面上水淹呈指进或舌进。下面就以两个典型边水油藏为例分析水淹特征。

惠州21－1油田的L30层为边水油藏，沉积相为滨岸沉积环境——堡块（障壁坝）相，砂体粒度级序为向上变粗的反韵律，普遍发育波状层理、透镜状层理，含有生物碎屑，下部多见生物扰动。堡块砂体的颗粒比较均匀，分选和磨圆程度也较高，因此油层的均质程度高，物性好，非均质程度不严重，地下原油黏度低，为0.29mPa·s。在低、中、高含水阶段中，该层每采出1%可采储量含水上升率分别为0.53%、1.04%和1.06%。该层的开发效果是好的。开采该层的HZ21－1－13井位于西边较高的位置，对该井进行了三次RST测试。如图5－3所示，水线推进比较均匀，因此开发过程中水驱油效果好。

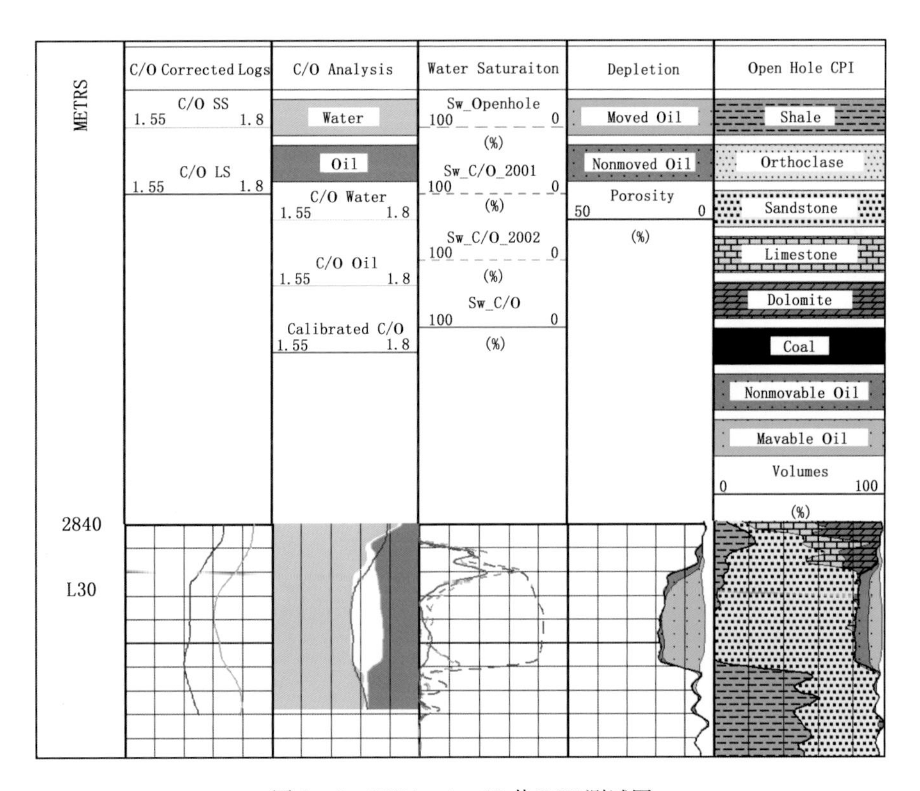

图5－3 HZ21－1－13井RST测试图

粉色虚线为2001年8月测试，绿色虚线为2002年9月测试，红色虚线为2004年5月测试

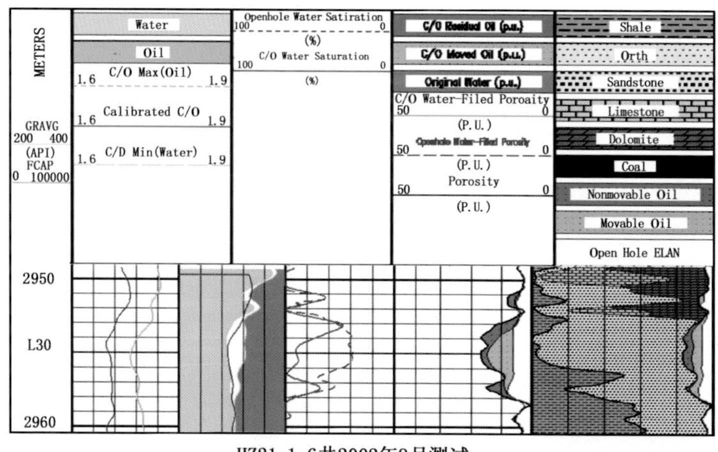

HZ21-1-6井2002年9月测试

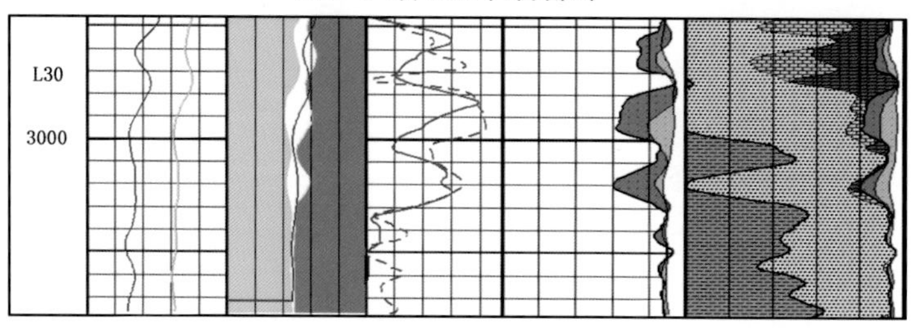

HZ21-1-14井2002年9月测试

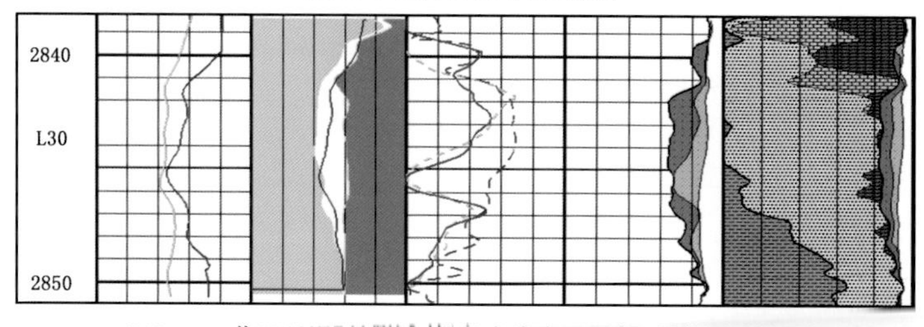

HZ21-1-5井2004年5月测试(绿色虚线为2002年9月的测试结果)

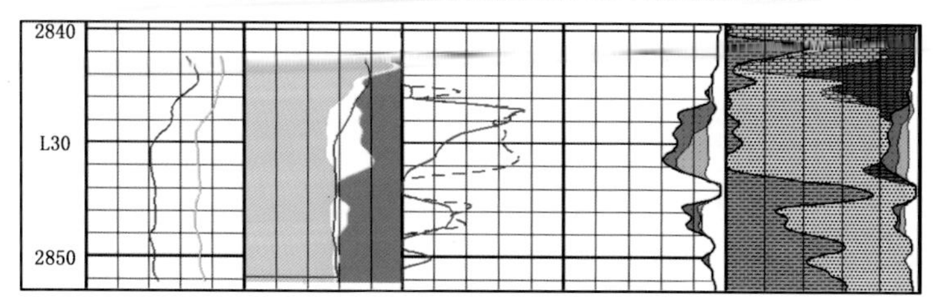

HZ21-1-12井2004年5月测试

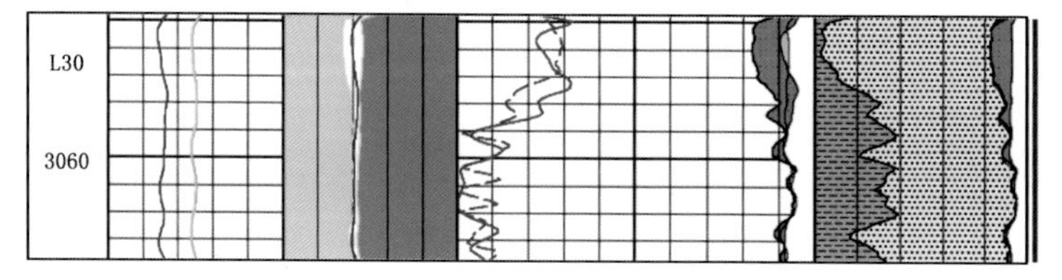

HZ21-1-4Sa井2007年4月测试

图 5－4　惠州 21－1 油田 L30 层 RST 测试图

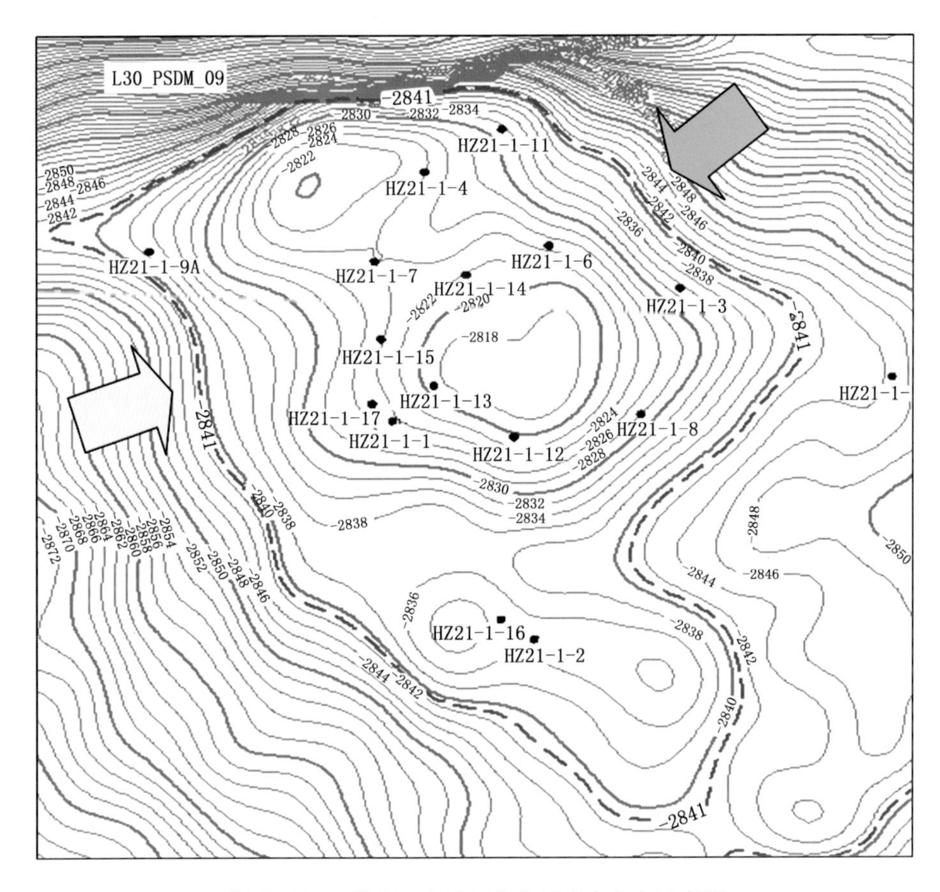

图5-5 惠州21-1油田L30层来水方向示意图

惠州21-1油田2001—2007年间对HZ21-1-6井、HZ21-1-14井、HZ21-1-5井、HZ21-1-12井和HZ21-1-4Sa井进行过数次RST测试，图5-4为历年的RST测试结果。总的来看，L30层水淹较均匀。

根据历年的RST资料诊断，惠州21-1油田L30油藏的来水方向主要为西边和东北方向，其中，西边比东北方向来水更快。

惠州26-1油田的L30层属于三角洲河口坝/远沙坝沉积，储层由中—粗粒砂岩组成，砂质纯净，分选好。油层平均有效厚度6.5m，孔隙度21.3%，测井渗透率1088mD，岩心孔隙度22.6%，空气渗透率809mD。其中，空气渗透率大于1000mD的油层占30%，空气渗透率为500~1000mD的占40%。毛管压力曲线以中至粗歪度为主，喉道主要为中至粗。在低、中、高及特高含水阶段中，该层每采出1%可采储量的含水上升率分别为3%、1.68%、1.22%和1.04%。开采该层的HZ26-1-16A井进行了两次RST测试（图5-6）。由图看出，水线推进比较均匀，因此开发过程中水驱油效果好。

惠州26-1油田L30油藏从2001年开始在重点井先后做了十余次动态监测，能够比较清楚地判断边水推进的趋势为构造的东北和西南方向。图5-7为L30油藏的来水方向示意图。

根据HZ26-1-16A井、HZ26-1-18井和HZ26-1-22井多次RST监测资料的结果，可动油部分被逐渐驱动，表明边水在2006年已突破到油藏中部位置。如图5-8所示。

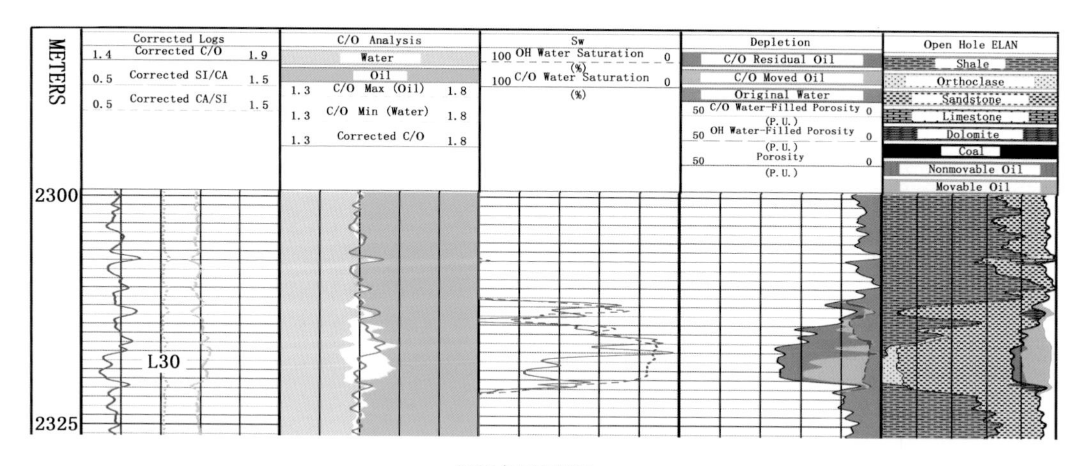

2002年7月测试

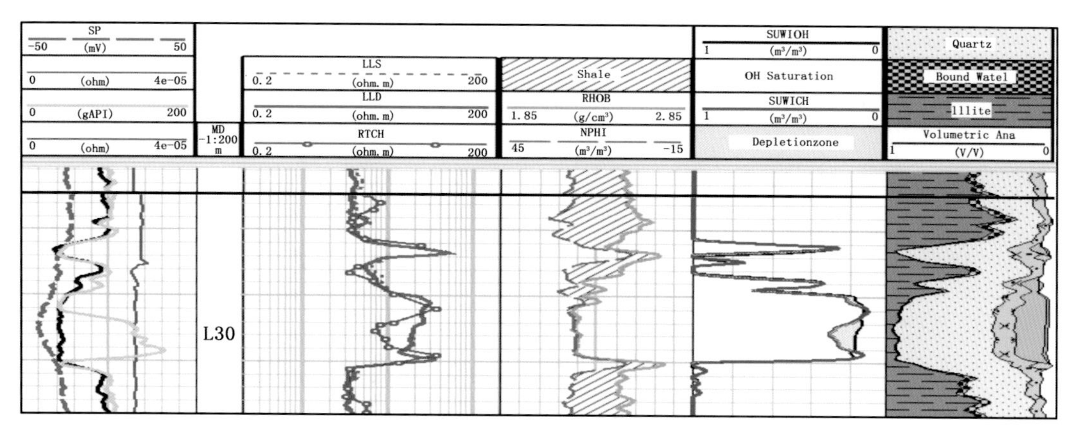

图 5-6 HZ26-1-16A 井 RST 测试图

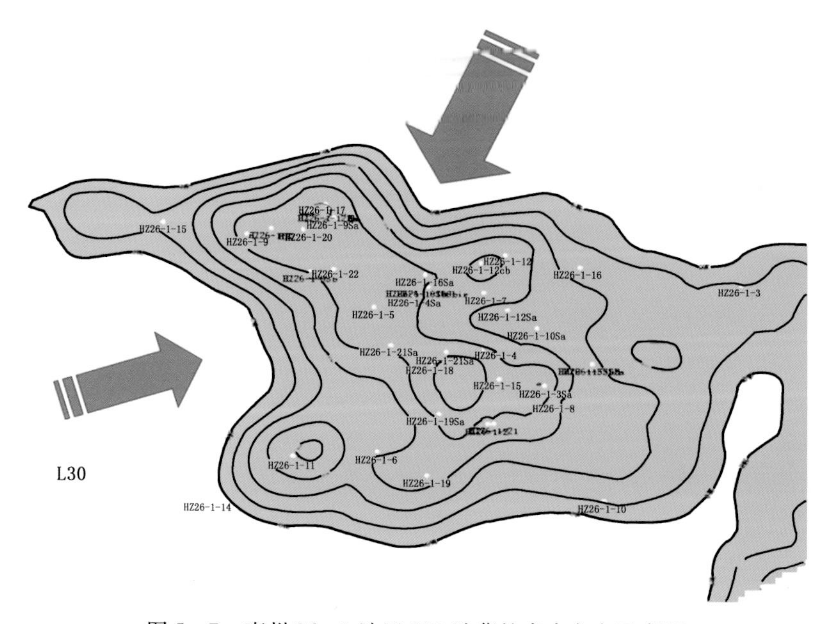

图 5-7 惠州 26-1 油田 L30 油藏的来水方向示意图

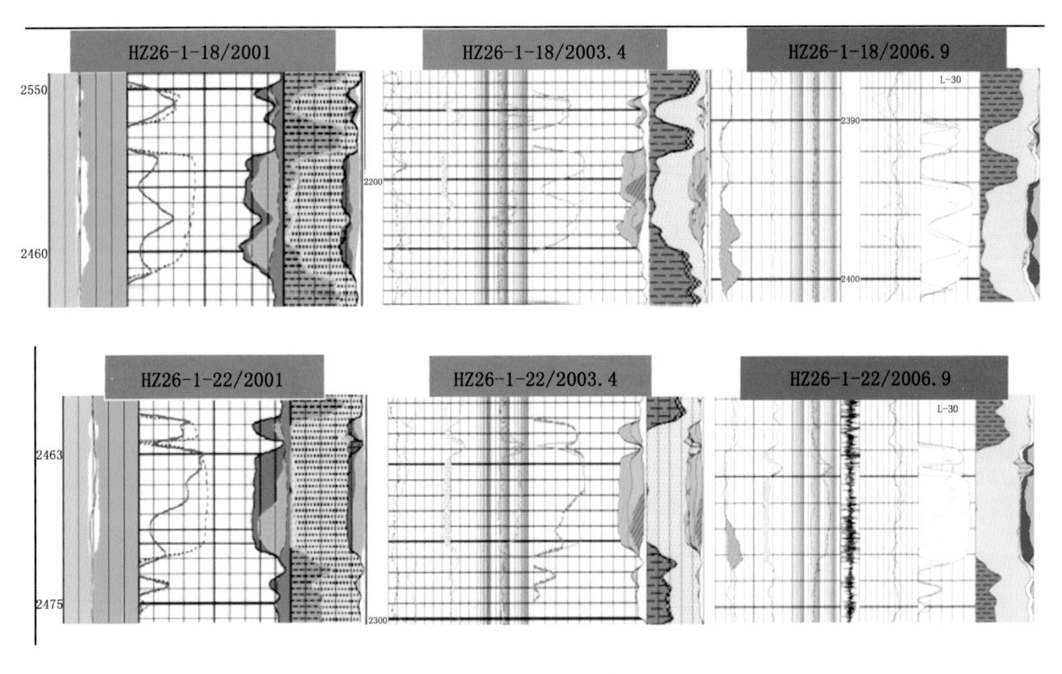

图5-8 HZ26-1-18/22井RST测试图

那么，边水是从什么方向推动到油藏中部的呢。从2003年HZ26-1-17井和2006年HZ26-1-20井的RST动态监测资料可知（图5-9），油藏西北方向的位置还有大量的剩余油，边水不可能从西北方向推动。

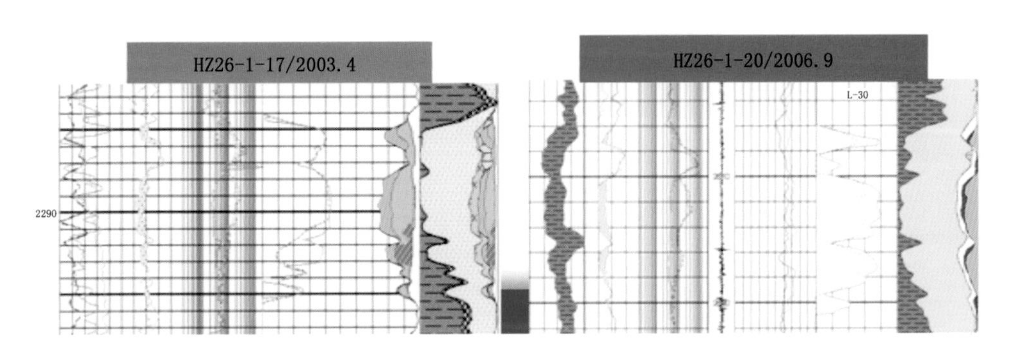

图5-9 HZ26-1-17、HZ26-1-20井RST测试图

同样，根据2006年HZ26-1-16井的RST资料，在油藏中部和下部剩余油饱和度高达40%以上，显然边水也不可能从油藏南部侵入。

因此，惠州26-1油田L30油藏来水方向为构造的东北和西南渗透率高渗条带方向。

5.2.2.1.4 边水油藏开发效果分析

层状边水油藏于1990年11月投入开发以来，各油田的边水油藏陆续投产，年产油量逐步上升。截至2010年12月底，累计产油量2194.4×10^4m^3（仅统计惠州油田群边水油藏），采出程度为51.5%，采出可采储量的90.0%。边水油藏产油量占惠州5个油田累计产油量的33.1%，贡献值为三分之一，显示出边水油藏较好的开发效果。其主要原因如下：（1）地质条件

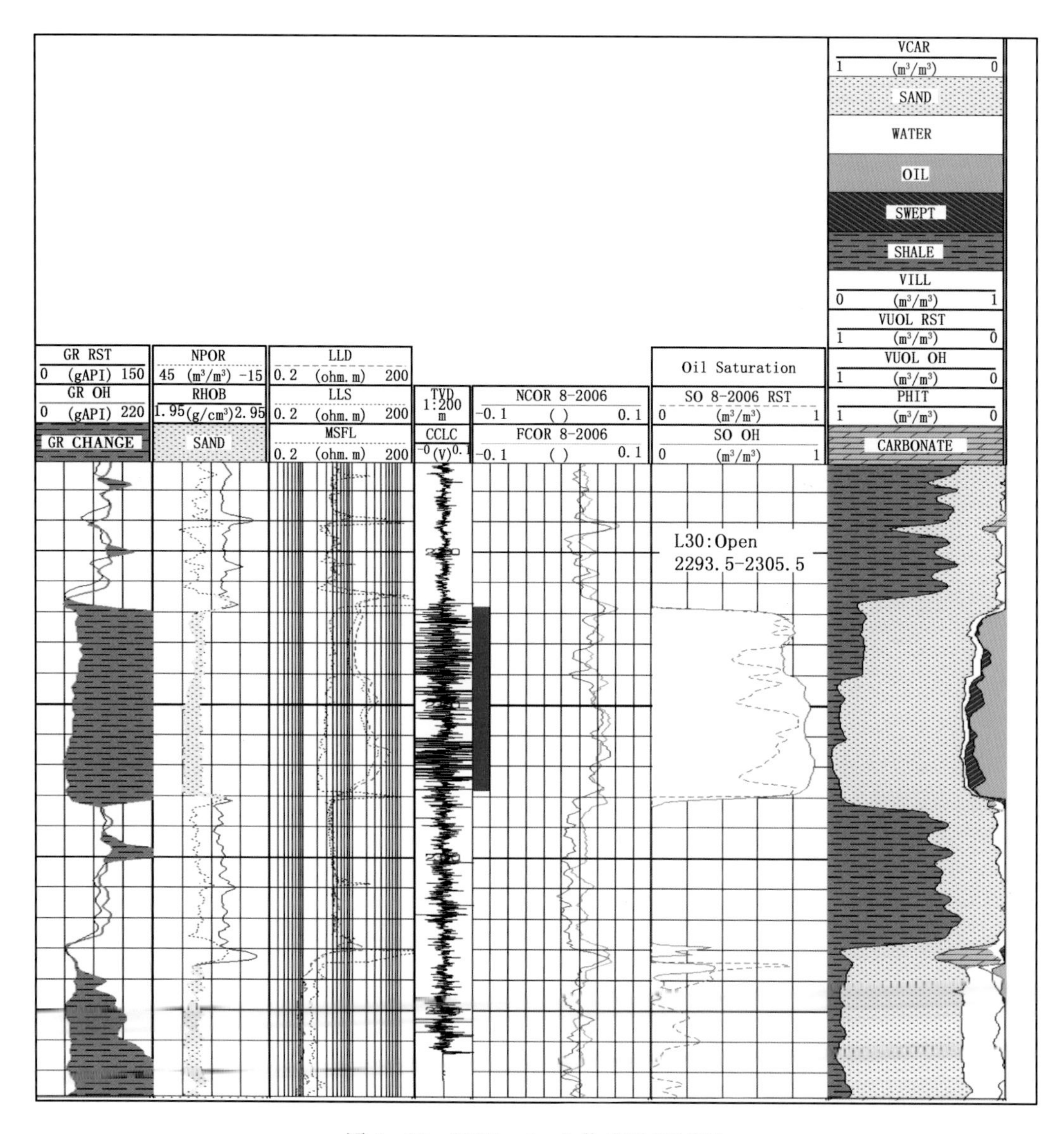

图 5-10　HZ26-1-6 井 RST 测试图

好，即构造简单完整，油层分布稳定，连通好，储层物性均质，原油性质好，油水黏度比低；

（2）开发技术政策合理，即第一阶段采取强化边部、保护顶部，并力求均衡开采的策略，第二阶段采取选择性合采的策略，第三阶段采取跨层系混采的策略；

（3）挖潜增产效果好，使边水油藏产油量递减缓慢。

5.2.3 底水油藏

据 8 个主要砂岩油田资料统计，块状底水油藏共 17 个，总含油面积 69.11km^2，石油地质储量 10400.5 $\times 10^4$m^3，占总地质储量的 55.3%。主力底水油藏（以 300 $\times 10^4$m^3 以上统计）有 10 个，石油地质储量 9767.5 $\times 10^4$m^3，占底水油藏储量的 93.9%。

这些底水油藏以平均采油速度 15.8%（按可采储量计算）的高速开采。高峰期末采出

40%可采储量，平均含水上升率为1.47%。在第三阶段，采油量占可采储量的33%（平均值），产量递减率为19%，平均含水上升率为1.0%。油井在生产过程中未出现暴性水淹现象，以底水锥进或托进运动为主。

5.2.3.1 开采初期动态特征

根据6个油田11个底水油藏44口油井的资料统计，底水油藏开采初期的动态特征体现出无水采油期短、无水采油量相对较少、平均采油强度大、底水锥进快等特点。

据开采底水油藏的44口油井数据统计，最短的无水期只有8d，无水采油量5050m^3（西江24－3油田的XJ－24－3－A2井），最长的无水期437d，无水采油量343881m^3（惠州26－1油田的22井），平均单井无水采油期102d，平均单井无水采油量56969m^3，平均单井日产油量559m^3/d。

根据油藏数值模拟研究分析，避射高度、采油强度、射开油层厚度及避射段内泥质夹层等因素是影响底水油藏油井见水早晚的主要原因。若油井处于避射高度小、采油强度大、射开厚度大、泥质夹层分布不稳定等情形下，则会引起底水锥进快、油井见水早等情况。据西江24－3油田的H3和H4D底水油藏10口油井生产资料统计表明（表5－4），油层物性好，尤其是有效渗透率特高，泥质夹层分布又不稳定；油井的避射高度不大，为6.8～12.5m，平均值为9.5m；采油强度大，为77.0～139.5m^3/d·m（射开厚度）。这些因素造成了底水锥进快，油井无水期短。例如，XJ24－3－A2井生产8d就见水，底水锥进速度为1.11m/d，而最长的A10井生产91d见水，底水锥进速度为0.1m/d。与惠州21－1油田、惠州26－1油田、陆丰13－1油田的底水油藏进行对比，西江24－3油田的底水油藏采油强度最大（表5－5），导致油井底水锥进速度最快。

表5－4 各油田底水油藏生产数据统计表

井号	投产日期	见水层位	有效厚度（m）	射开厚度（%）	射开程度（%）	见水日期	无水采油期（d）	无水采油量（m^3）	避射高度（m）	水井速度（m/d）	无水平均采油强度[m^3/(d·m)]	
											有效厚度（m）	射开厚度（m）
A2	1995.1.3	H3	17.5	8.2	46.9	1995.1.10	8	5050	8.9	1.11	36.1	77
A9	1995.4.23	H3	20.5	11.3	55.1	1995.9.13	50	58316	9.2	0.18	56.9	103.2
A10	1995.4.7	H3	16.5	7.4	44.8	1995.10.10	91	63844	9.1	0.1	42.5	94.8
A11	1995.4.19	H3	20.4	10.9	53.4	1995.9.15	56	62104	12.5	0.22	49.5	101.7
A1A	1994.12.22	H4D	20.2	13.2	65.3	1995.2.24	65	95041	11.9	0.18	72.4	110.8
A3	1994.11.16	H4D	16.8	6.2	36.9	1994.11.26	11	8229	10.6	0.96	44.5	120.7
A4	1995.1.11	H4D	15.8	8.9	56.3	1995.2.25	46	57092	9.6	0.21	78.6	139.5
A5	1995.2.12	H4D	19.4	13.2	68	1995.3.22	38	64155	6.8	0.18	87	127.9
A6	1995.3.2	H4D	13.6	7.6	55.9	1995.3.15	14	14376	7.4	0.53	75.5	135.1
A7	1995.2.18	H4D	14.4	5.1	35.4	1995.2.27	10	7008	9.3	0.93	48.7	137.4

表5-5 各油田底水油藏生产数据统计表

油田名称	油藏名称	见水井数(口)	平均无水采油期(d)	平均无水采油量(m^3)	平均避射高度(m)	平均采油强度[m^3/(d·m)]		平均底水锥进速度(m/d)	平均射开程度(%)
						有效	射开		
HZ21-1	M10	4	90	48773	9.3	29.9	51.1	0.13	48.3
HZ26-1	M10	9	184	102165	11.0	33.8	69.4	0.11	53.0
	M12	3	119	26228	7.9	18.1	33.7	0.08	40.6
HZ32-2	M10	1	22	6179	7.8	30.9	93.6	0.35	33.0
	M20	4	84	41822	15.7	24.5	70.4	0.25	34.6
HZ32-3	M10	2	14	6525	8.5	33.8	66.9	0.64	51.0
LF13-1	2500	6	136	67802	15.1	18.9	71.8	0.22	30.0
XJ24-3	H3	4	51	47328	9.9	46.3	94.2	0.40	50.0
	H4D	6	31	40983	9.3	67.7	128.6	0.50	54.0

为了定量分析底水油藏无水采油期与底水的锥进速度等关系，应用多元回归法，对取得的采油强度、平均单井日产油量、避射高度、油井见水时间等参数进行回归，获得底水油藏油井见水时间预测经验公式如下：

$$X_2 = -82.31085 + 14.83904 v_{底水}^{-0.9162} - 0.47440 I_2 + 0.03879 Q_2 + 6.17179 H_2$$

相关系数 $R = 0.9447$

式中 X_2——油井见水时间，d；

$v_{底水}$——水的推进速度，m/d；

I_2——采油强度，m^3/(d·m)；

Q_2——平均日产油量，m^3/d；

H_2——避射高度，m。

通过数学方法对样本数据进行分析可知，影响底水油藏油井见水时间的首要因素是底水锥进速度，其次是避射高度。

5.2.3.2 高峰期动态特征

底水油藏高峰期总体动态特征表现为产油量较高，油藏压力相对稳定，生产时间相对边水油藏稍短，含水上升率相对较高等特点。

（1）产油量。自1990年11月惠州21-1油田的块状底水油藏投入开发以来，底水油藏的年产油量逐渐上升，到1998年12个底水油藏投产后，开井数45口，使年产油量达到最高峰 $390.31 \times 10^4 m^3$，采油速度7.5%，综合含水60.2%。

（2）油藏压力。底水油藏具有较活跃的驱动能量。通过资料统计表明，每采出1%地质储量，底水油藏地层压力下降0.07~0.042MPa。大量动态资料证实了油藏底水能量充足，水体体积比油体体积大100~300倍，甚至更大。

（3）生产时间。底水油藏高峰期生产时间长短不一，一般为1~3年，平均为1.5年，比边水油藏稍短。

（4）含水上升率。高峰期末，平均含水上升率为1.47%。

5.2.3.3　中后期动态特征

底水油藏中后期年产油量递减比边水油藏要快，而水淹特征主要受层内夹层和低渗透层影响。油层内无夹层，则底水以锥进或托进的方式驱替原油；油层内有夹层或致密层，则根据夹层或致密层的渗透情况和分布范围，底水驱替原油的方式有所不同。

（1）产量油递减。

底水油藏生产达到高峰期后，产油量必然下降，年平均递减率为19%。据统计，若底水油藏第二阶段（高峰期）采出油量占可采储量百分比少，则其中后期产油量递减率就相对低些。例如，惠州26－1油田M10底水油藏，第二阶段采出油量为36%，中后期产油量递减率为19.7%。又如惠州21－1油田M12底水油藏，第二阶段采出油量为46.8%，中后期产油量递减率高达61.3%。

（2）水淹特征。

底水油藏构造完整简单，油层分布稳定，油、水间连通性好。因此，底水油藏的水淹程度主要受隔夹层的影响。无隔夹层的底水油藏水锥速度快，有隔夹层的底水油藏水锥速度相对慢，且隔夹层分布越大，水锥越慢。

陆丰13－1油田2370油藏为沿岸坝沉积，具有反韵律特征，砂体较均质，油层内缺少夹层，砂体连通范围广阔，使得该油藏成为典型的强底水水驱油藏（图5－11）。

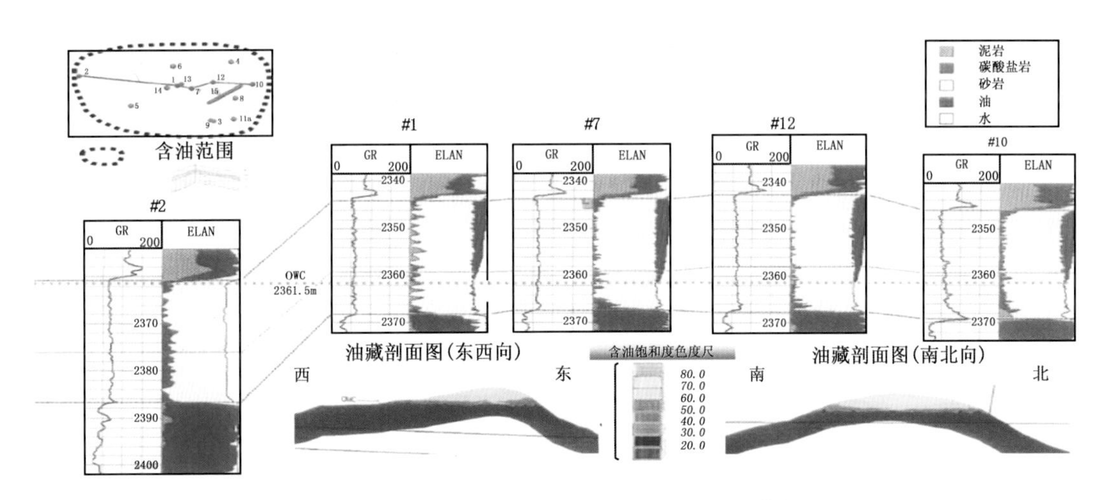

图5－11　陆丰13－1油田2370油藏测井相及油藏剖面图

在水驱油过程中，2370油藏底水近似于活塞式驱替（图5－12），油藏纵向上的波及效率是相当高的。

从2370油藏时间推移测井剖面（图5－13）可以看出，经过底水驱替之后的砂层几乎没有剩余油，如在#25领眼井原始油柱高度近6.0m的位置，经过五年的底水驱扫已经变成非常纯净的含水砂岩。时间推移测井成果告诉我们，2370油藏的开发在底水驱的驱替流线方向获得了近似于活塞式的驱替过程，使得体积波及系数近乎1.0。

在开采过程中，具有夹层或低渗透层的底水油藏，水淹特征与无夹层油藏是不同的。如陆丰13－1油田2500层油藏在夹层控制下，底水锥进形成三种模式（图5－14）。

①模式一：局部半渗透夹层。

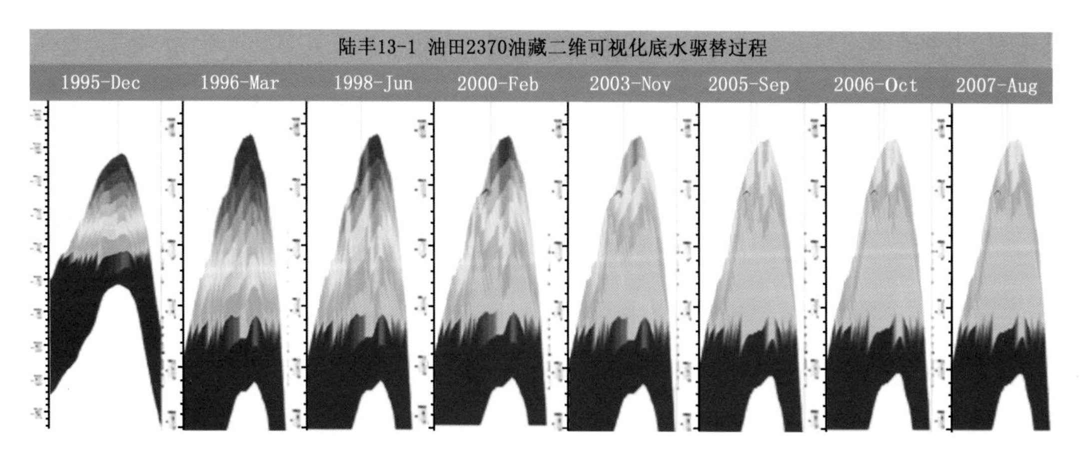

图 5－12　2370 油藏底水驱替过程的剖面展示（2008 年数值模拟成果图）

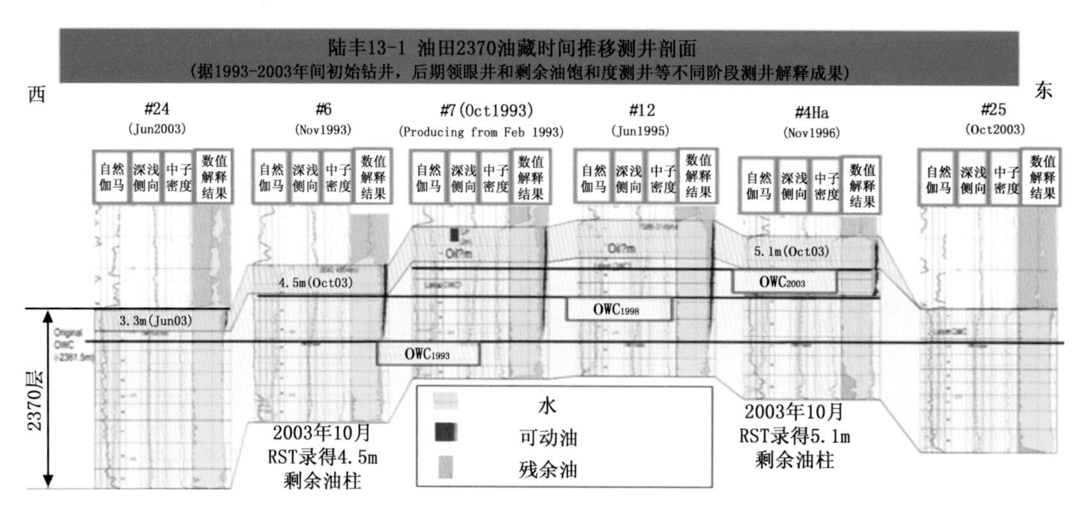

图 5－13　2370 油藏时间推移测井剖面（1993—2003）

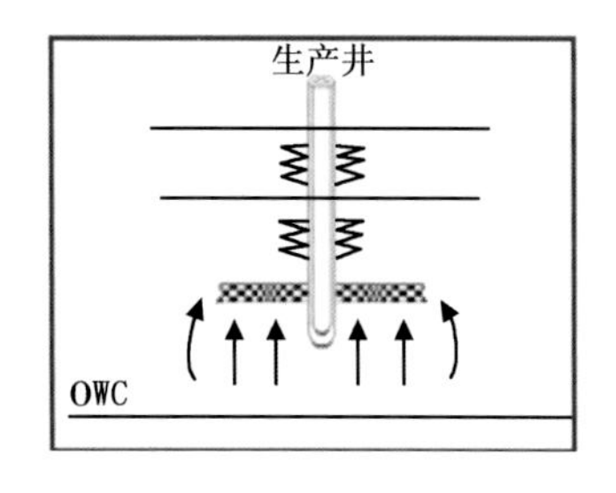

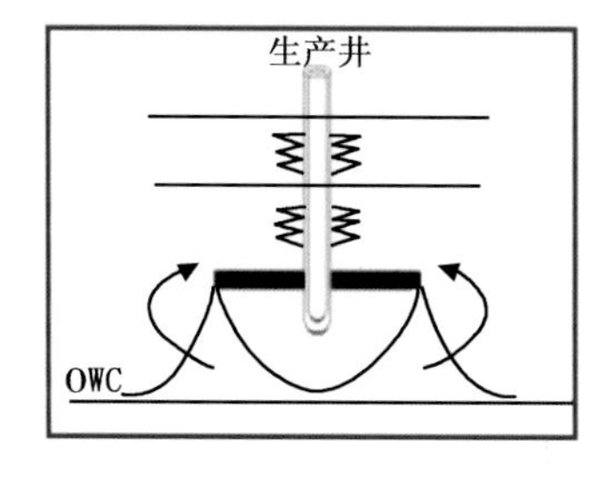

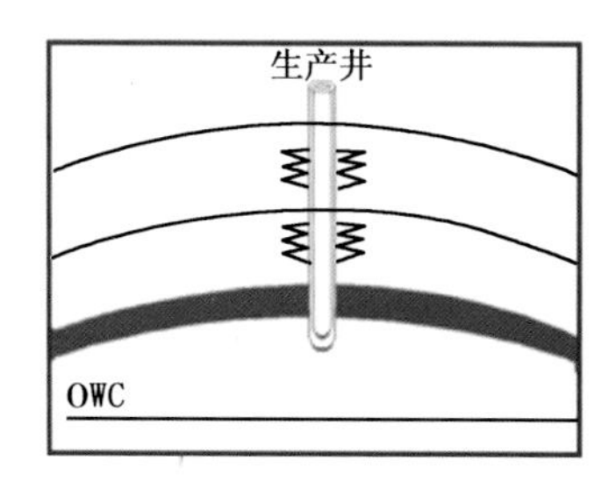

图 5－14　夹层控制底水锥进的三种模式图

该模式夹层分布非常局限，只在 1 ~2 口井区发育。一部分底水仍可穿过夹层，但速度大大减缓；另一部分底水发生绕流。主要分布在 SL1、SL2、SL5、SL8、SL9、SL11、SL17、SL20、SL22、SL26。

②模式二：小范围不渗透夹层。

该模式夹层局部连片分布，夹层几乎阻止底水，底水往往发生绕流，形成小规模次生边水驱。主要分布在SL3、SL7、SL10、SL13、SL14、SL16、SL19、SL23、SL24。

③模式三：大范围不渗透夹层。

夹层大面积连片分布，夹层完全阻止底水上升，底水只能从边远处发生少量绕流，致使夹层上部油井能量不足，衰竭开采。主要分布在SL4、SL6、SL12、SL15、SL18、SL25。

2500油藏在不同的开发阶段中，通过对油井生产动态分析研究，表明油井有无夹层存在和夹层分布大小都会影响到生产指标的好坏。不同的模式，油水运动特点是有差异的（表5－6）。

表5－6 2500油藏不同开发阶段不同模式生产特点差异表

<table>
<tr><th rowspan="3">开发阶段</th><th rowspan="3">钻井批次</th><th colspan="6">夹层模式</th></tr>
<tr><th colspan="2">模式一</th><th colspan="2">模式二</th><th colspan="2">模式三</th></tr>
<tr><th>生产特点</th><th>井号</th><th>生产特点</th><th>井号</th><th>生产特点</th><th>井号</th></tr>
<tr><td rowspan="3">初始井网实施阶段</td><td>一</td><td rowspan="3">底水上侵较缓，驱替特征以次生边水和底水为主，能量供应充足，稳产期长，含水上升都较慢</td><td></td><td rowspan="3">油井见水晚，产油量高，驱替特征以次生边水为主，稳产期长，高产高效</td><td>6、8、9</td><td rowspan="3">油井属于衰竭开采，见水晚，稳产期短，油井寿命短，低产低效</td><td>4</td></tr>
<tr><td>二</td><td>11a、12、13、14</td><td>10</td><td></td></tr>
<tr><td>三</td><td>16H、18H</td><td></td><td>4Ha</td></tr>
<tr><td rowspan="2">扩边调整阶段</td><td>四</td><td rowspan="2">底水上侵较缓，驱替特征以次生边水和底水为主，能量供应充足，稳产期长，含水上升都较慢</td><td></td><td rowspan="2">油井见水晚，产油量高，驱替特征以次生边水为主，稳产期长，高产高效</td><td>19H、22</td><td rowspan="2">油井属于衰竭开采，低产低效。该模式中，本阶段1口井生产1个月因能量供应不足而关井侧钻</td><td></td></tr>
<tr><td>五</td><td>24H、26H</td><td></td><td>23H</td></tr>
<tr><td rowspan="3">充分挖潜阶段</td><td>六</td><td rowspan="3">与模式一平均日产油相近，但模式二产液量较低，含水较低</td><td></td><td rowspan="3">油井见水晚，产油量高，含水上升缓慢，稳产期长，高产高效</td><td></td><td rowspan="3">无油井钻遇生产</td><td></td></tr>
<tr><td>七</td><td>14H、29H</td><td>21H1、28H</td><td></td></tr>
<tr><td>八</td><td>5aH1</td><td></td><td></td></tr>
<tr><td colspan="2">合计井数</td><td colspan="2">11口</td><td colspan="2">8口</td><td colspan="2">3口</td></tr>
</table>

5.2.3.4 底水油藏开发效果分析

自1990年11月惠州21－1油田的块状底水油藏投入开发以来，底水油藏的年产油量逐渐上升。随着14个底水油藏陆续投入开发，对底水油藏采取了补孔、侧钻水平井和调整井等一系列增产措施。截至2010年底，底水油藏开井62口，累计产油量$4249.74 \times 10^4 m^3$，采出程度41.5%，已采出81.4%可采储量，底水油藏产油量占总产油量的50%。底水油藏取得如此好的开发效果，原因在于实施了四项重要的技术措施。

（1）采取合适的井网。应根据油藏地质特征和流体性质，底水油藏采用比层状边水油藏高1倍以上的井网密度。

（2）实行合理开发技术政策。即第一阶段采取强化边部、保护顶部，并力求层间均衡开采的策略，第二阶段采取选择性合采的策略，第三阶段采取跨层系混采的策略。

（3）采取实施合理的射孔政策。一方面采用合理的避射高度，底水油藏的油井参照国内外油田的一般经验，射开程度为30%～60%，一般为50%左右，避射高度一般大于10m，而边部井与正韵律地层井的射开程度相对较低；另一方面充分利用隔夹层，把射孔井段和水平井段放置在低渗透夹层之上，充分利用层内的致密夹层，发挥其遮挡底水的作用，避免底水锥进过快。

（4）采用持续的挖潜措施。油田开发进入中高含水期后，为了提高底水油藏储量动用程度，采取补孔或侧钻的方式，增加开采井点，进一步完善井网，使底水托进较为均匀。

实践证明，只要有充分的天然水驱能量补给，只要有大排量人工举升工艺，只要有实施科学合理的开发技术政策和措施，对厚度 20 ~ 40m 的中—高渗透性砂岩底水油藏实施高速开采，同样可以取得好的开发效果。这为我国近海海域底水油藏的开发提供了宝贵的经验。

5.2.4 岩性—构造油藏

岩性—构造油藏在全油区所占的比例不大，只有 12 个油藏，含油面积 34.9km^2，石油地质储量为 4192.7 $\times 10^4 m^3$，只占总储量的 11.5%。岩性—构造油藏的两个主力油层惠州 26 -1 油田的 K08 层和惠州 32 -3 油田的 K22 层，石油地质储量为 3583 $\times 10^4 m^3$，占岩性—构造油藏储量的 85.5%。下面主要对 K22 和 K08 两个油藏的动态特征进行研究分析。

5.2.4.1 开采初期动态特征

岩性—构造油藏开采初期无水采油期长，无水采油量多，生产能力强。

惠州 26 -1 油田的 K08 油藏和惠州 32 -3 油田的 K22 油藏分别于 1991 年 12 月和 1995 年 7 月开始投入开发。

据 8 口见水井数据统计（表 5 -7），岩性—构造油藏的开发井平均无水采油期和无水采油量分别为 658d 和 54.36 $\times 10^4 m^3$。其中，惠州 32 -3 油田 K22 层的 NE1 井和惠州 26 -1 油田 K08 层的 14 井无水采油期分别达 1246d 和 1287d，而无水采油量分别达 142 $\times 10^4 m^3$ 和 34.7 $\times 10^4 m^3$。

K08 和 K22 两个岩性—构造油藏投产初期日产能力很高。据从表 5 -8 所示的生产数据来看，最低的 14 井初产油量 433.4m^3/d，最高的 2 井初产油量达 1563m^3/d，平均值为 981m^3/d，平均射开采油强度大，为 134.9$m^3/(d \cdot m)$。特别是 K22 层油藏显示出旺盛的生产能力，8 口油井平均产油量达 1049.5m^3/d，其中有 4 口油井日产油量上千方以上。

表 5 -7 岩性—构造油藏见水数据统计表

油田	层位	井号	投产日期	见水日期	无水采油期(d)	无水采油量(m^3)	单井产油量(m^3/d)	距边水距离(m)	水推速度(m/d)	采油强度[$m^3/(d \cdot m)$]	
										有效	射开
HZ32 -3	K22	1	1995.8.4	1996.4.20	258	13500	523	1333	5.2	29.9	34.9
		2	1995.7.16	1995.10.6	80	79799	1250	1593	19.9	95.4	158.2
		3	1995.7.23	1997.1.20	546	500000	916	1444	2.6	90.7	140.9
		7	1995.7.20	1996.2.22	217	150000	691	2037	9.4	52.0	109.7
		NE1	1995.11.7	1999.4.7	1246	1420000	1140	1852	1.5	78.1	142.5
		BE2	1995.11.28	1998.12.19	1117	850000	761	1704	1.5	61.4	66.2
		NE3	1995.9.5	1997.4.30	511	867000	1696	1185	2.3	104.0	117.0
HZ26 -1	K08	14	1991.12.24	1995.7.3	1287	347006	270	1100	0.9	46.6	44.9

表5-8 K08和K22两油藏初期生产能力表

油田	层位	井号	投产日期	有效厚度(m)	射开厚度(m)	初产油量(m^3/d)
HZ26-1	K08	14	1991.12.24	6.0	6.0	433.4
HZ32-3	K22	13	1995.1	3.6	2.4	773.2
		1	1995.8.4	17.5	15.0	832.2
		2	1995.7.16	13.1	7.9	1563.0
		3	1995.7.23	10.1	6.5	795.6
		7	1995.7.20	13.3	8.3	769.9
		NE1	1995.11.7	12.0	8.0	1377.1
		NE2	1995.11.28	12.3	11.5	1190.6
		NE3	1995.9.5	14.6	14.5	1094.1
平均				11.4	8.9	981.0

为了定量分析岩性—构造油藏无水采油期与边水的推进速度等因素的关系，应用多元回归方法，对油井采油强度、单井平均无水产油量、距边水的距离和无水采油期等参数进行回归，获得预测岩性—构造油藏无水采油期的经验公式：

$$X_3 = -865.58053 + 1520.95261 v_{岩性—构造}{}^{-0.9193} - 2.38167 I_3 + 0.24490 Q_3 + 0.48450 H_3$$

相关系数 $R = 0.9833$

式中 X_3——无水采油期，d；

$v_{岩性—构造}$——边水的推进速度，m/d；

I_3——采油强度，$m^3/(d \cdot m)$；

Q_3——平均日产油量，m^3/d；

H_3——距边水距离，m。

通过数学方法对样本数据进行分析可知，影响岩性边水无水采油期的首要因素是水推速度，其次是距边水距离。

5.2.4.2 高峰期动态特征

岩性—构造油藏高峰期采油速度较高，含水上升较慢，高峰期末采出可采储量较高。

1991年，惠州26-1油田K08油藏投产初期，只有一口油井生产，年产油量低。随后两个主力油藏的油井逐步投产，1996年至1998年达到产油高峰期。这3年内每年有10口油井投入生产，平均年产油量为$289.78 \times 10^4 m^3$，最高采油速度为12.5%，平均高峰采油速度为11.4%，累计产油量为$869.35 \times 10^4 m^3$，占总产油量的38.6%，高峰期末采出40.7%的可采储量。

岩性—构造油藏高峰期生产时间为1~2年，高峰期含水上升率较慢，为0.97%。

5.2.4.3 中后期动态特征

该阶段岩性—构造油藏平均递减率相对较低，含水上升较慢，天然水驱能量利用率高。

据岩性—构造油藏动态数据统计，1998 年油藏年产油量达到高峰，随后进入中后期。从 1999 年至 2003 年年产油量逐渐下降，年平均递减率为 12.7%。岩性—构造油藏中后期含水上升率 1.17%，中后期累计水油比较低，为 0.15～0.76。

5.2.4.4 开发效果分析

惠州 26－1 油田的 14 井（K08 层）于 1991 年 12 月投入生产，惠州 32－3 油田（K22 油藏）的油井随后投产。由表 5－13 看出，到 1997 年，两个油藏的开井数达 10 口，年产油量逐步上升至 $317.99\times10^4m^3$，采油速度为 12.5%，采出程度为 30.7%（按可采储量计算），综合含水率为 24.1%。在 1998 年至 2000 年 3 年的生产时间里，采油速度仍保持在 9.58%～9.97% 的较高水平。每采出 1% 的可采储量，含水上升速度仅为 0.66%，累计水油比为 0.29%。为进一步提高开发效果，两个油藏均采取了油层补孔、侧钻等增产措施。截至 2010 年底，开井数 9 口，年产油量为 $25\times10^4m^3$，采油速度为 0.7%，累计产油量 $2337\times10^4m^3$，采出程度 65.2%，已采出 91.9% 可采储量，综合含水率 88.9%，其贡献值占岩性—构造油藏总产油量的 93.2%。可见这两个岩性—构造油藏取得了良好的开发效果。

岩性—构造油藏取得这么好的开发效果，主要原因在于：

（1）主要的岩性—构造油藏地质条件好，天然水驱能量充足，有效渗透率高达 2511～5461mD，地层原油黏度为 0.75～3.76mPa·s。

（2）利用少量的井数最大限度控制油藏的地质储量，单井控制储量为 $170\sim363\times10^4m^3$，井网密度为 0.34～0.41 口/km^2。

（3）开采技术政策合理。第一阶段采取单井单层开采，第二阶段通过补孔和侧钻水平井增加开采井点，提高油藏动用程度。

5.2.5 分析对比

以惠州 26－1 油田的 M10 底水油藏、惠州 32－3 油田的 K22 岩性—构造油藏和惠州 32－5 油田的 K08 边水油藏为代表，论述二种不同油藏类型在动态特征上的共同特点与差异。由表 5－9 可知，其共同特点如下：

（1）油藏高峰采油速度都高，为 12%～19.7%。至 2007 年底三者的采油速度很接近，为 1.9%～2.0%。

（2）高峰期末采出地质储量的百分数都很接近，为 21.7%～29.2%。

（3）油藏的采收率都比较高，为 58.9%～79.1%。

其不同点如下：

（1）高峰期单井控制储量不同，M10 油藏单井控制储量最少，为 $170\times10^4m^3$，其次是 K22 油藏为 $363\times10^4m^3$，最多的 K08 油藏为 $396\times10^4m^3$。

（2）高峰期时间长短不同。M10 油藏、K22 油藏和 K08 油藏分别为 3 年、2 年和 1 年。

（3）高峰期含水上升率不同，边水最慢。依次是岩性—构造油藏和底水油藏，K08 油藏为 0.21%，K22 油藏和 M10 油藏分别为 0.73% 和 2.73%。

（4）第三阶段递减速度不同。M10 油藏、K22 油藏和 K08 油藏从第三阶段年产油量平均下降来看，因无重大增产措施，K08 油藏下降幅度最大为 31.2%，而 M10 油藏和 K22 油藏曾侧钻水平井，所以递减速度相对慢些。

表5-9 不同特征油藏参数及开发指标对比表

项目		油田（油藏）	惠州26-1油田M10油藏	惠州32-3油田K22油藏	惠州32-5油田K08油藏
油藏基本参数		油藏类型	底水	岩性—构造	边水
		含油面积（km^2）	11.1	23.6	8.1
		地质储量（10^4m^3）	1866	2902	792
		可采储量（10^4m^3）	1098.96	2076.22	626.71
		油层有效厚度（m）	12.3	8.1	8.6
		有效孔隙度（%）	21	22.7	21.4
		有效渗透率（mD）	3266	5461	895
		地层原油黏度（mPa·s）	1.67	0.75	1.28
		原油流度[mD/(mPa·s)]	1956	7281	699
		油水黏度比	6.42	1.97	3.37
开发指标对比		油藏投产日期	1991.11	1995.06	1999.02
		油藏高峰期单井控制储量（10^4m^3）	170	363	396
		高峰年产油量（10^4m^3）	133.93	293.1	123.12
		高峰采油速度（%）	12.2	14.1	19.7
		采油高峰期（a）	3	2	1
		高峰期末采出地质储量（%）	21.7	23.5	29.2
		高峰期平均单井产油量（10^4m^3）	12	35.1	61.6
		高峰期每采出1%地质储量含水上升率（%）	2.73	0.73	0.21
	第三阶段	年平均采油速度（%）	4.6	9	10
		年采油量平均下降（%）	19.7	16.43	31.2
		累计产油量（10^4m^3）	355	936	187.92
	至2007年底	开井数（口）	7	8	2（水平井）
		年产油量（10^4m^3）	20.41	39.91	12.39
		采油速度（%）	1.9	1.9	2
		累计产油量（10^4m^3）	839.78	1908.51	490.82
		采出程度（%）	45	65.8	62
		综合含水（%）	85.9	90.4	84.2
		采收率（%）	58.9	71.5	79.1

注：采油速度按可采储量计算。

再从开发过程中含水变化规律对三类油藏进行详细的对比分析，三者体现不同的动态特征：

(1) 虽然各油藏在高速开采的条件下，高峰期末采出地质储量比较接近，分别为21.7%、23.5%和29.2%（表5-9），但每采出1%的地质储量含水上升率是不同的。M10底水油藏分别为K22油藏和K08油藏的3.7倍和13倍。不同的含水上升率导致累计水油比上升的不同。从累计水油比与采出程度关系曲线（图5-15）看出，三个类型油藏的累计水

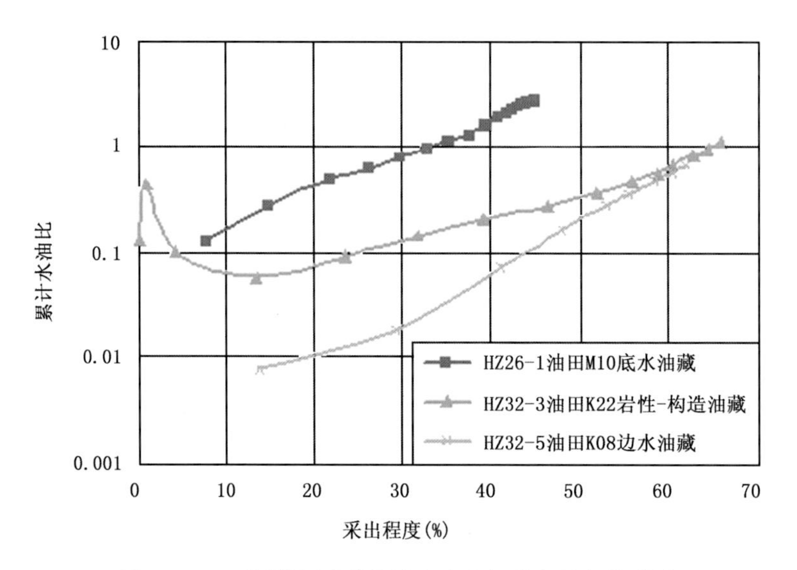

图 5-15　不同特征油藏累计水油比与采出程度关系图

油比随采出程度的增加不断上升，但不同油藏类型上升的幅度不同。在相同的采出程度下，M10 底水油藏的累计水油比高。当采出程度为 30% 时，累计水油比分别是 K22 油藏和 K08 油藏的 6.2 倍和 42.6 倍。

（2）油水黏度比是影响油藏开发效果重要因素。从不同特征油藏综合含水率与采出程度关系曲线（图 5-16）可看出，油水黏度比几乎决定了油藏开发效果的好坏，油水黏度比大的 M10 底水油藏，其曲线偏向含水轴，而油水黏度比低的 K22 油藏和 K08 油藏，其曲线偏向采出程度轴。由表 5-10 可见，当综合含水为 30% 时，油水黏度比低的 K22 油藏和 K08 油藏采出程度分别达 34.4% 和 41.5%，累计产油量分别已占可采储量的 48.1% 和 52.5%，其最终采收率分别为 71.5% 和 71.9%。油水黏度比为 6.42 的 M10 底水油藏只采出 15.6%，其最终采收率为 58.9%。

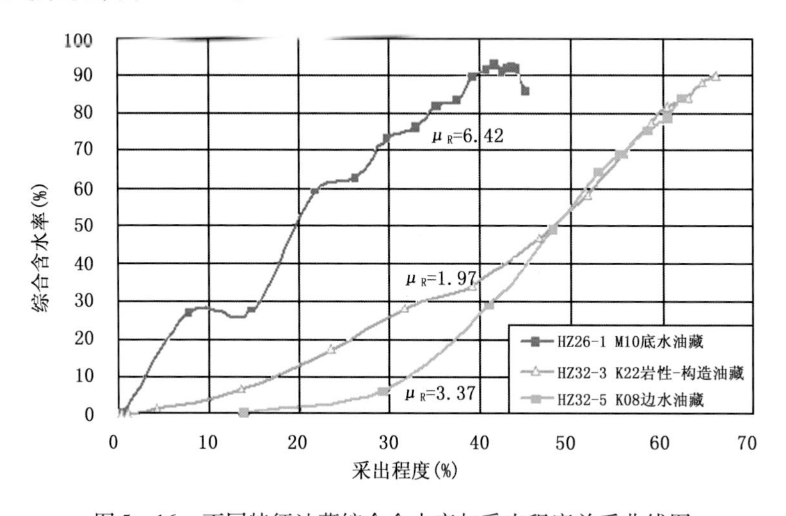

图 5-16　不同特征油藏综合含水率与采出程度关系曲线图

表5－10　不同的油水黏度比与采收率关系对比

油藏	有效渗透率（mD）	油水黏度比	无水采收率（%）	含水30%采出程度（%）		最终采收率（%）
				占地质储量	占可采储量	
HZ26－1油田M10油藏	3266	6.42	1.10	15.6	26.4	58.9
HZ32－3油田K22油藏	5461	1.97	4.92	34.4	48.1	71.5
HZ32－5油田K08油藏	895	3.37	18.95	41.5	52.5	79.1

另一方面，不同的油水黏度比决定了不同的油藏耗水量。从不同油水黏度比的油藏耗水量对比（表5－11）来看，在20%、30%和40%的采出程度条件下，地层水驱能量利用程度随油水黏度比增大而明显降低。

从上述几方面分析可得出，油藏开发效果的差异主要取决于油藏类型、油水黏度比的大小，以及储层物性高低等因素。

表5－11　不同油水黏度比的油藏耗水量对比表

油藏	采出程度20%		采出程度30%		采出程度40%	
	采油速度（%）	累计水油比	采油速度（%）	累计水油比	采油速度（%）	累计水油比
HZ26－1油田M10油藏	6.98	0.420	3.43	0.810	1.76	1.800
HZ32－3油田K22油藏	9.81	0.075	8.55	0.130	7.44	0.210
HZ32－5油田K08油藏	14.44	0.011	15.28	0.019	12.17	0.066

5.2.6　多油层合采动态特征

西江24－3、西江30－2、番禺4－2和番禺5－1等4个油田采用开发层系内多油层合采。这些油田石油地质储量总计21997×10^4m^3，占20个砂岩油田总储量的45.7%。其中，主力油层的地质储量为14185×10^4m^3，占总储量的42.2%。这些油田的共同特点：一是油层层数多，如番禺4－2油田的油层数最多达46层，西江30－2油田为45层，主力油层数为27层，占总主力油层的51.9%，含油井段长都在千米以上；二是边底水油藏交互存在，形成多个独立的油水系统，纵向上油水关系复杂。

以生产时间较长的西江24－3和西江30－2两个油田为例分析多油层合采的动态特征。

5.2.6.1　产能特征

（1）油井产量高，生产能力旺盛。

西江24－3和西江30－2两个油田26口油井投产初期按3个级别进行统计，产油量在300～500m^3/d间的油井有5口，在500～1000m^3/d间的油井有13口，大于1000m^3/d的油井有8口，分别占总油井数的19.2%、50%和30.8%。由此可见，有21口油井产油量超过500m^3/d，占总井数的80.8%。比采油指数平均值44.7m^3/(d·MPa·m)。

（2）高产稳产期长。

1997 年达到高峰年产油量 $593 \times 10^4 m^3$，高峰采油速度 6.0%。随后虽然两个油田的年产油量逐步波动下降，但仍然维持较高水平，年产油量有 3 年超过 $400 \times 10^4 m^3$，6 年超过 $300 \times 10^4 m^3$，2 年超过 $200 \times 10^4 m^3$，2 年超过 $100 \times 10^4 m^3$。至 2010 年底，两个油田累计产油量达 $5553 \times 10^4 m^3$（表 5－12）。

表 5－12　西江 24－3 和西江 30－2 油田历年产油量统计表

时间（年）	1994	1995	1996	1997	1998	1999	2000	2001	2002
年产油量（$10^4 m^3$）	6	228	502	593	464	353	421	390	406
累计产油量（$10^4 m^3$）	6	234	736	1329	1793	2146	2567	2957	3363
时间（年）	2003	2004	2005	2006	2007	2008	2009	2010	—
年产油量（$10^4 m^3$）	375	332	315	336	292	224	187	129	—
累计产油量（$10^4 m^3$）	3738	4070	4385	4721	5012	5237	5424	5553	—

5.2.6.2　产液剖面变化

由于受层间的非均质性等因素影响，在开采过程中，各类油层的动用状况是不均匀的。研究各类油层动用状况的不同及其在开采过程中的变化，对于掌握油田变化趋势，根据不同开发阶段的主要矛盾编制合理的开发规划，采取不同措施确保油田有较高的产油量具有十分重要意义。

下面以西江 24－3 和西江 30－2 两个油田为例进行统计分析，根据油井产液剖面测试情况归纳出主力层有两种出油状况：

第一种，主力层在生产过程中是不变的。例如，西江 24－3 油田第二套开发层系的 H2 边水油藏和 H3A 底水油藏储量分别为 $257.7 \times 10^4 m^3$ 和 $833.1 \times 10^4 m^3$。在边底水油藏混采过程中，H2 边水油藏和 H3A 底水油藏占总产油量的比例分别为 21%～33% 和 28%～49%，其他次要层因含水高就停止采油。由此可见，由于主力油层储量大，储层物性好，在边底水油藏混采过程中，两个油藏出油比例没有发生变化，说明层间干扰不严重（表 5－13）。

表 5－13　西江 24－3 油田第二套层系各层历年所占产油量比例表

时间	第二套层系年产量（$10^4 m^3$）	H2 占百分数（%）	H2A 占百分数（%）	H2B 占百分数（%）	H2C 占百分数（%）	H2D 占百分数（%）	H3A 占百分数（%）	H3A1 占百分数（%）	H3D 占百分数（%）	H3E 占百分数（%）
1995	295.57	20.99	16.81	—	7.27	7.27	28.26	4.87	7.27	7.27
1996	387.76	26.30	18.06	—	4.98	4.98	31.27	4.46	4.98	4.98
1997	388.13	22.92	18.44	—	6.43	6.43	29.36	3.55	6.43	6.43
1998	344.22	21.90	19.11	—	5.96	5.96	31.79	3.34	5.96	5.96
1999	191.06	26.43	18.85	—	3.51	3.51	36.44	4.24	3.51	3.51
2000	244.41	26.82	16.77	—	4.19	4.19	36.60	3.06	4.19	4.19
2001	213.11	27.02	17.61	1.11	3.99	3.99	36.18	4.36	2.88	2.88
2002	231.45	23.86	18.19	5.14	7.00	5.75	32.83	3.51	1.87	1.87

续表

时间	第二套层系年产量（10^4m^3）	H2占百分数（%）	H2A占百分数（%）	H2B占百分数（%）	H2C占百分数（%）	H2D占百分数（%）	H3A占百分数（%）	H3A1占百分数（%）	H3D占百分数（%）	H3E占百分数（%）
2003	158.35	25.98	16.95	6.36	9.65	5.17	31.53	4.35	—	—
2004	74.09	26.88	19.24	5.16	10.48	5.32	32.21	0.70	—	—
2005	69.29	23.62	14.80	7.17	13.97	6.81	33.63	—	—	—
2006	76.70	29.52	12.80	3.96	16.65	5.96	31.11	—	—	—
2007	51.85	33.22	11.41	—	6.20	0.08	49.09	—	—	—

第二种，主力层在生产过程中是变化的。例如，西江30－2油田的第一套开发层系包括HA、HA1、HA2、HB、HC、H1、H1B和H2B共8个油层，其中5个油层进行了不同时间的PLT测试。测试结果揭示产油贡献的变化见表5－14，第一次（1996—1997年）的测试表明，HB油层是出油主力，所占产油量比例为38.2%，其次HC油层占26%。油井经过一段生产时间后，进行第二次（1999—2000年）测试，结果发现HB出油主力降至第二位，只占总产量的28.9%，原来的第三位所占总产量的17.3%上升到第一位，占总产量的35.1%，其他油层占总产油量的比例有所变化。所以需要保持常态的动态监测，及时发现生产问题，及时调整对策。

表5－14　西江30－2油田第一套层系不同测试时间开发数据汇总表

层位	测试日期	井数（口）	产量（m^3/d）			百分含量（%）			含水率（%）
			液	油	水	液	油	水	
HA	1996—1997	4	530.9	384.5	146.4	9.2	10.2	7.3	27.6
	1999—2000	3	1000.3	104.2	896.1	16.4	4.9	22.6	89.6
HA1	1996—1997	1	146.0	107.3	38.7	2.5	3.0	1.9	26.5
	1999—2000	2	344.1	109.5	234.6	5.6	5.1	5.9	68.2
HB	1996—1997	4	2461.4	1433.0	1028.4	42.7	38.2	50.9	41.8
	1999—2000	5	2300.5	619.8	1680.7	37.6	28.9	42.3	73.1
HC	1996—1997	4	1401.4	976.4	425.0	24.4	26.0	21.0	30.3
	1999—2000	6	751.9	337.3	414.6	12.3	15.7	10.5	55.1
H1	1996—1997	3	1013.5	649.3	364.2	17.5	17.3	18.0	35.9
	1999—2000	5	1339.1	753.7	585.4	21.9	35.1	14.7	43.7
H1B	1996—1997	3	215.3	198.2	17.1	3.7	5.3	0.9	7.9
	1999—2000	4	379.7	220.9	158.8	6.2	10.3	4.0	41.8
合计	1996—1997	19	5768.5	3748.7	2019.8	100.0	100.0	100.0	35.0
	1999—2000	25	6115.6	21454.0	3970.2	100.0	100.0	100.0	64.9

5.2.6.3　含水上升变化规律

统计7个多油层油田在低、中、高含水阶段含水上升率变化情况（表5－15），发现含水上升率变化总体表现为由快到慢，这主要是因为多油层生产开始时以主力油层为主生产，随后其他油层也逐步参与生产，弥补主力油藏油井的产油量递减，减缓了总体产水量，造成含水上升速度减慢。

表5-15　多油层生产含水上升速度数据表

编号	油田	层系油藏	不同含水阶段含水上升率（%）			油水黏度比
			低	中	高	
43	XJ24-3	Ⅰ	2.62	2.8	1.4	32.66
44		Ⅱ	—	1.62	1.24	17.00
45		Ⅲ	2.54	1.2	1.11	8.47
47	XJ30-2	Ⅰ	3	2.7	1.97	21.27
48		Ⅱ	—	2.64	2.19	16.60
49		Ⅲ	1.31	1.51	1.2	10.40
50		Ⅳ	1.58	1.13	1.13	10.80

5.2.6.4　多油层水淹特征

多油层在合采过程中，各油藏的水淹特征主要与油藏类型有关，边水油藏的边水首先纵向上沿渗透率较高部位向构造顶部内侵，并逐步向上和重力向下扩大形成水侵带。底水油藏是以底水锥进或托进运动为主，不造成新的油水接触面，保持上油下水，有利于油水重力分异。这与前面单油藏的特征一致，在此不再赘述。

5.3　主要开发指标的变化规律

油田在高速开采条件下，各开发阶段采取的不同增产挖潜措施，在开发指标上都有所反映。研究油田主要开发指标的变化规律，能够用来检验总体开发方案所设计的开发指标合理性，同时也能为今后编制新油田的开发方案提供借鉴。本节主要从油田和油藏的角度分别对高峰采油速度、综合含水率、产油量和采收率等主要开发指标的变化规律进行研究总结。

5.3.1　高峰采油速度

高峰采油速度取决于许多因素，有地质的、技术的和组织管理等，其本身就是一个综合指标。一般认为，油田的产油能力、油田含油面积的大小、油层埋藏的深度、所采用的开发系统、钻井与工程建设速度、采油工艺先进程度、油井产油能力的利用程度等因素都会影响高峰采油速度。下面仅分析高峰采油速度与含油面积、原油流度、油水黏度比、单井控制储量和可采储量等地质因素之间的定性关系。

5.3.1.1　高峰采油速度与含油面积的关系

高峰采油速度与油田含油面积大小有一定的关系（图5-17），可用含油面积5km^{2}为界限划分两组油田。这两组油田的高峰采油速度变化范围与油田含油面积大小的依赖关系不同。在第一组中高峰采油速度的变化范围为9.9%~26.9%，它们与油田含油面积大小的依赖关系很差。在第二组中高峰采油速度的变化范围为8.9%~13.6%，随着油田含油面积的增加，高峰采油速度有明显的下降。例如，惠州26－1N油田含油面积1.31km²，采油速度为26.9%；惠州26－1油田含油面积为15.9km²，高峰采油速度为8.9%。从中可以看出，在含油面积小的情况下，其他因素（如个别油井停产）对高峰采油速度影响很大；含油面积大时，其他因素的影响就不大，因为大油田要在短时间内达到高峰采油速度，必须集中钻井和工程等力量，尽快使油井投产。

油藏高峰采油速度与含油面积的关系不明显，但总体表现为高峰采油速度随含油面积变大而减小趋势。

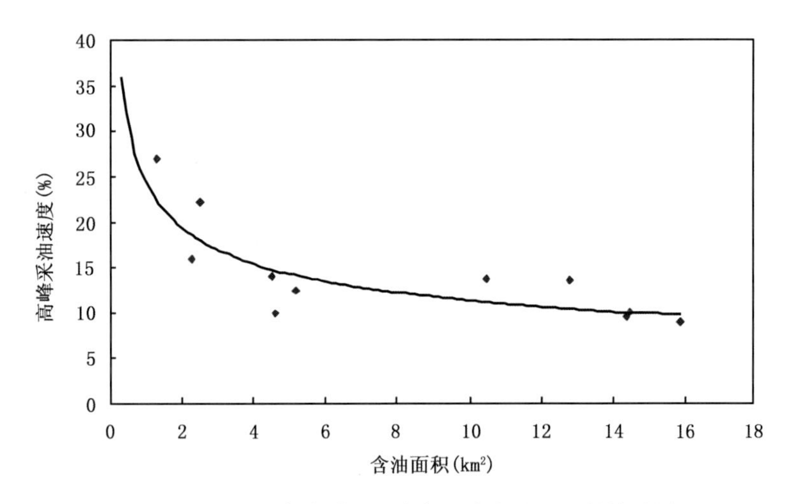

图5－17　油田高峰采油速度与叠合含油面积的关系图

5.3.1.2　高峰采油速度与原油流度的关系

油田的地下原油流度（生产能力）对高峰采油速度有一定的影响。储层渗透率的高低，地下原油黏度稀稠，都会影响到油田高峰采油速度。总体而言，高峰采油速度随着原油流度的增加而提高（图5－18）。例如，惠州26－1油田的原油流度1132mD/(mPa·s)，高峰采油速度8.9%；陆丰13－2油田的原油流度2655mD/(mPa·s)，高峰采油速度13.5%。

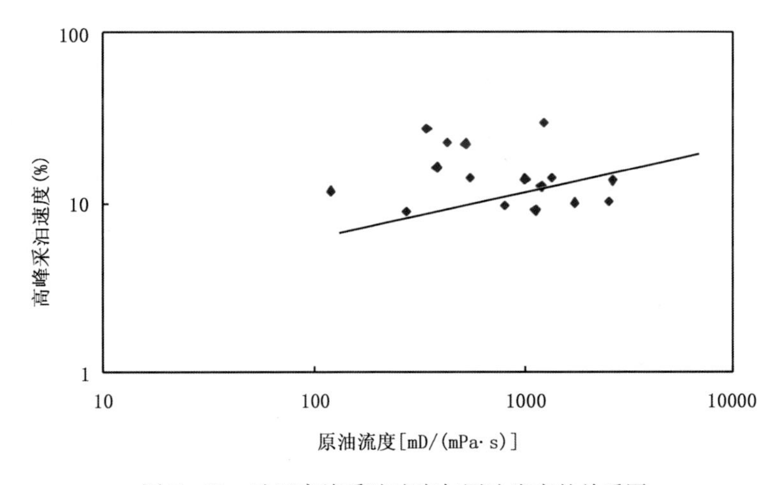

图5－18　油田高峰采油速度与原油流度的关系图

油藏高峰采油速度与原油流度的关系与油田的相似，从曲线变化趋势看出（图5－19），随着原油流度的增加，高峰采油速度也增加。

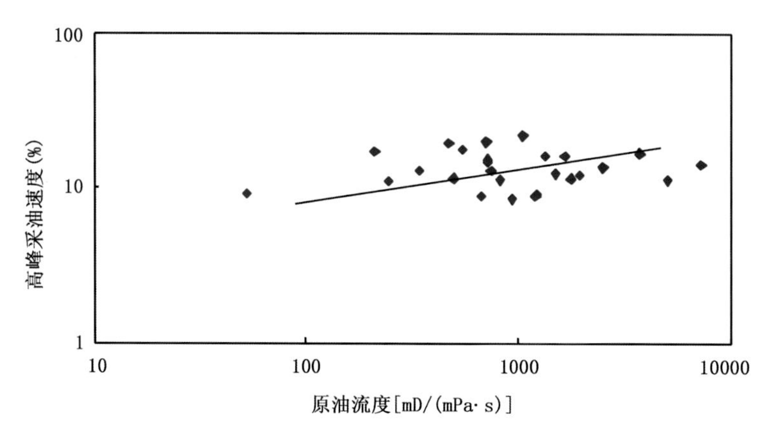

图5－19　油藏高峰采油速度与原油流度的关系图

5.3.1.3　高峰采油速度与油水黏度比的关系

在水驱油的过程中，油水黏度比的大小不但影响到油田开发效果的好坏，也会影响到油田高峰采油速度的高低。试验证明，在相同地质条件下，油水黏度比越大，水驱油呈非活塞式推进越严重，呈现指进现象越明显，油井见水越早，含水上升快，高峰采油速度越低，驱油效率低，影响到油田开发效果；油水黏度比越小，水驱油越接近活塞式推进，指进现象降低，油井见水慢，高峰采油速度高，水驱油效率高。研究区油田的高峰采油速度也体现出随油水黏度比增加而降低的趋势（图5－20）。例如，惠州21－1油田油水黏度比1.95，高峰采油速度13.1%；西江24－1油田油水黏度比7.42，高峰采油速度9.9%。

5.3.1.4　高峰采油速度与单井控制储量的关系

油田单井控制储量的大小可影响到开发指标。从总的趋势来看，单井控制储量越小，井网越密，高峰采油速度越高。由图5－21可知，本地区油田高峰采油速度随单井控制储量的增加而减小。例如，惠州32－2油田单井控制储量$181\times10^4m^3$，高峰采油速度为14%；惠州26－1油田单井控制储量为$284\times10^4m^3$，高峰采油速度为8.9%。

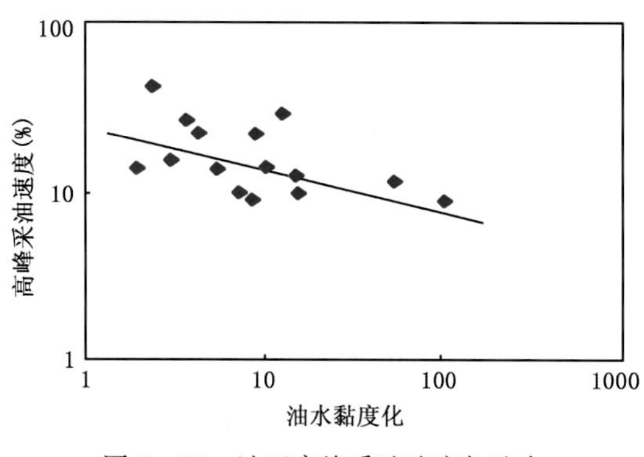

图5－20　油田高峰采油速度与油水黏度比关系曲线

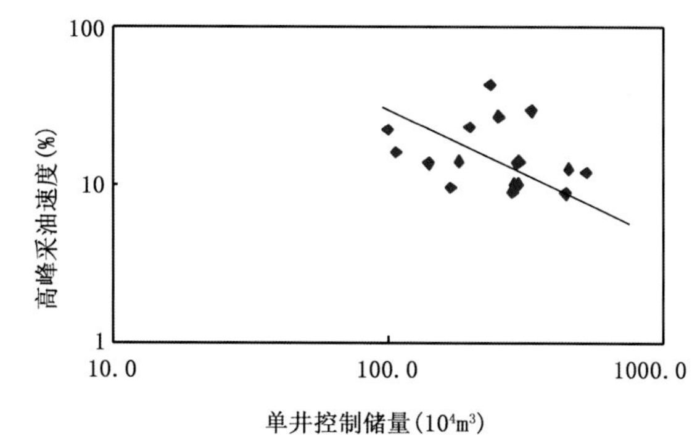

图5－21　油田高峰采油速度与单井控制储量关系曲线

5.3.1.5　高峰采油速度与可采储量的关系

油田高峰采油速度是一个十分重要的指标，它不仅影响到油藏工程评价中的其他指标，而且还影响到工程评价和经济评价的结果，直接关系到油田生产规模建设的问题。采用统计方法，对珠江口盆地内已有的油田开发实例加以研究，在双对数坐标纸上，绘制出高峰采油速度与可采储量的关系曲线（图5－22）。由该图看出，随着油田可采储量的增加，则高峰采油速度相应降低。例如，惠州32－2油田的可采储量为$569\times10^4m^3$，高峰采油速度14%；陆丰13－1油田的可采储量为$1229\times10^4m^3$，高峰采油速度9.5%。

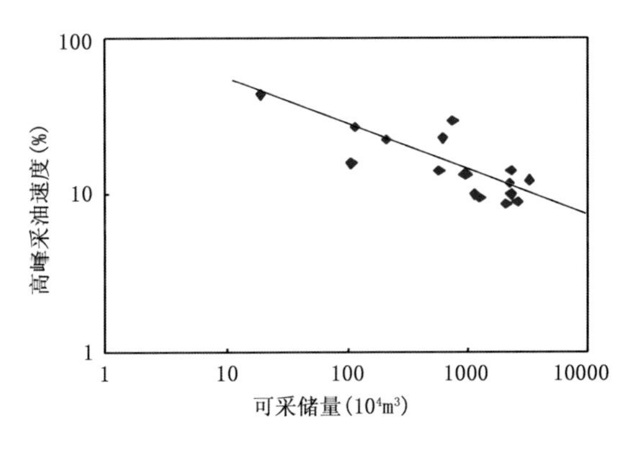

图5－22　油田高峰采油速度与可采储量关系图

油藏高峰采油速度和可采储量的关系与油田的相似。

5.3.1.6　高峰采油速度统计规律

正如前文所述，海上海相砂岩油田（油藏）高峰采油速度影响因素很多，它是一项综合性开发指标。据油田（油藏）实际动、静态资料统计，应用多元回归方法，建立了适合珠江口盆地（东部）水驱砂岩油田（油藏）的经验公式。

（1）油田高峰采油速度：

$$v_m=0.515740-0.029520\log\frac{K}{\mu_{oi}}-0.000016\mu_R-0.033189S-0.078335\ N_{可}$$

相关系数$R=0.7815$

式中　v_m——占可采储量的高峰采油速度；

$\frac{K}{\mu_{oi}}$——原油流度，mD/（mPa·s）；

μ_R——油水黏度比；

S——井网密度，口/km^2；

$N_{可}$——可采储量，10^4m^3。

（2）底水油藏高峰采油速度：

$$v_m=0.272108-0.005588\mu_R-0.060816\log\frac{K}{\mu_{oi}}+0.064242S-0.000019N_{可}+0.004002H$$

相关系数$R=0.9657$

式中　H——避射高度（m）

（3）边水油藏高峰采油速度：

$$v_m=0.180154+0.010304\log\frac{K}{\mu_{oi}}-0.0043281\mu_R-0.091497S-0.000022N_{可}$$

相关系数$R=0.8836$

总之，在新油田开发设计中，高峰采油速度或高峰年产油量在确定油田建设规模中是很重要的指标。可通过这些经验公式计算出来，为领导决策提供依据。

5.3.2 综合含水

含水上升规律的变化不完全取决于油水黏度比，也受油藏所处的沉积相带、储层岩性和物性的变化、开发井的类型、多油层产量接替，以及各种增产措施的影响。这些因素都会影响含水率曲线的变化。

在高速开采条件下，通过分析研究综合含水率与原油可采储量的关系，归纳总结出层状边水油藏、块状底水油藏、岩性—构造油藏和多油层合采含水率上升特点。

5.3.2.1 层状边水油藏

边水油藏含水率动态曲线分为两种形态（图 5－23）。第一种曲线与横坐标轴呈凹形，反映出在开发初期含水率缓慢增长，在开发中后期含水率上升较快。该类型的油藏油水黏度比较低，平均值为 2.98；原油流度较高，平均值为 1525mD/(mPa·s)；井网密度较稀，平均值为 0.43 口/km^2。例如，编号 2 为 HZ21－1 油田的 L30 油藏，该层为边水油藏，沉积相为滨岸沉积环境堡块（障壁坝）相，砂体粒度级序为向上变粗的反韵律，普遍发育波状、

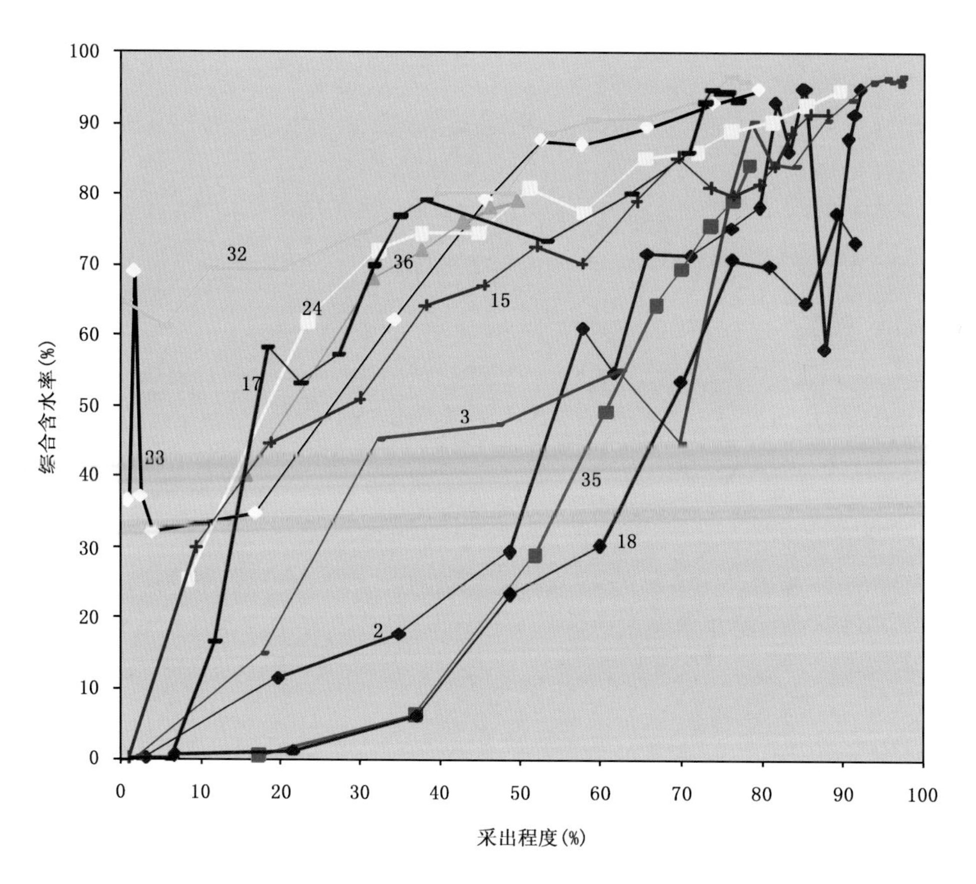

图 5－23 边水油藏采出液含水率动态图

2：HZ21－1 油田 L30 油藏；3：HZ21－1 油田 L40up 油藏；15：HZ26－1 油田 L30 油藏；17：HZ26－1 油田 L50 油藏；18：HZ26－1 油田 L60 油藏；23：HZ32－2 油田 L30 油藏；24：HZ32－2 油田 L60 油藏；32：HZ32－3 油田 L30 油藏；35：HZ32－5 油田 K08 油藏；36：HZ32－5 油田 L60 油藏

透镜状层理，含有生物碎屑，下部多见生物扰动。砂体的颗粒比较均匀，分选和磨圆程度也较高。因此油层的均质程度高，物性好，非均质程度不严重，地下原油黏度低，为0.29mPa·s，在开发过程中水驱油效果好。在低、中、高含水阶段中，每采出1%可采储量含水上升率分别为0.53%、1.04%和1.06%。该层的开发效果是好的。又如编号35为HZ32－5油田的K08边水油藏，该油藏为前三角洲滨外风暴席状砂沉积。该层为分选好的细粒至中粒砂岩。据岩心分析，孔隙度为19.0%～33.3%，油层孔隙度主要分布在20.0%～30.0%区间（平均占86%），渗透率355～6210mD，平均为2170mD。由此看到风暴席状砂岩分选好，储层物性也较好，非均质程度弱。该层含油面积为8.1km²，地下原油黏度为1.28mPa·s，用2口水平井开发。由低、中、高含水期来看，每采出1%可采储量含水上升率分别为0.37%、0.78%和0.92%，含水上升速度控制得好，使该层取得了较好的开发效果。

第二种曲线与横坐标轴呈凸形，反映出在开发初期含水率上升较快，在开发后期（高、特高含水阶段）含水上升速度变慢。编号18为HZ26－1油田的L60油藏，根据沉积相研究，该层属于堡块微相沉积。该层含油面积，为14.5km²，油层厚度，为2.6m，有效孔隙度为16.3%，渗透率130～150mD。油层平面分布广，连通性好。但油层顶部含有钙质、白云质，属相对低渗透油层。为了改善该层的储量动用程度，于是在油层物性相对好的位置侧钻了一口水平井，大大提高了油层的采油速度。采油速度由1997年的6.6%上升到1998年的15.6%。随后，在开发过程中及时进行了调整，又侧钻一口水平井，使油层在低、中、高含水期每采出1%可采储量含水上升率分别为0.43%、0.83%和0.8%（2007年）。由此可见，该油层含水上升速度是慢的，开发效果是好的。

第二种类型油藏油水黏度比较高，平均值为10.9，是第一种类型油藏的3.7倍，原油流度为580mD/mPa·s，井网密度平均值为0.66口/km²，开发条件不如第一种类型油藏。这些油藏含油面积小，生产井多，油藏投入开发含水上升就快，随后高含水减缓。油藏含油面积稍大的惠州32－5油田的L60油藏，含油面积7.9km²，生产井数只有1口，没有进行调整。惠州26－1油田的L30油藏，含油面积10.9km²，由于油水黏度比为12.1，含水率上升较快。

5.3.2.2　块状底水油藏

底水油藏的含水率曲线与横坐标轴呈凸形（图5－24），开采初期和中期含水率上升一直是很快的，各油藏之间只是数量的差异，没有质的变化，开采后期含水率上升逐步变缓。这些底水油藏的具有相似的条件：（1）总的油水黏度比为6.05～15.58；（2）原油流度为551～1956mD/mPa·s；（3）井网密度为0.62～1.56（平均值0.97）口/km²；（4）油层内低渗透层分布不稳定或无夹层。

下面以几个具体的底水油藏进行分析。例如，编号39为LF13－1油田的2370油藏，该油藏为沿岸坝沉积，垂向上具反韵律特征，砂体较均质，下部含钙较重，垂直渗透率与水平渗透率的比值约在0.38～0.9之间。但由于沿岸坝砂体均质程度高，缺少层内夹层，含水上升较快。因而该层没有低含水阶段，很快就进入中含水阶段，随着生产时间加长，在开采过程中共钻了4口侧钻井，增加产油量逐步减缓了含水上升速度。

编号40为LF13－1油田2500油藏，该油藏为分流河道/河口坝沉积，以厚层块状砂岩为主，呈单个或多个向上变细的正韵律，即常见叠加型砂体。各韵律底部含砾石，且存在一

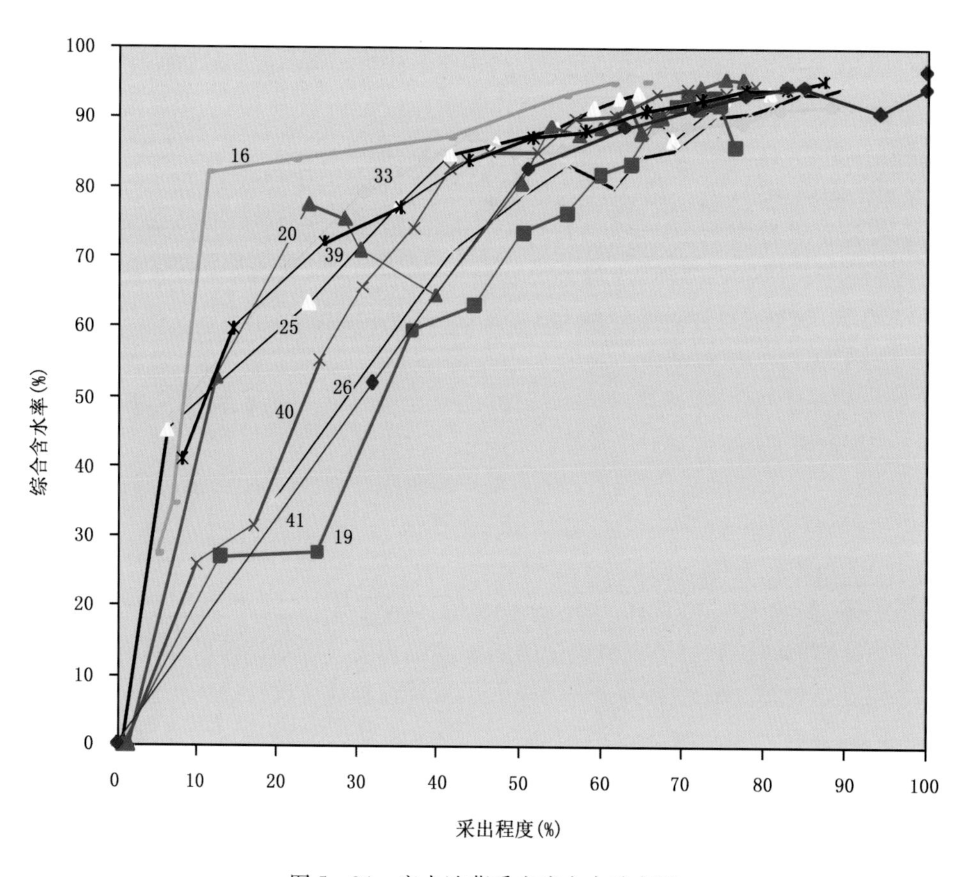

图5-24 底水油藏采出液含水动态图

16：HZ26-1油田L40油藏；19：HZ26-1油田M10油藏；20：HZ26-1油田M12油藏；
25：HZ32-2油田M10油藏；26：HZ32-2油田M20油藏；33：HZ32-3油田M10油藏；
39：LF13-1油田2370油藏；40：LF13-1油田2500油藏；41：LF22-1油田；

个高渗透层段。该层上部与下部有效渗透率相差很大，分别为758mD和3027mD，油层下部有效渗透率为上部油层的4倍。虽然有避射高度为9.9~19.6m，但每米采油强度18.3~25.8m^3/（d·m）。油层内部的低渗透泥质夹层为2至4个，其中2个钙质夹层，厚度薄，为0.1~0.7m，在平面上分布不稳定，不能有效遮挡底水锥进，导致水锥形成早，含水上升快。

19号为惠州26-1油田M10油藏为下三角洲—三角洲前缘沉积。油层较厚、储层物性好，含油性好。储层纵向上均质程度较高，孔隙度和渗透率随深度变化较小。测井孔隙度平均值21.0%，测井渗透率1047mD，有效渗透率3266mD，垂直渗透率与水平渗透率之比为0.43。每采出1%地质储量压力仅下降0.015MPa，历史拟合的水驱能量大于300倍，地层能量是充足的。该油藏1991年投产，1992年达到高峰，年产油量为133.93mD，采油速度为12.2%（按可采储量计算），稳产3年。高峰期末采出可采储量36.9%，含水上升率为1.65%，中后期产油量递减率为19.7%。截至2009年，开井数7口，年产油量11×10^{4}m^3，累计产油量869×10^{4}m^3，采出程度46.6%，采出可采储量79.1%，综合含水率93.3%。

编号16为惠州26-1油田L40油藏，该层为下三角洲平原—三角洲前缘相沉积，主要是分流河道砂岩，粒度向上变细。测井孔隙度22.7%，岩心孔隙度23%，测井渗透率1323mD，空气渗透率444mD。该油藏含水上升快是由于含油面积小，油井投入生产后含水率就达27.4%。随着陆续投产，达到高峰期年产油量$14.1\times10^4m^3$，含水达87.2%，含水上升率为3.8%。第三阶段采油量平均递减率为42.6%，开发效果不理想。

5.3.2.3 岩性—构造油藏

岩性—构造油藏含水率变化曲线位于边底水油藏中间（图5-25），11号和28号油藏的开采曲线类似于边水油藏，而13号、29号和30号油藏开采曲线类似于底水油藏。

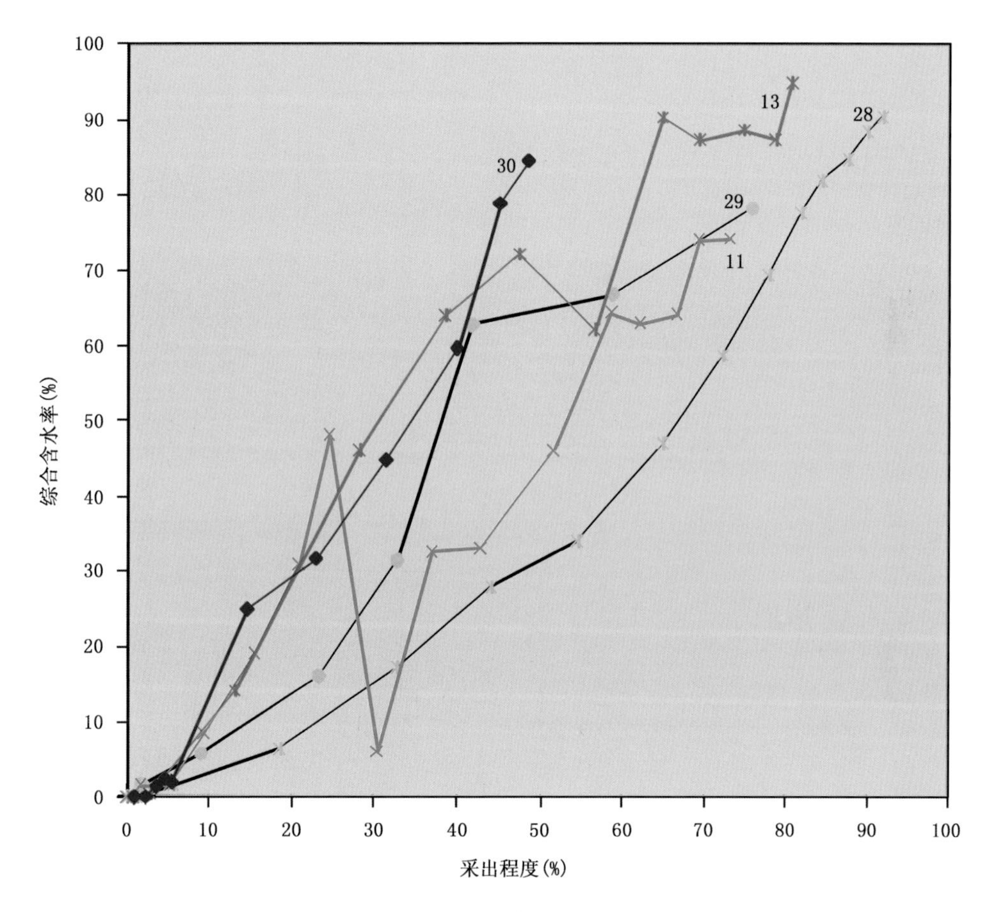

图5-25 岩性—构造油藏采出液含水率动态图

11：HZ26-1油田K08油藏；13：HZ26-1油田K30油藏；28：HZ32-3油田K22油藏；29：HZ32-3油田K40油藏；30：HZ32-3油田L10油藏

11号油藏为惠州26-1油田的K08油藏，属前三角洲风暴席状砂沉积，分选好，细粒至中粒。根据测井资料解释，孔隙度14.1%~25.2%（平均值20.7%），渗透率47~1711mD（平均值637mD）。根据岩心分析，孔隙度24.1%~28.1%，空气渗透率383~943mD，岩心渗透率直方图为宽缓型，略显双峰，渗透率大于1000mD所占比例最高为33%。由此看到该油层砂岩分选好，储层物性较好，非均质程度相对较低。该层含油面积$9.8km^2$，地层原油黏度3.76mPa·s，原油流度668mD/(mPa·s)，油水黏度比14.46，中、高期含水上升率分别为1.47%和1.23%，井网密度0.41口/km^2。总的来看，含水上升率控制较好，使该层开发效果也好。

编号28为HZ 32－3油田K22油藏。该油藏砂岩是低位体系域深切谷内的辫状分流河道充填，具有良好的储集物性，为Ⅱ类储层。据层序地层学研究，该套辫状分流河道分布范围较广，砂体以向西伸展为主，向东变薄，尖灭于HZ26－1油田。辫状分流河道具有下粗上细的粒度特征，砂岩粒度较粗，底部含砾，渗透率大，油井产能高。一般来说，正韵律砂体在开发过程中水会沿着砂体单元底部的高渗透带突进而影响油层的开发效果。但该油藏地下原油黏度，为0.75mPa·s，原油流度为7281mD/mPa·s，为岩性—构造油藏，水体主要从西侧来，油井离油水边界较远。油藏从低、中、高含水期来看，每采出1%可采储量含水上升率分别为0.56%、0.82%和0.97%。

其他油藏含油面积小，生产井数少，只有1～2口，油井投产就含水，没有调整的余地，导致含水上升快。

5.3.2.4 多油层合采

多油层合采的含水率曲线与横坐标轴呈凸形（图5－26），反映出开发初期以主力油层为重点，各层系含水上升速度都比较快，中后期含水上升速度有所差异。第一组44号、45

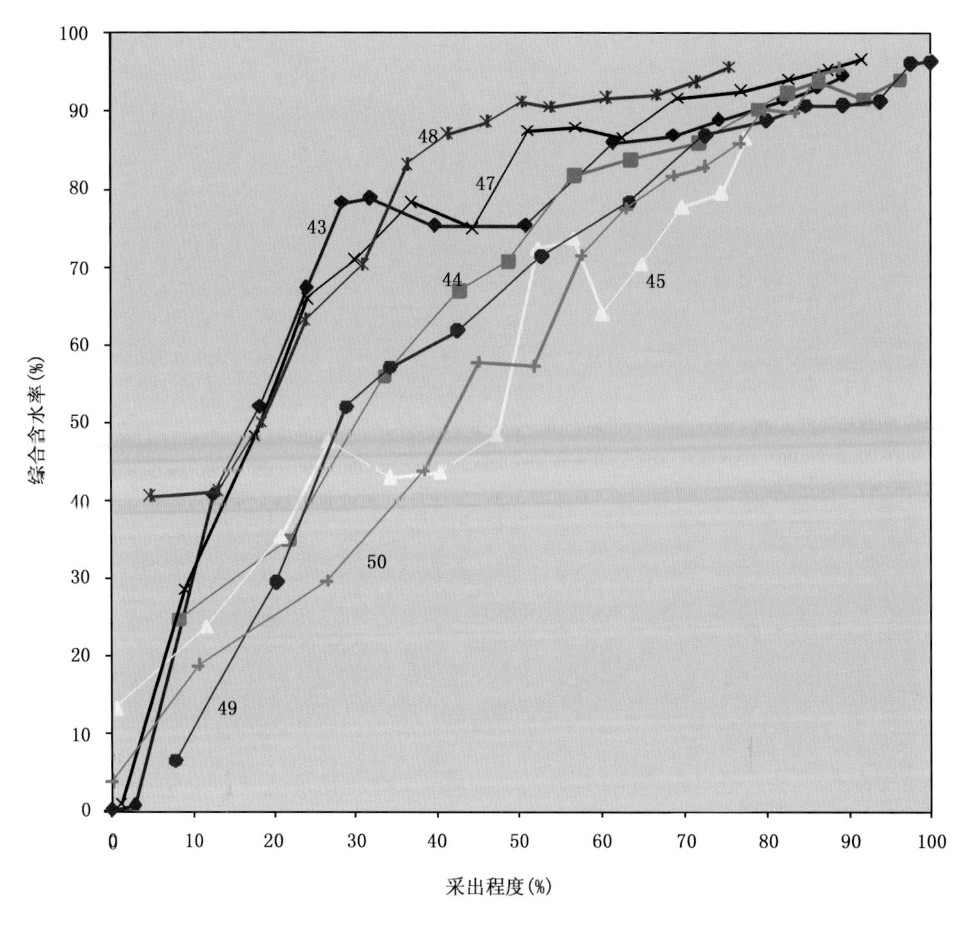

图5－26　多油层采出液含水动态

43：XJ24－3 Ⅰ；44：XJ24－3 Ⅱ；45：XJ24－3 Ⅲ；

47：XJ30－2 Ⅰ；48：XJ30－2 Ⅱ；49：XJ30－2 Ⅲ；50：XJ30－2 Ⅳ

号、49号和50号层系含水上升速度比第二组43号、47号和48号层系稍慢，随后都逐步趋于缓慢上升。其主要原因在于第一组的油层参数好于第二组（表5－16）。

表5－16　第一、二组层系参数对比表

参数	第一组	第二组
原油流度［mD/（mPa·s）］	1324～5059（平均2600）	246～1194（平均794）
原油黏度（mPa·s）	2.54～6.12（平均3.83）	5.81～12.41（平均8.84）
单井控制储量（10^4m^3）	256～362（平均276）	107～575（平均413）
油水黏度比	8.47～10.80（平均11.67）	16.6～32.66（平均23.51）

编号43为XJ24－3油田第一套层系的油层，该层系为分流河道砂岩，粒度具有下粗上细的正韵律特征，砂岩储集物性中等。在开发过程中，水主要沿着单元砂体下部的粗砂岩或含砾砂岩形成的高渗透带推进，加上油水黏度比为32.66，造成含水上升速度过快，从而降低驱油效率。含水率曲线在后期变缓主要是由于砂体的下部发育两层分布稳定而广泛的泥岩夹层，有效地减缓了边底水的上升速度。在生产过程中，及时进行调整侧钻4口井增加产油量，使该套层系含水上升速度减缓。

编号44为西江24－3油田的第二套层系，包括H2、H2A、H2B、H2C、H2D、H3A、H3A1、H3D、H3E、H3E1、H3F、H3G共12个油层，纵向形成边底水交互。其中，主力油层为边水油藏H2和底水油藏H3A。H2和H3A属于分流河道、河口坝、决口扇沉积，油层平均孔隙度为22.6%，空气渗透率为1609mD，有效渗透率为15388mD，地下原油黏度为6.12 mPa·s，油水黏度比为17，地质储量分别为257.7×10^4m^3和833.1×10^4m^3。在开采过程中，由于油水黏度比大，含水上升快，该层系很快就进入中含水期。在边底水油藏混采过程中，两个油藏出油比例没有发生变化，历年产油量占总产油量的比例分别为21%～33%和28%～49%。该层系在中、高、特高含水期含水上升率分别为1.62%、1.24%和0.98%，含水上升率逐渐趋于稳定下降，但开发效果一般。

编号45为西江24－3油田第三套开发层系，包括H4A、H4B、H4C、H4D共4个油层，该层系主力油藏以分流河道沉积为主。油层平均孔隙度为22.6%，空气渗透率为2252mD，有效渗透率为12850mD，地下原油黏度为2.54 mPa·s，原油流度为5059mD/（mPa·s），油水黏度比为8.47。边、底水油藏地质储量分别为1149.91×10^4m^3和566.99×10^4m^3，分别占该层系总储量的67%和33%。该层系在低、中、高和特高含水阶段，含水上升率分别为2.54%、1.20%、1.11%和1.12%，含水上升率逐步下降，层系开发效果较好。

编号47为XJ30－2油田第一套层系，包括HB、HC、H1和H1B等油层，该层系为分流河道沉积，以厚层块状砂岩为主，边水和底水互层，呈单个或多个向上变细的正韵律。各韵律底部含砾石，且存在一个高渗透层段，形成下部渗透率高，上部渗透率低的渐变正韵律特征。该层系在低、中、高含水期每采出1%可采储量，含水上升率分别为3%、2.7%和1.97%。由此可见，低含水期含水上升较快，随后逐步减慢。

编号48为XJ30－2油田第二套层系，包括H3、H3A、H3B、H3C、H3D、H3E、H3F、H3G等油层。该层系为河口坝、水下分流河道微相。河口坝是由河流携带的碎屑物质沉积于河口并经海浪作用改造而成，为中—细粒砂岩，粒度具有反韵律特征。三角洲前缘水下分流河道由细—粗砂岩组成，为分流河道的水下延伸部分，常由多个正韵律砂体叠加而成，含有生物介屑，底部可见冲刷面。该层系内储层物性受波浪改造作用影响较大，没有低含水期，在中、高含水期每采出1%可采储量，含水上升率分别为2.64%和2.19%，由此可见该层系含水上升率难以控制。

编号49为XJ30－2油田第三套层系，包括H4B、H4B1、H4C、H4D、H5、H6、H7、H8共14个油层，为分流河道沉积微相，主力油层主要由分流河道砂组成，在油田范围内砂岩分布稳定，连通性较好。颗粒粒度具有正韵律特征。H4B油层下部地层为远沙坝沉积，主要由粉砂、泥质砂岩、粉砂质泥岩组成，其上部为细砂岩，中下部为泥质粉砂岩、粉砂质泥岩。该层系在低、中、高含水期每采出1%可采储量，含水上升率分别为1.31%、1.51%、1.2%，该层系含水上升率控制比较好。

编号50为XJ30－2油田第四套层系，包括H10B、H10C、H11、H13、H14共5个油层，以河口坝砂岩沉积为主，油层分布较广，砂体内非均质程度低，储层物性好。由于河口坝砂体具有反韵律特征，且地下原油黏度较低（3.25mPa·s），使得边底水推进较均匀，提高了平面上和纵向上的扫油效率。该层系在开采中后期侧钻4口油井，减缓了含水上升率速度，在低、中、高含水期每采出1%可采储量，含水上升率分别为1.58%、1.13%和1.13%，开采效果比较好。

5.3.3 产油量

珠江口盆地海相砂岩油田高速开采15年内出现了两个高峰期，其具体开发历程如下：

（1）1990年9月，第一个油田（惠州21－1油田）投产，相隔一年惠州26－1油田也投入开发，年产油量由$17\times10^4m^3$上升到$327\times10^4m^3$。以这两个油田为骨干，利用配套设施带动周边的小油田惠州32－2和惠州32－3油田投入生产，使惠州油田群的年产油量由1993年的$328\times10^4m^3$上升到1996年的$564\times10^4m^3$，为油区增加年产油量$236\times10^4m^3$。一方面弥补了老油田产油量的递减，另一方面提高了油区年产油量。随后，西江24－3、西江30－2和陆丰13－1等油田相继建成并投入生产，使南海东部油区1996年产油量上升到$1173\times10^4m^3$。1997年至2002年间又相继投产了西江24－1、陆丰22－1、惠州32－5、惠州26－1N等油田，再加上老油田内实施的各种增产措施，使油区年产油保持在$1166\times10^4m^3$～$1268\times10^4m^3$之间，维持高产稳产达5年之久。随后两年，油区年产油量仍保持在$1000\times10^4m^3$以上，这是油区第一个高峰期。随着油区老油田综合含水由2000年的62%上升到2003年的83%，油区年产油量略有下降。

（2）2004年到2009年间，由于番禺4－2、番禺5－1、惠州19－3、惠州19－2、陆丰13－2、惠州19－1、惠州25－4、番禺11－6和西江23－1等油田相继投产，南海东部砂岩油田年产油量迅速上升，最高达$1264\times10^4m^3$，并使油区年产油保持在$1000\times10^4m^3$以上达6年之久，这是油区第二个高峰期。随后的2010年，年产量有所下降。

（3）自1996年油区产量超千万方到2010年，砂岩油田累计产油$17183\times10^4m^3$，惠州、西江、陆丰和番禺油田群在此期间累计产油量分别为$6005\times10^4m^3$、$6538\times10^4m^3$、$2219\times10^4m^3$和$2421\times10^4m^3$，分别占全油区产量的34.9%、38%、13%和14.1%。由此可见，以油田群为单元联合开发，可以缩短油田建设时间，快速投产，同时在油田群内可以通过产量接替实现高产稳产。

在高速开采条件下，南海珠江口盆地13个海相砂岩油田高峰采油速度达8.7%～

29.3%（平均为14.5%），高峰期末采出可采储量23.5%～45%（平均为30.6%）（陆丰13－2油田、番禺4－2油田和番禺5－1油田的地质储量大幅增加，故高峰期末的采出程度比较低）。其中，惠州32－5油田、西江23－1油田和陆丰22－1油田利用水平井整体开发，高峰期末采出可采储量相对较高，为29.5%～45%（表5－17）。

表5－17　南海主要砂岩油田开发指标统计表

油田	高峰期采油速度（%）	高峰期末采出可采储量（%）
HZ21－1	13.1	28.1
HZ26－1	8.7	26.7
HZ32－2	14	23.5
HZ32－3	13.5	32.7
HZ32－5	21.8	43.6
LF13－1	9.5	25.8
* LF13－2	13.5	26.6
LF22－1	29.3	29.5
XJ23－1	23.8	45
XJ24－3	9.7	28.6
XJ30－2	12.4	22.2
* PY4－2	8.8	17.5
* PY5－1	11.7	12.3

注：1. 带*号的油田按复算后的经济可采储量计算；
2. 西江23－1油田按方案设计的经济可采储量计算；
3. 其他油田按套改时的经济可采储量计算。

5.3.3.1　产油量递减

（1）油区产油量递减。

没有新油田投产，或者增产措施少，都会引起油区产油量的递减。油区产量递减曲线（图5－27）分两段，综合递减率分别为10.6%和3.7%。

（2）油田产油量递减。

油田年产油量达到高峰期后，年产油量必然要递减。在此引入采油量平均年递减系数，该参数表示在该阶段的各年中采油量下降的算术平均值，用与上一年相比的百分数或小数表示。利用8个生产时间较长的油田数据进行统计，可得出第三阶段产油量平均年递减系数与高峰期采油速度和第二阶段末采出可采储量乘积的关系，可以预测其他油田在开发后期的递减率，其表达式为：

$$a = 0.0258 (v_m \times R_{II}) + 0.0062$$

$$相关系数\ R = 0.9523$$

式中　a——递减系数；

v_m——高峰期采油速度；

R_{II}——第二阶段末储量利用程度。

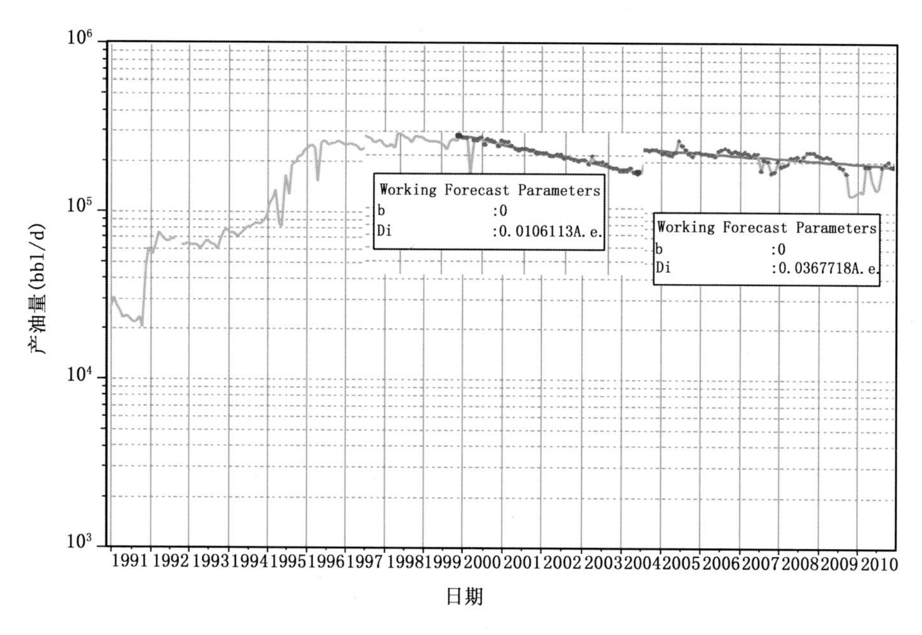

图 5－27　珠江口盆地东部砂岩油田生产曲线

（3）油藏产油量递减。

油藏年产油量达到高峰期后，年产油量必然要递减。珠江口盆地 34 个天然水驱砂岩油藏的矿场实际资料表明，各油藏在第三阶段产油量递减快慢各有不同。为了寻找产油量递减规律，利用珠江口盆地 34 个天然水驱砂岩油藏的矿场实际资料进行统计分析，将油藏第三阶段年产油量递减系数用 a 表示。经研究，a 不但与高峰期采油速度有关，也与第二阶段末采出可采储量有关。利用两者的乘积（$v_m \times R_{II}$）与产油量递减系数 a 值进行回归（图 5－28），可得出预测油藏第三阶段递减率的经验公式，其表达式为：

$$a = 2.72 v_m \times R_{II}$$

相关系数 $R = 0.86$

式中　a——年产油量递减系数；

v_m——高峰期采油速度；

R_{II}——第二阶段末储量利用程度。

5.3.3.2　第三阶段产油量递减预测

（1）油田第三阶段产油量递减系数预测。

$$a_1 = -0.1247 + 0.0295 v_m \times R_{II} - 0.0104 S + 0.042 \lg \frac{K}{\mu_{oi}} - 0.0023 \lg \mu_R$$

相关系数 $R = 0.9519$

式中　a_1——第三阶段产油量递减系数；

v_m——高峰期采油速度；

R_{II}——第二阶段末储量利用程度；

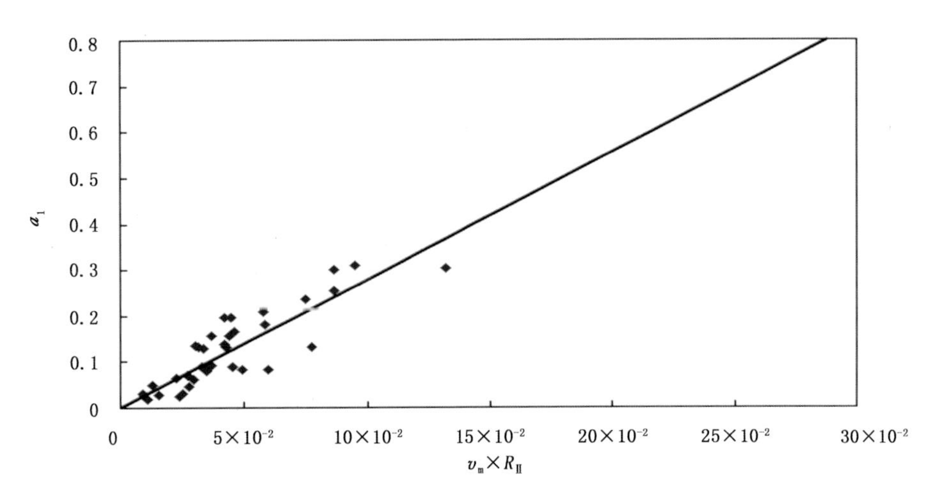

图5-28 高峰期采油速度与可采储量关系图

S——高峰期的井网密度，口/km^2；

K——有效渗透率，mD；

μ_{oi}——原始状态下原油黏度，mPa·s；

μ_R——油水黏度比

此预测公式影响因素主要为高峰期采油速度和第二阶段末储量利用程度，其次为流度。

（2）底水油藏第三阶段产油量递减系数预测。

$$a_2 = -0.3127 + 0.0126v_m \times R_{II} + 0.0141S + 0.1675\lg\frac{K}{\mu_{oi}} + 0.1129\lg\mu_R - 0.0176H$$

相关系数 $R=0.9967$

式中 H——避射高度，m。

底水油藏预测公式影响因素主要是距底水距离，其次为高峰期采油速度和第二阶段末储量利用程度。

（3）边水油藏第三阶段产油量递减系数预测。

$$a_3 = 0.8769 + 0.0234v_m \times R_{II} - 0.4228S - 0.1908\lg\frac{K}{\mu_{oi}} - 0.0921\lg\mu_R$$

相关系数 $R=0.8831$

边水油藏预测公式影响因素主要是井网密度，其次为油水黏度比。

5.3.4 采收率

水驱油藏采收率受油层有效渗透率、孔隙度、原油黏度、水的黏度、地层束缚水饱和度、井网密度、开采方式，以及采油工艺等因素影响。本次研究采用珠江口盆地15个天然水驱砂岩油田和19个油藏资料，应用多元回归分析建立采收率经验公式。

5.3.4.1 水驱油田采收率

以开发时间较长的砂岩水驱油田为样本，收集、整理和归纳其资料，应用多元回归分析，建立了预测水驱油田采收率的相关经验公式。

$$R_m = 0.754096 - 1.491759S_{wi} + 0.035708\lg K + 0.04740\lg\mu_{oi} + 0.404973\phi + 0.000488h - 0.003557\mu_R - 0.038431S$$

相关系数 $R = 0.8658$

式中 R_m——采收率；

K——油层有效渗透率，mD；

S_{wi}——地层束缚水饱和度（小数）

μ_{oi}——油层原始压力下的原油黏度，mPa·s；

ϕ——油层平均有效孔隙度；

h——油层平均有效厚度，m；

μ_R——油水黏度比；

S——高峰期的井网密度，口/km^2。

5.3.4.2 层状边水油藏采收率

根据多元回归分析，收集整理了油田动态和静态数据，得出的经验公式如下：

$$R_m = -4.736489 - 0.710866S_{wi} + 13.205439\phi - 0.113085h + 0.812512\lg K - 1.087193\lg\mu_{oi} + 0.026313\mu_R + 2.102231S$$

相关系数 $R = 0.9813$

5.3.4.3 块状底水油藏采收率

根据多元回归分析，收集整理了油田动态和静态数据，得出的经验公式如下：

$$R_m = -0.616705 - 1.019709S_{wi} + 0.056954\mu_R + 6.301776\phi - 0.001107h - 0.042040\lg K - 1.033016\lg\mu_{oi} + 0.183389S$$

相关系数 $R = 0.9949$

第6章　高速开采认识与启示

6.1　认识

20年对海相砂岩油田开发的研究和实践，突破了传统的开发理念，形成了海上砂岩油田高速高效开发新理论，走出了一条创新与实践相结合的新路。

6.1.1　高速开采不会影响油田最终采收率

高速开发是海上油田开发观念与传统开发观念最大的不同和最大的突破，为海上油田经济有效的开发奠定了坚实的基础。

传统的开发理念认为：油田开发一定要保持长期稳产，追求最终高采收率，开发方案设计的油田开发高峰期采油速度一般在1.5%～2.0%。一般采用每平方公里4～8口井的井网密度（井距350～400m），大多数油田实施早期注水保持压力的开采方式，重质油油田平均单井日产量20～30t、轻质油油田单井平均日产量40～50t。尤其对底水油藏，要采用密井网、小压差开发才能防止底水过快锥进，取得好的开发效果。

南海东部珠江口盆地海相砂岩油田突破了传统的开发理念，从油田开发之初，就采用高速高效开发。在这一开发理念的指导下，自1990年开始，南海东部珠江口盆地在不到6年的时间里建成年产千万方的产能，成为当时中国第四大产油区。在20年的时间里相继开发了20个海相砂岩油田，实现了高速高效开采，油区高峰年产油量达$1511\times10^4m^3$。大部分油田高峰采油速度达5%～8%，取得了较好的开发效果，累计产出$1.91\times10^8m^3$，大部分油田到2010年底采出程度已达45%～60%。20年的研究探索和实践证明，高速开采不会影响油田的最终采收率。

6.1.1.1　实验研究表明高速开采不会降低最终采收率

1982年，胜利油田勘探开发研究院曾进行了27块岩心分析，寻找影响采收率的主要因素。实验结论为：在8个因素中，油水黏度比是影响最终采收率的重要因素。影响程度大小的顺序是：岩石润湿性、储层非均质、油水重率差、采油速度、界面张力、渗透率、孔隙度。采油速度对采收率的影响程度比较小。在8个因素中，采油速度又是最易控制的因素。

1996年，南海东部公司研究中心对惠州21－1油田2970油层和惠州26－1油田M10油层16块柱状岩心进行实验。每个油藏用水平和垂直岩心各4块，用改变注水速度的方法观察柱状岩样最终驱油效率的变化。实验结论是：在高水驱速度下不会降低最终驱油效率。

应用油藏数值模拟研究惠州26－1油田的M10砂岩底水油藏数值模型，以不同的采油速度进行系列的敏感性分析，求得不同采油速度及其对应的采出程度和生产期的关系。在这些不同采油速度方案分析中，只考虑了各单井最大产量$1590m^3/d$，同时考虑油藏射孔井段的最大岩石破裂压差为6.679 MPa，全油藏不设生产控制条件，这样可以保证确定的油藏最大采出程度不受油藏生产控制条件的影响。

图6-1是惠州26-1油田M10底水油藏在不同采油速度下模拟得出的采出程度和生产时间关系图。图中平行直线代表不同采油速度，直线段的长度在时间轴上的投影为相应采油速度下油藏生产的稳产期。采油速度敏感性研究可得出如下结论：无论采油速度大小如何，油藏生产在足够长时间都能达到相近的采收率，换言之，高采油速度不会影响油藏最终采收率。

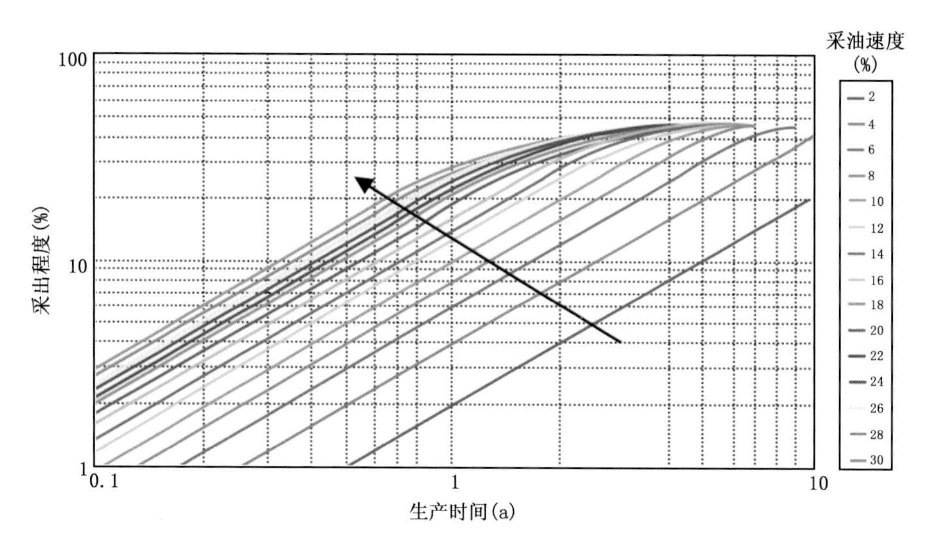

图6-1 惠州26-1油田M10底水油藏采油速度确定图版

M10底水油藏实际生产表明，在其主要生产期的采油速度达到和超过了数值模拟研究确定的最小采油速度8%，惠州26-1油田M10油藏生产维持了较高的产液水平。油藏生产基本按其开采规律进行，只是后期有微弱的影响，M10油藏的生产达到了较好的开发效果，正逐渐逼近其最大的采出程度（图6-2）。

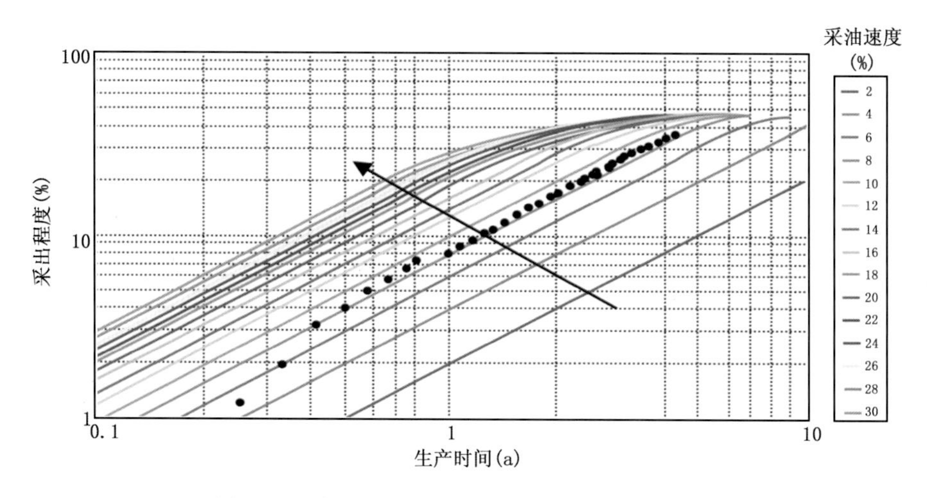

图6-2 惠州26-1油田M10油藏实际开发效果

通过油藏数值模拟研究，进一步证实高速开发不会降低油藏的最终采收率。

6.1.1.2　实践证明高速开采不会降低最终采收率

根据南海东部海域海上13个主要砂岩油田资料统计，最高的高峰期采油速度为29.3%，为陆丰22-1油田；最低的惠州26-1油田为8.7%，平均高峰期采油速度为14.6%（按经济可采储量计算）（表6-1）。

表6-1　南海东部13个主要砂岩高峰期采油速度和采收率统计

油田	实际高峰期采油速度（%）	采收率（%）		
		ODP	截至2010年底	预计
惠州21-1	13.1	22.4	44.3	50.2
惠州26-1	8.7	23.6	46.0	53.5
惠州32-2	14.0	27.3	47.7	57.3
惠州32-3	13.5	42.4	63.1	67.6
惠州32-5	21.8	25.7	46.5	53.4
西江24-3	9.8（平均）	29.2	55.5	59.6
西江30-2	12.4	23.1	51.3	58.4
西江23-1	23.8	37.4	21.4	37.2
陆丰13-1	9.5	20.2	58.9	66.0
陆丰22-1	29.3	26.7	34.3	36.4
陆丰13-2	13.5	43.9	30.4	61.8
番禺4-2	8.8	20.2	15.9	35.6
番禺5-1	11.7	33.4	29.2	45.1

注：实际高峰期采油速度用套改经济可采储量计算。

由表6-1看出，大中型油田开发效果好的西江24-3油田、西江30-2油田、惠州32-3油田、陆丰13-1油田，至2010年底采出程度超过50%，分别达55.5%、51.3%、63.1%和58.9%。开发效果较好的有惠州21-1油田、惠州26-1油田、惠州32-2油田和惠州32-5油田采出程度为44.3%~46.5%。开采时间较长的9个油田占油田总数69.2%，都超过了ODP预测的经济采收率，油田开发效果很好。

6.1.1.3　与国外油田对比

据原苏联6个水驱开发层系资料统计，由表6-2可看出有几个共同特点，一是天然水驱的开发层系，预测能达到高采收率（高达55%~80%），高峰期采油速度8.2%~18.4%（可采储量计算）；二是储层物性好，孔隙度高达21%~25%，油层渗透率为1000~2170mD（除57号外）；三是地下原油黏度为0.7~3.8 mPa·s（除52号外），油水黏度比为0.8~3.4；四是井网密度每平方千米需有5~63口井。开发层系生产结束时，采出程度达到和接近预测的采收率。

表6-2 前苏联天然水驱开发层系的开发指标及参数

层系编号	含油面积(km^2)	孔隙度(%)	渗透率(mD)	地层原油黏度(mPa·s)	油水黏度比	储量(10^4t)		高峰期		井数(口)	井网密度(口/km^2)	采收率(%)	
						地质	可采	年产油量(10^4t)	采油速度(%)			预计	目前
25	2.82	23.6	1650	0.90	2.1	1800.0	1353.6	162.4	12.0	176	62	75.2	75.0
26	4.16	22.8	1370	0.70	2.0	3338.5	2637.4	458.3	18.4	260	63	79.0	78.8
52	2.11	25.0	2170	16.50	11.4	322.2	177.2	14.5	8.2	15	7	55.0	51.6
53	3.72	23.0	1450	3.80	3.4	1160.8	748.7	61.4	8.2	34	9	64.5	63.6
57	6.47	20.7	334	0.96	0.8	938.1	750.5	72.0	9.6	32	5	80.0	71.7

另一个例子是澳大利亚哈利布特油田。该油田含油面积27km^2，地质储量17489×10^4m^3，可采储量11193×10^4m^3，水深73m，油田最终采收率64%，高峰年采油量1016×10^4m^3，高峰期采油速度9%（可采储量计算）。该油田1970年3月投产至1982年止，累计产油量8876.4×10^4m^3，采出程度达50.8%。

对比以上国外的油田，从资料上可以看出，南海东部主要海相砂岩油田，如惠州26-1和惠州32-3油田、西江24-3和西江30-2油田、陆丰13-1油田等的采收率是可以跟它们相媲美的。

由此可见，南海东部海上砂岩油田的开发效果好，采出程度高，油田最终采收率没有因为高速开采而受到影响。

6.1.2 科学的评价决策和合理的开发政策指导油田高速高效开发

6.1.2.1 科学的评价决策使边际油田得到及时有效开发

南海东部在引进、吸收国际先进的决策管理程序的基础上，建立了有特色的“三大评价（地质油藏评价、开发工程评价和经济评价）决策管理程序”，并应用“三大评价”体系对早期发现的油田进行研究，内容包括油田储量有多少、是否有商业价值、要不要进行开发、采取什么工程方案和经济模式、中方参股比例、盈利有多少等。前期研究包括了从第一口探井发现油气层，到完成油田总体开发方案编制，并得到国家主管部门批准。油藏评价反映油田的物质基础，工程评价反映油田开发的客观条件，经济评价反映油田的开发效益。

通过对油田“三大评价”工作可以看到，决策管理水平的高低直接影响决策的正确性和开发效果的好坏。由于珠江口盆地（东部）对每个潜在商业发现都进行了完善的油藏评价、工程评价和经济评价，并应用“三大评价决策管理程序”对是否进入油田开发实施决策管理，使20个油田得到有效开发。在投产6年后年产油量很快超过千万方，且保持较长时间高产稳产。生产历史表明，珠江口盆地（东部）大部分油田的地质储量、可采储量、油田高峰年产油量、高峰期末累计产油量等关键指标均优于总体开发方案设计指标，同时也证明南海珠江口盆地油气田的开发决策是建立在科学评价基础上的。

6.1.2.2 合理的开发技术政策指导油田高速高效开发

不同地质特征的油田，其开发政策思路是不同的，同一个油田在不同开发阶段的动态特征也不同，相应的技术政策、调整原则和主要措施就会有所不同。

南海东部油田开发工作者经过精心研究，制定了一套符合海相砂岩油田地质油藏特征的合理开发策略，实现了阶段接替、平面接替、层间/层内接替、井间接替等多层次的产量接替，有效地减缓了油田产量的递减，取得了良好的开发效果。

对多油层油田，在第一阶段（类似于惠州21－1油田），实现“单井单层高速开采”。边水油藏强化边部保护顶部，放大边部井生产压差，适当减小内部井的生产压差，以延缓内部油井在高采油强度下的见水时间。在力求均衡各生产层采油速度、压降速度和含水上升速度的基础上，强化下部主力底水油藏的开发，为中后期“自下而上”补孔创造条件。单层开采，可充分了解油藏水驱能量、层间差异与油水运动规律，为选择性合采提供依据。第二阶段是“选择性合采”，采用补孔方法增加各层生产井点或互换生产层位（补孔政策是“自下而上”、“自外向里”和“自下而上，平面优化”，强调对下部主力底水油藏的强采及选择最有利的油井补孔），进一步加密和完善主力层井网，增加出油井点，保持各层的高速高效开采。第三阶段是“跨层混采”，在继续对主力油藏挖潜的同时，通过侧钻和补孔，再强采主力层和提高次要层的动用程度。侧钻和补孔的对象是主力层剩余油饱和度较高的井区，或纵向上剩余油富集部位和低渗透低产层中物性相对较好的井区。形成了多层次的产量接替，以保持油田的高产稳产。

与惠州21－1油田相比，西江油田群有三个不同之处：油层更多、油层疏松易出砂。除主力油层外，其他小层储量不大，产能也不高。其开发策略是：分层系开发，每套层系部署一定数量的井，层系内先期大段合采，见水后利用滑套进行选择性生产或选择性封堵，调节层间矛盾。中高含水期，除补孔生产其他层系外，还用高含水低产井侧钻老层位或新层位（包括低渗层及稠油油层、薄油层等），进行层内或纵向上的逐点接替。既改善了分层系的开发效果，又强化开采了其中的主力层。后期则采用水平井进行剩余油挖潜，不再有井网层系的限制。

对油层少的油田，如陆丰13－1油田，早期单层单采，重点开好主力层，中后期补孔混采或换层或侧钻次要层，对主力层进行层内纵向上的挖潜。

6.1.3 先进的技术为高速开采提供保障

珠江口盆地发现了许多小油田或边际油田，要独立开发，风险大，成本高，经济效益差。为了有效动用油田资源，只有应用先进的技术，才能促进边际油田的开发。

在油田开发方面，储量规模小的油田使用水下井口开发，远离油田群的边际油田应用大位移延伸井技术开发。

在工程方面，陆丰13－2油田采用无人简易平台，管线回接到陆丰13－1油田综合平台生产设施上，使该边际油田获得有效开发。陆丰22－1油田，水深330m，海况较恶劣，原油含蜡量高，断层多，油层薄且是底水油藏。既不适合独立应用固定3大件模式开采，又无联合开发条件，因此，油田开发难度很大。最后，经过比较研究，采用了先进的深水采油工艺技术（人工举升泥线增压泵等）、沉没式转塔生产系泊系统，并通过租赁方式降低了开发成本，使油田获得开发。

在完井技术方面，针对西江24－3油田和西江30－2油田的油层胶结疏松，在大排量开采条件下容易出砂的特点，采取了先期一次多层砾石充填防砂技术等先进技术，保证了西江油田群较长时间的高产稳产。

在井下作业方面，采用了钢丝绳作业、过油管作业和盘管作业等技术，减少事故发生，提高了油井的生产时率，降低油田生产操作费。

本油区正是采用了很多先进而实用的技术，降低了油田的建设成本和操作费用，才使一大批边际油田得到开发，保障了油区内产量接替，实现高速开采。

6.1.4 高速开采能够提高油田群经济效益

南海东部海上砂岩油田，按油田的地理位置和地质特征，组成了惠州油田群、西江油田群、陆丰油田群和番禺油田群。通过二十年的开发实践表明，以油田群方式联合开发，可以降低开发门槛，提高资源利用率和经济效益。

6.1.4.1 高速开采能有效提高油田生命期内的采收率

联合开发高速开采能延长油田的生命期，并能提高油田的经济采收率。从惠州油田群5个油田的实际开发指标与ODP对比看出（表6－3），一是油田的生命期都有不同程度的增加，最明显的惠州21－1油田增加了近14年，惠州32－2油田，增加约11年；二是实际累计产油量约为ODP可采储量的3倍；三是采收率由ODP的25.1%提高到57.2%，增加了32.1%。

表6－3　惠州主要油田ODP指标与实际指标对比

油田	ODP指标				实际指标					
	地质储量（10^4m^3）	可采储量（10^4m^3）	采收率（%）	生命期（年）	地质储量（10^4m^3）	累计产油量（10^4m^3）	采出程度（%）	生命期（年）	可采储量增值（10^4m^3）	生命期增值（年）
惠州21－1	2124.0	477.2	22.4	5.5	1965	870	44.3	19.2	510.2	13.7
惠州26－1	3416.9	805.4	23.6	10.0	5085	2339	46.0	18.2	1912.6	8.2
惠州32－2	992.0	270.4	27.3	6.0	1267	604	47.7	16.5	455.6	10.5
惠州32－3	1229.0	388.3	31.6	7.0	3574	2255	63.1	14.6	2027.4	7.6
惠州32－5	997.0	256.6	25.7	4.0	1189	553	46.5	10.9	378.1	6.9
小计	8758.9	2197.9	25.1	6.5*	13080	6622	50.6	15.9*	5283.9	9.4*

说明：1. 实际指标栏内的可采储量增值是2010年预测可采储量（7481.8×10^4m^3）减去ODP的可采储量；
2. 小计一栏内带*号为平均值；
3. 实际数据截止时间2010年。

总之，上述实际开发指标远超过ODP方案，开发效果相当好。这些油田目前还在继续为高产稳产作贡献。

6.1.4.2 高速开采能有效开发边际油田

高速开采，联合开发，大大节约了开发投资费用，降低了生产成本，使边际油田得到及时有效的开发。

南海东部海域储量规模大、储层物性好、产能高、有一套海洋石油工程设施为主的骨干油田进行高速开采。与此同时，出于经济和动用海上石油资源的考虑，依托老油田共用海洋石油工程设施，开发边际油田存在两种类型：第一种为油田之间距离较近的几个油田，采用水下井口完井技术回接到大平台进行开采（如惠州32－5和惠州26－1N油田）；第二种为距离骨干油田较远的边际油田，采用先进的钻完井技术，钻长距离水平位移井，钻井和采油都在骨干油田平台上进行。

由于采用联合开发，高速开采使该海域10个小油田得到了及时有效的开发。截至2010年底，边际油田累计产油量$5158\times10^4m^3$，占砂岩油区总产量28.4%。

由此可见，高速开采，联合开发，降低各油田的开发投资，又分摊了骨干油田的作业成本，有效地延长各油田的生产期，实现油田之间的产量接替，从而大大提高了油田的综合效益。

6.1.4.3　高速开采创造了很好的经济效益

截至2010年底，珠江口盆地已有20个砂岩油田投入生产，累计投入达到113亿美元，已回收资金367亿美元（是累计投入的3.25倍），为国家直接缴纳税费（增值税、矿区使用费、国家留成油）67亿美元。中海油实现税前利润1099.48亿元人民币，外国合作伙伴在珠江口盆地油气勘探开发生产活动中也实现了良好的经济回报。油气田开发生产为国家、企业创造了丰硕的经济效益和良好的社会效益。

同时，外国合作伙伴在珠江口盆地油气勘探开发生产活动中也实现了良好的经济回报，实现了双赢。

6.1.5　形成多种形式的油田开发模式和独特的水下采油技术，为海相砂岩油田连续多年产量超千万方提供了保证

在珠江口盆地海相砂岩油田开发中，根据其不同的地质、油藏特征，以及环境条件，建立了多种形式的开发模式，主要包括大中型油田独立开发模式、油田群联合开发模式和小型油田依托开发模式；采取了相应的工程应对策略，组合多种海洋石油工程设施，开发了22个油气田，动用了$6.27\times10^8m^3$地质储量；累计采油$2.1\times10^8m^3$，实现了连续15年原油年产超千万方，取得了良好的油田开发效果和经济效益。

6.1.5.1　大中型油田独立开发模式

在珠江口盆地，对于地理位置比较孤立的油田（一般储量规模在$2000\times10^4m^3$以上），独立开发有经济效益时，一般采用独立开发模式（如陆丰13-1油田和西江23-1油田）和“水下井口+单体船”模式（如陆丰22-1油田）。

6.1.5.2　油田群联合开发模式

油田群联合开发模式是指把两个或两个以上地理位置相邻的油田捆绑在一起、共享部分海上设施一起进行开发和生产。其工程应对策略为每个油田各自建立一座综合平台或井口平台，一起共享一艘油轮及相关设施，共同分摊操作费。降低了开发投资，使各油田的开发效益明显提升，并延长油田的开发寿命。

目前，在珠江口盆地采用这种开发模式的油田群包括惠州油田群（惠州21-1油田和惠州26-1油田）、西江油田群（西江24-3油田和西江30-2油田）、番禺油田群（番禺4-2油田和番禺5-1油田）以及陆丰油田群（陆丰13-1油田和陆丰13-2油田）等。

6.1.5.3　小型油田依托开发模式

这种模式可通俗地称之为“以大带小”型开发模式。指一个小型油田（一般其地质储量不超过$1000\times10^4m^3$），通过依托一个周边大油田的设施大幅度降低开发投资，得以开发动用。

依据小油田所采取的工程应对策略不同，这种开发模式又可以分为“水下井口”模式、“大位移井”模式和“简易平台”模式。

6.1.5.4 独特的采油工艺技术

针对水深（300m 左右）或储量规模小而采用水下井口生产的油田，开发了一套独特的南海水下采油工艺技术：（1）折叠式钻井底盘和永久导向底盘，大大减少了钻井基盘的安装次数和时间，极大地节约了钻井成本。（2）海底生产管线垂直重力接头及管缆，保证水下生产系统的顺利安装和生产。（3）人工举升泥线增压泵，将井口流出的原油在海底增压后通过海底管汇和生产管线输送到 FPSO 油轮进行加工处理。该泵代替了井下电潜泵从而减少了安装和井下作业成本，使油田的正常运行和维护成本大大降低，且操作简单实用，运行平稳可靠。（4）长距离水下井口气举技术，避免水下井口采用电潜泵生产而带来的修井检泵作业，节省了大量的生产操作费，极大地提高了油井生产时效。（5）水下控制技术，控制整个水下生产系统的正常运行。（6）海底油气管道水下修复技术，不停产修复、更换、改线等。

海相砂岩油田高速高效开发理论以及配套技术在珠江口盆地 22 个油气田获得成功应用，使陆丰 13－2 油田、西江 23－1 油田等外国公司放弃开发的油田得以有效动用，22 个海相砂岩油气田原油产量连续 15 年超千万方。

6.1.6 高速开发接替稳产

强调高速开采，并不意味着笼统地不要稳产。从高速高效开发理念的提出，经过多年的不断实践和完善，逐步形成了一套完整的海相砂岩油田高速高效开发的理论体系。

6.1.6.1 单个油田要实现持续高产

根据海相砂岩油田的地质、油藏特征，以及生产井较少的特点，采用先进的钻完井技术和采油工艺技术。在油田开发初期，针对主力油藏或油藏组合部署井网，采用单井单油藏开采，实现单井高产，主力油藏高速开发，重点开发好主力油藏。在油田开发的中高含水期，对物性相近、原油性质相近、生产能力相近的油藏进行补孔合采。即选择性合采，增加各油藏平面上的井网控制程度，使生产井点在平面上分布较为均匀，减缓边水推进速度和底水锥进速度，提高储量动用程度，并逐步提高油井产液量继续高速开采。在大部分主力层已高含水时，采用补孔换层、封堵上返、侧钻井、大排量泵等手段进行“笼统混采”。即不再区分主力层、非主力层而进行针对性的井网部署，而是针对已开发油藏平面上的剩余油富集区、底水油藏纵向上的潜力部位、初期未动用的低渗层、薄油层、稠油层等，采用层内逐点接替，少井分阶段多次调整、逐井适时分步强化提液的方式进行全方位的挖潜，进一步维持高速开采。

6.1.6.2 保持油田群或海域的稳产

少井高产高速采油的油田开发方式是油田开发方案的创新，使珠江口盆地的油气资源得到充分利用并产生显著的经济效益。另一方面，由于采油速度高，油田产能递减较快，新区新油田不断投产接替，是实现珠江口盆地（东部）长期高产稳产的重要途径。在单个油田高速开采并采取各种措施维持稳产的基础上，通过创新的边际油田开发模式，滚动评价、滚动开发，即区域或油田的接替，保持油田群或海域的稳产和持续发展。

1996—2005 年这 10 年间，在生产设施周围实施滚动勘探和滚动开发评价取得了非常显著的成效。从1996年珠江口盆地砂岩油田年产原油超过一千万方起，西江24-1油区（1997年6月投产）、惠州32-5油田（1999年2月投产）、惠州26-1N油田（2000年6月投产）、惠州19-2油田（2005年1月投产）、陆丰13-2油田（2005年11月投产）等，通过实施滚动勘探和滚动评价得以开发的新油田相继先后投产。这五个新投产的油田分别在当年或第二年产油$12 \sim 135 \times 10^4 m^3$，成功弥补了老油田产量递减，延续了整个油区的稳产态势。这充分说明在生产设施周围实施滚动勘探和滚动开发是实现增储稳产的重要手段。

6.2 启示

6.2.1 边际油田的开发必须实施高速开采

所谓边际油田通常指那些采用常规手段开发其经济效益很难达到收益目标底线，而采用新技术、新方法或非常规手段之后，则有可能达到预期收益目标的油田。一般来说，此类油田储量规模小，单个油田开发很难形成规模效益或者开发难度大。

南海东部海域油田开发是在水深96~330m的海域内进行作业，不仅受到水深和距海岸远的影响，而且还受到海况、气象条件如台风、大风及海波等限制。因此，开发海上油田要求技术复杂、投资大、成本高，这就决定了海上油田开发必须要高速开采。开发实践证明，该海域根据每个边际油田具体情况都有各自使用的模式。如西江24-1油区距西江24-3油田8.2km，通过钻大位移延伸井的方式进行开发，其高峰采油速度为9.9%。此项钻井技术已推广到流花11-1油田在主体部位钻大位移延伸井至3井区，扩大储量动用程度和增加产油量。距离现有生产设施更远一些，井数不多的边际油田，如惠州32-5油田和惠州26-1N油田，则采用水下井口的方式开发，其高峰期采油速度分别为21.8%和27%，开采的原油通过海底管线输送到惠州26-1平台。井数3口以上、水深200m以内的边际油田，如陆丰13-2油田，则采用简易小平台加海底管线依托陆丰13-1平台进行开发，其高峰期采油速度为13.5%。深水边际油田，其邻近没有生产设施，如陆丰22-1油田，则采用水下井口加租用生产油轮的移动式生产设施的独立开发模式，其高峰期采油速度为29.3%。从上述例子可以看出（表6-1），从经济角度考虑，只有早期高速开采才能尽早高比例回收投资，取得好的经济效益。

总之，南海东部海域采用各种有效的开发方式，使许多边际油田得到开发。这些成功的开发实例，有效地盘活了边际油田的储量资产，因而在油区高产稳产中起着十分重要的作用。这一行之有效的开发方式，今后可继续推广使用。

6.2.2 钻调整井和提高排液量是海上砂岩油田高速开采和提高采收率的有效手段

油田的开发实践证明，珠江口盆地海相砂岩油田边底水较为活跃，天然水驱能量充足，通过采用钻调整井和提高排液量为主的两项措施，可以增加油田产油量，改善开发效果，提高油田采收率。特别是老井开窗侧钻井，是提高油田采收率的有效手段，今后将更加广泛推广应用。

南海东部海域砂岩油田在增产挖潜中，一方面，采取钻调整井扩大储量和增加油田产油量的措施，取得了明显效果。全油区在高产稳产期间钻调整井、老井侧钻、钻多底井和钻阶梯式水平井等措施井，增加了储量动用程度，提高了油田采收率。另一方面，对油区的油田生产设施液量处理能力进行多次扩容改造，提高了油田日处理液量的能力。由于增大了排液量，使油区老油田每年三分之一的产量递减得到弥补（图6－3），保障了油区高产稳产。

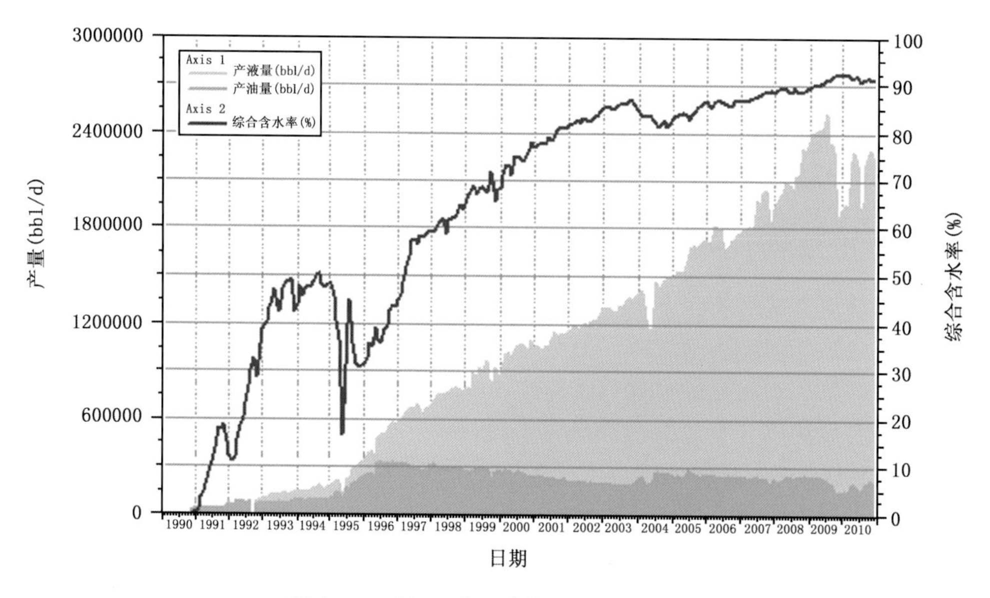

图6－3　珠江口盆地东部油区生产曲线

6.2.3　油田高速开采必须坚持适度防砂

西江24－3油田和西江30－2油田广泛采用一次多层砾石充填防砂完井技术，随后又采用膨胀筛管完井防砂技术，这些防砂技术在油田高产稳产中起着十分重要的作用。随着油田开采时间增长，电潜泵的排液量增加，井底附近的生产压差增大，油层砂粒不可避免地被带到近井地带。砂粒日积月累可能将防砂管柱堵死，使油井不能正常生产。例如，2004年到2008年，西江油田有15口井由于生产压差过大和关停频繁导致筛管破裂、砂堵。再如，西江油田和番禺油田部分油井采取砾石充填防砂措施，导致附加表皮系数的增大，降低了油井的生产能力，后来用酸化或其他措施才使油井产能得到提高。鉴于上述问题的出现，提出适度防砂完井技术，即有选择地防砂或者有限度地防砂。也就是说在高速开采许可的范围内，允许一定比例的油层砂采出来，达到提高原油产量的目的。在开采原油过程中，不同粒径的油层砂随地下原油运移，根据运移的油层砂粒度大小及分布，有选择地阻止大于或者等于一定粒径的油层砂随原油运移，并通过这些粒径油层砂的堆积，形成滤砂屏障，进而阻挡较小粒径的油层砂随原油运移，从而达到阻止一定粒径的油层砂的目的。在形成滤砂屏障以前允许更小粒径的油层砂随原油运移，从而改善近井带地层物性，使油井产能得到提高。

6.2.4　高速开采的实现需要与油田实际情况相结合

通过珠江口盆地砂岩油田高产稳产的实践看出，该油区油田构造完整简单、幅度小，储层物性好，原油性质好，同时，油田开发过程中大量采用先进的钻完井技术和配套的工程设施，这些条件保证了油田的高产稳产。

南海东部海相砂岩油田的开发实践告诉我们，高速开采的实现需要与油田的实际情况相结合。从油田的内在条件来说，第一，油田构造完整简单、幅度小；第二，油田储层性质要好，即平面展布面积大而且稳定，连通性好，层内结构多为反韵律或箱状结构，孔隙度高，渗透性好，颗粒分选好，磨圆度高，微观孔隙结构比较均匀；第三，原油性质要好，即原油密度低、黏度低、含硫低和含蜡量低等。从外在条件来说，第一，油藏必须具有较充足的天然水驱能量；第二，应该采用水平井或多底井井网开发油田；第三，需要有先进的钻完井技术、采油工艺技术及海洋石油工程配套设施。

6.2.5　高速开采条件下，油田开发方案需要适当留有余地

从南海东部海域砂岩油田开发方案的实施情况来看，在高速开采条件下，设计油田开发方案时须留有余地。第一，平台上须留有少量备用井槽，为油田中后期的开发调整提供方便。第二，平台污水处理能力须留有余力，以便油井通过提高排液量来增储挖潜。第三，ODP 设计时须考虑为油田周围连片开发留有余地。第四，ODP 设计时须考虑为油井完井生产后的增产挖潜提供方便。

总之，在珠江口盆地海相砂岩油田的开发过程中面临着各种各样的挑战。面对挑战，一方面，南海海域油气田开发工作者走创新之路，开展了珠江口盆地海相砂岩油田开发方面的一系列研究和实践，逐步创新和发展了适合珠江口盆地海相砂岩油田特点的油田开发新理论、新方法、新模式；形成了适应海相砂岩油田特点的新技术、新工艺，从而有效解决了地质油藏方面的诸多难题，极大地降低了油田开发投资和生产操作费用，实现了油田的高速开发，最大限度经济有效地动用了已经发现的石油资源。另一方面，南海海域油气田开发工作者艰苦探索，勇于实践，敢于突破，根据海相砂岩油田的地质特征、油藏特征和海上生产条件，经历了实践—认识—再实践—再认识的过程，创立了海相砂岩油田高速高效开发的新理论，并在油田开发实践中不断补充和完善，为海相砂岩油田经济有效的开发提供了理论指导。

这一理论可以概括为：第一，珠江口盆地海相砂岩油田天然能量充足，宜采用天然水驱方式开采；第二，充分利用油藏有利条件，通过创新海上油田高速开发技术，可以实现高速开发。高速开发不会造成油田破坏性开采，有利于提高油田寿命期内的采收率。第三，在高含水期大幅度提液可以进一步增加可采储量。第四，通过层间接替和滚动开发可以实现全油区高产稳产。通过“高速”实现“高效”。

参考文献

[1] 戴焕栋，等．中国近海油气田开发．2003 年 1 月．

[2] 罗东红，梁卫，刘伟新．珠江口盆地砂岩油藏剩余油分布规律［M］．北京：石油工业出版社，2011.

[3] 罗东红，梁卫，迟玉昆等．中国油气田开发志—南海东部油气区卷［M］．北京：石油工业出版社，2011. 9.

[4] 罗东红．南海珠江口盆地（东部）砂岩油田高速高效开发模式［M］．北京：石油工业出版社，2013. 5.

[5] 罗东红，邹信波，梁卫等．珠江口盆地 LF13 - 1 油田 Z37 油藏高采收率剖析［J］．石油勘探与开发，2010，37（5），601 - 607.

[6] D. Luo and Z. Jiang, etc.. Optimizing Oil Recovery of XJG Fields in South China Sea［J］. SPE84861, 2003.

[7] 罗东红，梁卫，李熙盛，等．珠江口盆地陆丰 13 - 1 油田古近系恩平组突破及其重要意义［J］．中国海上油气，2011，23（2），71 - 75.

[8] 罗东红，刘能强．压力导致曲线识别压力不稳定特性及应用［J］．油气井测试，1990，7（2），25 - 29.

[9] 曾显磊，罗东红，陶彬，等．井下流量平衡器完井技术在疏松砂岩底水油藏水平井开发中的应用［J］．中国海上油气，2011，23（6），398 - 402.

[10] 邹信波，罗东红，刘永杰等．海陆过渡相块状砂岩油藏“内嵌”夹层对开发效果的影响及开发技术对策［J］．中国海上油气，2010，22（5），309 - 313.

[11] 高晓飞，罗东红，闫正和等．一种减缓底水锥进的新方法［J］．中国海上油气，2010，22（2），114 - 118.

[12] 李彦平，罗东红，邹信波等．陆丰凹陷块状砂岩油藏特高含水期和剩余油分布研究［J］．石油天然气学报（江汉石油学院学报），2009，31（3），115 - 118.

[13] 刘成林，罗东红，张丽萍等．半潜式平台 ESP 试油新工艺与测试方法［J］．油气井测试，2009，18（2），48 - 49.

[14] 熊友明，罗东红，唐海雄等．延缓和控制底水锥进的水平井完井新方法［J］．西南石油大学学报（自然科学版），2009，31（1），103 - 106.

[15] Zhizhuang Jiang, Donghong Luo, Zhiyun Deng etc. Improved Production with Mineralogy - Based Acid Designs［J］. SPE86519, 2004.

[16] Xiong Youming, Luo Donghong, Tang Haixiong etc. New - type Horizontal Well Completion Method of Delaying and Controlling Bottom Water Coning［J］. SKLOGGE PAPER, 2007 - 046/D.

[17] 熊友明，唐海雄，罗东红等．底水砂岩油藏水平井井筒压降计算耦合模型与应用［J］．数字技术与应用，2009，176 - 177.

[18] 唐海雄，熊友明，张俊斌，罗东红等．水平井控压缓水完井技术研究［J］．数字技术与应用，2009.

[19] 周国文，谭成仟，郑小武等. H 油田隔夹层测井识别方法研究［J］．石油物探，2006，45（5），542 - 546.

[20] 严耀祖，段天向. 厚油层中隔夹层识别及井间预测技术［J］．岩性油气藏，2002，20（2）：127 - 131.

[21] 柳成志，张雁，单敬福. 砂岩储层隔夹层的形成机理及分布特征［J］，天然气工业，2006，26（7）：15 - 17.

[22] 李阳. 储层流动单元模式及剩余油分布规律［J］．石油学报，2003，24（3）：52 - 55.

[23] 李红南，徐怀民，许宁，等. 低渗透储层非均质模式与剩余油分布［J］．石油实验地质，2006，28

(4)：404－408.
[24] 王志章，蔡毅，杨蕾，等．开发中后期油藏参数变化规律及变化机理［M］．北京：石油工业出版社，1999，84－87.
[25] 张丽囡，初迎利，冯永祥，等. 用甲乙型水驱曲线预测可采储量的结果分析［J］．大庆石油学院学报，1999，23（4）：22－24.
[26] 陈元千. 地层原油黏度与水驱曲线法关系的研究［J］．新疆石油地质，1998，19（1）：61－67.
[27] 俞启泰. 为什么要根据原油黏度选择水驱特征曲线［J］．新疆石油地质，1998，19（4）：315－320.
[28] 陈元千. 对《石油可采储量计算方法》行业标准的评论与建议［J］．石油科技论坛，2002（3）：28－29.
[29] 俞启泰. 关于《石油可采储量计算方法》标准中的水驱特征曲线法—兼答陈元千先生质疑［J］. 石油科技论坛，2002（8）：30－33.
[30] 俞启泰. 使用水驱特征曲线应重视的几个问题［J］．新疆石油地质，2000，21（1）：58－61.
[31] 俞启泰．关于如何正确研究和应用水驱特征曲线——兼答《油气藏工程实用方法》一书［J］．石油勘探与开发，2000，27（5）：122－126.
[32] 喻高明，凌建军．砂岩底水油藏开采机理及开发策略［J］．石油学报，1997，18（2）：62－65.
[33] 喻高明等．砂岩底水油藏底水锥进影响因素研究［J］．江汉石油学院学报，1996（3）．
[34] 喻高明．气顶底水油藏开采特征及开发策略——以塔中402油藏为例［J］．石油天然气学报，2007，6（29）：142－145.
[35] 喻高明，李建雄，蒋明煊，冯绪波．底水油藏水平井和直井开采对比研究［J］．江汉石油学院学报，1999（1）．
[36] 程林松，郎兆新，张丽华．底水驱油藏水平井锥进的油藏工程研究［J］．石油大学学报（自然科学版），1994（4）．
[37] 任今明，吴迪，刘明赐等．TZ402CⅢ油组带凝析气顶的砂岩底水油藏开发特征和稳油控水措施［J］．新疆石油天然气，2005，1（3）：68－71.
[38] 朱中谦，程林松．砂岩油藏高含水期底水锥进的几个动态问题［J］．新疆石油地质，2001.
[39] 蒋平，张贵才，何小娟，刘朝霞，马涛．底水锥进的动态预测方法［J］．钻采工艺，2007.
[40] 王青，吴晓东，刘根新．水平井开采底水油藏采水控锥方法研究［J］．石油勘探与开发，2005．
[41] 韦建伟，罗锋，唐人选．关于开采底水油藏几个重要参数的确定［J］．大庆石油地质与开发，2003.
[42] 蒋晓蓉，谭光天，张其敏．底水锥进油藏油水同采技术研究［J］．特种油气藏，2005.
[43] 朱江，刘伟. 海上油气田区域开发模式思考与实践［J］．中国海上油气，2009，21（2）：102－104.
[44] 闫正和. 惠州油田群开发技术经验探讨［J］．中国海上油气（地质），1999，13（3）：207－216.
[45] Islam MR，Farouq Ali SM. Improving waterflood in oil reservoirs with bottom water［J］. SPE16727，1987.
[46] Abass HH. Critical rate in water coning wystem. SPE17311，1988.
[47] 林玉保，张江，刘先贵，周洪涛．喇嘛甸油田高含水后期储集层孔隙结构特征［J］．石油勘探与开发，2008，35（2）：215－220.
[48] 吕平．驱油效率影响因素的试验研究［J］．石油勘探与开发，1985，4：54－61.
[49] 彭珏，康毅力．润湿性及其演变对油藏采收率的影响［J］．油气地质与采收率，2008，15（1）：72－79.
[50] 吴素英．胜坨油田二区沙二段8～3层储层润湿性变化及对开发效果的影响［J］．油气地质与采收率，2006，(02)：72－75.
[51] 金静芷．世界油气田［M］．石油工业部科学技术情报研究所，1989：1－68.